JN199762

ブラックホールと時空の方程式

15歳からの一般相対論

小林晋平

森北出版

●本書の補足情報・正誤表を公開する場合があります．当社 Web サイト（下記）で本書を検索し，書籍ページをご確認ください．

https://www.morikita.co.jp/

●本書の内容に関するご質問は下記のメールアドレスまでお願いします．なお，電話でのご質問には応じかねますので，あらかじめご了承ください．

editor@morikita.co.jp

はじめに

物理学者＝変わった人？

皆さんは「物理学」という言葉から何を連想されるでしょうか．学生時代の物理の先生でしょうか．「別に何も」という方も多いかもしれませんが，私が研究している「宇宙の始まり」や「ブラックホールの内部構造」といったテーマを思いつく方は希なのではないでしょうか．

私は物理学者ですので，同業者に限らず，周囲にはどうしても科学ファンの方が多くなりがちです．なかには物理や科学に非常に詳しい方もいらして，テレビの科学番組を欠かさずチェックしたり，科学関連の書籍を片っ端から読んでいる方もいらっしゃいます．そういう方とお話しすると「物理もそれなりに浸透してきたのだな」と勘違い（？）しそうになるのですが，ほとんどの方にとっては物理というと学生時代に学校で勉強した内容だったり，ドラマに出てくる物理学者のイメージが強いのではないでしょうか．たとえば，10年ほど前に大ヒットした東野圭吾さん原作のドラマ「ガリレオ」では，福山雅治さんが天才物理学者を演じました．2017年9月～2018年8月に放送された仮面ライダーシリーズ「仮面ライダービルド」でも，若手俳優の犬飼貴丈さんが主人公の天才物理学者を演じていましたが，どちらも何かを思いつくと所構わず凄まじい勢いで計算を始め，周りが見えなくなってしまう変わり者という設定です．

ひょっとすると皆さんは，「あれはドラマとかマンガの世界でしょ」と思われるかもしれませんが，イケメンの物理学者という設定はさておき，実はそれほど事実とかけ離れてもいません（笑）．何か面白いことを思いつくと周りが見えなくなり，計算を始めてしまうのはよくある話です．私がポスドク時代を過ごしたカナダのペリメーター理論物理学研究所には壁の至る所に黒板がついていて，その前にはソファーも置かれ，所内のあらゆるところで議論が発生していました．研究所のレストラン（その名も「ビストロ・ブラックホール」！）の壁も黒板になっていて，食事中でも関係なく立ち上がり，黒板が数式で埋め尽くされていく……というのは日常的な風景でした．そのように，ドラマでも（現実でも？）「物理をやっている人はちょっと変わっている」というイメージがあるようです．

物理の何がとっつきにくいのか

私が現在教員を務めている東京学芸大学では，毎年学生に物理に対するイメージを聞いているのですが，

「物理のどこが楽しいと思いますか？」
「物理のどこが難しいと思いますか？」
「万人が物理や理科の物理分野を学ぶ意義はあると思いますか？」

というアンケートをとってみたところ，多く寄せられた回答は「力や熱など，目に見えないものを扱っていて，想像しにくい」，「数式や公式が多く，難しく感じる」，「現実世界と乖離した話をやっている気がする」というものでした．現実世界と乖離しているというのは，問題集や学校の試験では「ここでは摩擦を無視する」とか「空気抵抗はないものとする」といった，現実にはあり得ない設定がよく見られ，役に立つ話をしている気がしないという批判であるようです．これは誤解であることも後で述べますが，最初の二つ，すなわち「物理で対象としているものが抽象的である」と「物理には数式や公式が多い」に対する私たち物理学者からの回答が，本書そのものとなるかもしれません．

たしかに，物理には目に見えない世界や，手で直接触れられない世界が頻繁に現れます．力，熱，エネルギー，電気や磁気，電子や原子などがそれです．そうした世界の「理（ことわり）」を，私たちが日常でよく使う言葉で表現することもある程度は可能ですが，必ずそこにはズレが生じます．ちょうどそれは外国語とその日本語訳のようです．私たちにとって日常的でない世界の理は，私たちの日常的な感覚と合致している部分もあれば，どうしてもそこからはみ出してしまう部分もあるのです．

なぜ数式が必要なのか

そうしたとき，数式が威力を発揮します．外国の事物がその国の言葉で最も正確に表現できるのと同様に，物理で扱う内容は，数学という言葉の力を借りるとより正確に記述できることがしばしばあるのです．とくに，超ミクロや高エネルギーの

世界など，普段経験できない世界の出来事ならなおさらです[*1]．数学の言葉で書かれる世界に一度「はまって」みて，自分でも使ってみると，「たしかにこの言葉で書かないと意味が少しズレてしまうんだな」ということに気づくのです．

本書は，物理学において最も美しい理論とも言われる，一般相対論（一般相対性理論）をテーマにしています．一般相対論には魅力的なトピックがたくさんありますが，なかでも多くの方が興味をもつ，ブラックホールに注目しました．「ブラックホールと数式」の関係を切り口に，一般相対論とはどんなものか，そして物理学とはどんなものかを本書ではお話しします．ひいては，私たち物理学者が数式を通じてどんな世界を見て，どんな世界について語っているのか，ご紹介したいと思うのです．

本書の使い方

そうした目的のために，本書は「15 歳の読者を想定して，ブラックホールを表す数式を導くところまで一緒に歩いていく」ことを目指しました．15 歳というと，中学 3 年生から高校 1 年生くらいです．数式の意味や，そこに描かれている物理の世界を理解するために必要となる数学や物理学の知識は，適宜説明しています．とはいえ，初めてこの世界に挑戦するという人には，本書の内容をすべて理解するのは難しいかもしれません．わからないところは飛ばしても構いませんので，本書に挑んでみてください．

高校でひと通り物理と数学を学んだことのある方にとっては，すでにご存知の内容もたくさん出てくるかと思います．本書では，そうした高校で学んだ内容が，実は一般相対論という最高峰の物理理論に直結している様子を味わっていただければと思います．大学で学ぶ数学も出てきますが，物理を介することでそれらが具体的になり，実感をもちやすくなることもおわかりいただけるかと思います．

すでに一般相対論を何度か学んだ方も，なかにはおられるかもしれません．一般相対論にはすぐれた入門書があり，そうした入門書では，歴史に沿って時系列に解説するスタイルが多く採用されています．本書の構成はそれらとは少し異なり，「ブラックホールを表す数式を理解する」という目的を最初に置きます．その目的を達成するために必要な道具は何かを考え，揃えていくという，私たちが研究を進める

---

*1 現段階で私たちがもっている数学では書けない世界ももちろんあります．そんなとき私たちは，新しい数学をつくることを試みます．そうした試みがいつでも可能なのかどうかはわかりませんし，そもそも数学の言葉で書ける世界が私たちの周囲にたくさんあるということ自体がとても不思議なことです．

際にとるのと同じスタイルで書きました．

先にも述べたように，物理はその抽象性から「結局何がしたいのか？」という疑問をもたれてしまうことの多い学問ですが，本書はその「何がしたいのか」を常にはっきりさせながら進むところが特長です．目標に向かってなるべく短いルートで進むことを目指したこともあり，一般的な相対論の入門書や教科書には必ず載っている話が省かれていたり，直感的イメージを重要視して，厳密な議論は割愛せざるを得なかったところもありますが，本書でモチベーションを確認しつつ，詳細な議論は他の専門書で補っていただければと思います．

新しい言葉を修得することで，その国のことや，そこで暮らす人のことを深く理解することができるようになります．同じように，数式が何らかの世界を語るための言葉であり，そこに何が書いてあるかを知ることで，新しい世界が立ち現れてきます．そのことを味わっていただきたいと思いながらこの本を執筆しました．何らかの外国語が喋れるようになれば，その国の人と会話したくなるはずです．そうやって世界が広がる感覚を味わうことこそが外国語を学ぶ一番の楽しさではないでしょうか．数式や物理という新しい言葉を皆さんに手に入れていただき，私たちを取り巻く世界や宇宙の無限の広がりを実感していただけたら，これ以上の喜びはありません．

ブラックホールと時空の方程式 ◆ **目次**

第 1 章

ブラックホールを「表す」

数式から現れる世界

◆◆◆

1.1 ブラックホールとは？

「ブラックホール」という単語ほどよく知られた科学用語も珍しいでしょう．もちろん，「力」や「熱」のように，科学とは別に日常的に使われる単語はもっとたくさんありますし，原子や細胞，電流や電圧といった科学用語もよく知られていますが，それらは学校で教わる単語です．それに比べ，ブラックホールを学校の理科の授業で扱うことは（まったくないとは言いませんが）ほとんどありません．それにもかかわらず，「ニュートンの運動方程式」や「マクスウェル方程式」といった，物理学でははるかによく使う重要な単語を押しのけて，ブラックホールという言葉は有名です．しかも，ひとたび吸い込まれると光さえ出てくることができない穴のようなもの，というその性質すらも多くの人に知られています．

では，ブラックホールについて詳しく知っていますか？と質問されたら，皆さんはどう答えるでしょうか．なぜ光すら出て来られないのか，そんなものが宇宙にあるということがどうしてわかったのか，答えられる方はどのくらいいるでしょう．名前の割に，その実態がほとんど知られていないことも，ブラックホールの特徴なのかもしれません *1．

たとえばブラックホールは，どんな形をしていると皆さんは想像しているでしょうか．私が一般の方向けの科学講座でこの質問をしてみると，「ホール（穴）」という名前がついているからか，宇宙に穴のようなものが空いているというイメージを

---

*1 身の回りにある馴染み深いものもすべてそうかもしれませんね．たとえばパソコンのなかでどんな機構が働いているのか，なぜスマホや携帯電話で会話ができるのか，時計のなかはどうなっているのか，高層ビルはどんなメカニズムで支えられているのかなどなど……．考えてみれば，私たちがその仕組みを理解していて，他の人に説明できることって一体どのくらいあるのでしょう？　逆に，自分は知らないけれど，世界中で誰か１人でもいいから理解している人がいるようなことって，どのくらいあるのでしょう？

おもちの方がいました.「宇宙に空いた穴」というのはある意味正しいのですが，形としては「穴」というより，星のような球形をしていると考えられています．宇宙空間に浮かぶ，球形の特殊な領域です．

ブラックホール，今と昔

「ブラックホールといえば相対性理論」というイメージをもっている人も多くいるようですが,「光すら脱出できない天体が存在するかもしれない」というアイデアが最初に登場したのは18世紀末のことです．イギリスの天文学者ミッチェルやフランスの数学者ラプラスが考えました．一方で，アインシュタインが特殊相対論を発表したのが1905年であり，本書のテーマである一般相対論を完成させたのは1915年のことです．翌1916年には，その一般相対論を使ってドイツの天文学者シュヴァルツシルトによってブラックホールを表す「解」が初めて発見されました．ということは，その100年以上前から科学者たちは，ブラックホールという名前こそなかったものの，光すら逃げられない特殊な天体が宇宙にあるかもしれないという可能性について考察していたことになります．

さて，一般相対論の発表から100年以上が経った現代では，ブラックホールだと考えられている天体が非常に多く見つかっています[*1]．ブラックホールには太陽の数10倍程度の質量のものから，銀河の中心に存在する超大質量ブラックホールまで，いくつかの種類があります．私たちの太陽系は天の川銀河に含まれていますが，その中心にも「いて座A*」という，太陽のおよそ400万倍もの質量をもつ巨大なブラックホールがあると考えられています．大抵の銀河の中心に巨大なブラックホールが存在していると考えられているのですが，地球から観測できる範囲だけでもおよそ1000億個の銀河があるため，巨大ブラックホールもそれと同じくらいの数だけ存在していることになります．また，銀河にもさまざまな種類があり，そこに含まれている星の種類もさまざまですが，天の川銀河には2000億個もの恒星（太陽のように核反応で自ら光っている星）があります．それらのなかには非常に重いものがあり，そうした恒星は進化の果てにブラックホールになると考えられるため，そうした星由来のブラックホールもそれぞれの銀河に存在しているはずです．ブラックホールは，実はありふれた天体でもあるのです．

---

*1　Wikipedia に「ブラックホールの一覧」という項目があるほどです．

ブラックホールは「見えない」

ところで，ブラックホールだと「考えられている」天体という，奥歯に物が挟まったような言い方をしているのはなぜでしょうか．それは，ブラックホールそのものを目で見ることはできないからです．それが「ブラック」と呼ばれる理由ですが，「光が出て来られない＝ブラック」とはどういうことかを理解するために，「物が見える」とはどういうことなのかを少し詳しく説明しましょう．

たとえば，明かりを消した真っ暗な部屋のなかにボールが置かれているところを想像してください．明かりがないのですから，当然ボールは見えません．これは，ボールが自分で光っていない，つまり光を発していないからです．ボールを見たければ，懐中電灯などで光を当ててボールを照らさなければいけません．懐中電灯で光を当てると，その光はボールの表面で反射し，私たちの目の奥にある網膜に届きます．網膜には光を感じ取る細胞があるので，そこに光が届くことで「あそこにはボールがある」とわかるわけです[*1]．燃えているロウソクのように，自分から光っている物体であれば暗闇でも見えますが，自ら光っていない物体を見るためには懐中電灯などで照らし，反射光を私たちの目に届かせる必要があるのです．

では，もし懐中電灯から発せられた光がそのボールに吸い込まれてしまい，一切反射されないとしたらどうなるのでしょう．いくら光で照らしても，すべて吸収されて全然反射しない，「のれんに腕押し」状態です．この場合，私たちの目に反射

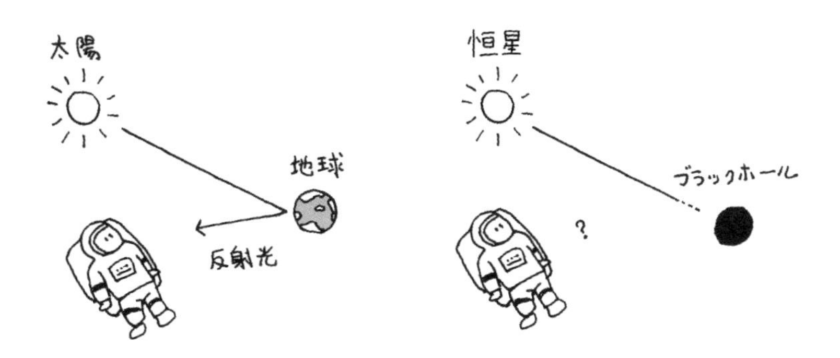

図 1.1　惑星は恒星に照らされ，その反射光によって私たちから見える（左）．恒星からの光を吸い込んでしまう天体は，光を反射しないのでいくら照らしても見えない（右）．

---

*1　桿体細胞と錐体細胞という2種類の細胞があります．とくに桿体細胞は暗いところでの感度がよく，光をキャッチすると，そのエネルギーによって細胞内で化学反応が起き，電流が流れます．それに基づいて，脳内で目が見たものを映像に置き換えるのです．見ることに限らず，嗅ぐ・触るといった私たちの五感に関わる現象は，突き詰めていくと化学反応によって発生した電気信号が脳に見せている「バーチャル・リアリティ（仮想現実）」です．

光が届かないのですから，そこにボールがあるかどうかはわからなくなってしまいます．ブラックホールとは，そのような，光を吸い込むばかりで一切反射しない天体なのです．この性質のため，宇宙の闇のなかで他の星からの光線がいくらブラックホールを照らしても，月や地球のように明るく照らし出されることはありません（図 1.1）．私たちの目には何の姿も映らず，真っ黒に見えます．これが「ブラック」という名前の由来です．本書の最後では，ブラックホールは一方的に光を吸い込むばかりで，中からは光も脱出できないことを確かめます [*1]．

ブラックホールを「見る」

さて，ブラックホールが光を吸い込むばかりで「ブラック」な天体なら，どうやってブラックホールの存在を確認したらよいのでしょう．一つには，ブラックホールの強い重力によって周囲を通る光の軌跡がねじ曲げられ，光源となる天体の像そのものや，いくつかの天体の並びが変化して見える可能性があります．たくさんの星の集団のなかに，ポッカリと黒い穴の空いた「影」が見えるかもしれないのです．このように，ブラックホールがあるとその周囲にさまざまな「ブラックホールが存在すると考えられる状況証拠」が現れます．

歴史上，最初に見つかったブラックホールの候補天体は，はくちょう座 X-1 と言います．はくちょう座の首の真ん中辺りにあり，X 線を出していることからこう呼ばれました．そのように，多くのブラックホールについては，近くにある天体からのガスがブラックホールに吸い込まれる前にブラックホールの周囲で回転し，その際に X 線などの強い電磁波を発します．それをキャッチすることで「あそこにブラックホールがあるはずだ」と当たりをつけることができます．この場合も，明るく輝くガスの中に，ブラックホールの「影」が映る可能性もあります．

もっと直接的にブラックホールを「見る」方法もあります．それは，重力波を使う方法です．2015 年の 2 月に，初めて重力波が検出されたというニュースが世界中を駆け巡りましたが，これは地球から 13 億光年離れたところにある二つのブラックホールが合体するときに出された重力波だと考えられています．

ブラックホールが存在するとその周囲の時空が歪み，その歪みが地球にも届くことがあります．「時空の歪みとは何か？」はまさに本書のテーマですのでおいおい説明していきますが，大事なことは，重力波はブラックホールから発せられた直接

---

*1　光がブラックホールに吸い込まれるか，その脇を通って逃げていけるかは，光とブラックホールの距離やどんな角度でブラックホールに近づくかによって大きく変化します．

的な信号だということです．今後，重力波の観測はますます盛んになり，ブラックホールや宇宙そのものの性質がより詳細にわかっていくと期待されています．事実，2017 年 8 月には，二つの中性子星という非常に高密度の星が合体する際に放出された重力波も検出されました．可視光や紫外線など，従来の望遠鏡による観測に加え，重力波観測も合わせたいくつもの手段で宇宙からメッセージを受け取る，言わば「マルチメッセンジャー天文学」時代がついに到来したのです．

1.2 ブラックホール時空を数式で表す

ブラックホールの数式（シュヴァルツシルト解）を「鑑賞する」

ところで，先ほど私は「ブラックホールは一般相対論の解として見つかった」と言いました．「解」と言うからには，何らかの方程式を解いた結果，その答えとしてブラックホールが見つかったということになりますが，一体何を計算したらブラックホールが「見つかる」のでしょう．「ブラックホールについて計算する」と言われて，皆さんはイメージが湧くでしょうか？　ためしに次の数式を見てください．

$$ds^2 = -\left(1 - \frac{2GM}{c^2 r}\right)d(ct)^2 + \frac{dr^2}{1 - \dfrac{2GM}{c^2 r}} + r^2(d\theta^2 + \sin^2\theta\, d\phi^2) \qquad \cdots\cdots (1.1)$$

ブラックホールにもいろんな種類があるのですが [*1]，これはボールのように球形をしていて，静的なブラックホールを表す数式です．静的とは，一切の運動をしておらず，ジッと止まっているという意味です [*2]．これが一般相対論を用いて歴史上初めて導かれたブラックホール「解」で，導いた人物の名前をとってシュヴァルツシルト解と呼ばれています．シュヴァルツシルト解で表されるブラックホールがシュヴァルツシルト・ブラックホールです．

さて，皆さんはこの数式を見て「これはたしかにブラックホールだ」と感じるでしょうか？　一般相対論をまったくご存じない方で，この数式からブラックホールを感じられる方がいるとしたら，相当のセンスの持ち主かもしれません．ちなみに私は初めてこの式を見たときに「おお，ブラックホール！」とは思えませんでした (笑)．それが当たり前だと思いますが，私たちがブラックホールに対して抱いてい

*1　現実に存在するかどうかは別にして，理論的にはさまざまな種類のブラックホールが考えられています．

*2　現実のブラックホールの多くは回転していると考えられ，数式を導いた人の名前を取ってカー・ブラックホールと呼ばれています．カー・ブラックホールを表す数式は式 (1.1) に比べ，だいぶ複雑です．

る「宇宙に浮かぶ暗黒の天体」というイメージは，この数式をただ眺めていても全然伝わってきません．一体，この解は何をどう表していて，どこからブラックホールの性質がわかるのでしょう．そもそも，「ブラックホールを数式で表す」とはどういうことなのでしょうか．

複雑な数式の本質を捉える

この式がなぜブラックホールを表す式だと言えるのか，順を追って説明したいのですが，それにしてもシュヴァルツシルト解は複雑です．パッと見ただけで，すぐに内容がわかるようなものではありません．

実を言うと，私たち研究者にとっても，複雑な数式はあまりありがたいものではありません．シンプルなほうがもちろんわかりやすいですし，複雑であまり綺麗でない式を見ると，「もっとうまい書き方が本当はあるんじゃないのか？」という気がします．私たちの日常でも，よく理解できていないせいで回りくどい説明をしてしまうことがありますが，数式もそれと同じで，「まだ理解が浅いから，こんな複雑にしか書けないのではないか？」という気がするのです [*1]．

とはいえ，単純には表せないものも現実世界には山ほどあります．残念ながら，私たちに理解しやすいよう，自然現象がシンプルになってくれるわけではありません．ではそんな複雑怪奇な現実世界に，私たち物理学者はどうやって立ち向かうと思いますか？

当たり前すぎて申し訳ないのですが，簡単な例から始めて，少しずつ複雑に，現実へと近づけていきます．「え？それだけ？」と拍子抜けされたかもしれませんが，残念ながら「物理学を用いる」と言っても何か特別な方法があるというわけではないのです．割り算の前に掛け算を，掛け算の前に足し算を学ぶ必要があるように，複雑なものを理解するには簡単なところから積み上げていくしかないのですね．これは小学校の勉強でも，最先端の研究でも変わらないのです [*2]．

---

*1　もちろんこれは半分は「真理はシンプルであってほしい」という私たちの願望です．そして往々にして現実は甘くありません．

*2　高校で初めて物理を学ぶとき，物理の問題には「摩擦は無視してよい」とか「空気抵抗は無視できるものとする」と書いてあることが多いことに気がつきます．「摩擦がないなんて非現実的だ．物理は日常とはかけ離れた理想的な世界の話しかしていないのだ」と感じ，物理は定期試験や受験で使うだけの，現実には役に立たない道具だと思っている人も多いようです．物理のさまざまな場面でこのような極端な状況を考える理由は三つあります．一つ目は，すべての要素を取り入れた計算をしたくても，（少なくともはじめのうちは）難しくて計算できないから．二つ目は，現実の場面でも摩擦や空気抵抗がほとんど影響しないとか，影響を与えてはいるけれども測定の限界を超えていて，測ることができないことがあるから．そして三つ目は，現実にはちょっとあり得なそうな極端な世界を考えるのが面白いからです．往々にして物理屋は，極端な状況設定を好む傾向があります．

「簡単なところから始めてだんだん難しくしていく」，当たり前すぎてガッカリしたかもしれませんが，実はこの考え方，非常に強力です．具体的にそれをお見せしましょう．

シュヴァルツシルト解の「枝葉」を落とす

再び先ほどのシュヴァルツシルト解を書きます．

$$ds^2 = -\left(1 - \frac{2GM}{c^2 r}\right)d(ct)^2 + \frac{dr^2}{1 - \dfrac{2GM}{c^2 r}} + r^2(d\theta^2 + \sin^2\theta\, d\phi^2)$$

たしかにこの式は複雑です．皆さんに馴染みのない記号もたくさん書かれていると思います．このままではブラックホールの姿はイメージできませんが，この式のどこかに，ブラックホールの本質が潜んでいるはずです．それを抜き出すために，私たちが混乱する原因となる「複雑なもの」を削ぎ落として，簡単にしてしまいましょう．

この式を複雑にしている理由はさまざまありますが，まずは項の数が多いことに注目しましょう．項が多いとどこが本質なのか一目見ただけではわからなくなりますから，どこかの項を消してみましょう．どうせ消すなら難しそうなものから消すことにします [*1]．

左辺はすっきりしていますから放っておき，右辺を見ると，項が四つあります．そのうち最初の項にだけマイナスがついていますね．プラスとマイナス，足し算と引き算であれば引き算のほうが難しく感じられるでしょうから，マイナスがついた $d(ct)^2$ の項を消しましょう [*2]．すると

$$ds^2 = \frac{dr^2}{1 - \dfrac{2GM}{c^2 r}} + r^2(d\theta^2 + \sin^2\theta\, d\phi^2) \qquad \cdots\cdots (1.2)$$

となります．「勝手に消していいの？」と思われる方も多いでしょうが，これは物理的なプロセスではなく，対応する現実的な過程があるかどうかはひとまず無視しています [*3]．この解の本質を見抜くための特殊な操作ですので，「いきなり消す」とい

---

*1 「え？難しいところこそ意味があるんじゃないの？」と思った方もいるかもしれませんが，そうとは限りません．本質は極めて単純なのに，細かい条件がついているせいで複雑になっていることはよくあります．もし消しすぎてしまって何にもなくなってしまったら，また戻って一からやり直せばいいだけのことです．

*2 この話を小学生向けの講座でも話したことがあるのですが，「足し算と引き算，どっちが簡単？」と聞いたところ，小学4年生の子に「場合によります」と言われました．まったくそのとおり．

*3 dt という量が0なら現実にこの状況が起こります．つまり $dt=0$ とおくということは，実際にこれに対応する物理的状況が存在するものです．ただし，これ以上の細かいことは先の章に譲り，ここでは述べません．

うのはたしかに普通ではないことをやっていますが，気にせず進みましょう．

さて式 (1.2) ですが，これでもまだ複雑です．とくに右辺第1項には $1-2GM/(c^2r)$ を分母にもつ分数が入っています．分数と整数，ややこしいのは分数のほうですから，この分数の分母部分を消してみましょう．すると

$$\begin{aligned} ds^2 &= dr^2 + r^2(d\theta^2 + \sin^2\theta\, d\phi^2) \\ &= dr^2 + r^2 d\theta^2 + r^2\sin^2\theta\, d\phi^2 \qquad \cdots\cdots \ (1.3) \end{aligned}$$

となります．

だんだんすっきりしてきました．この式の右辺には項が三つありますが，実は三つの項があることは，**空間が3次元であること**に由来しています．私たちが住むこの世界は3次元なので，項が三つあるほうが自然ですが，3次元と2次元，簡単なのは2次元の平面のほうですから，さらにもう1項消しましょう[*1]．3次元は空間図形の世界，2次元は平面図形の世界ですが，空間図形をある角度から切ったら断面がどうなるかとか，平面図形に比べると空間図形を頭に思い描くのは大変ですよね．さっきと同じように，どうせ1項消すならややこしそうなものを消すことにして，三角関数の sin が入っている項を消すことにしましょう．すると

$$ds^2 = dr^2 + r^2 d\theta^2 \qquad \cdots\cdots \ (1.4)$$

となります．当初のシュヴァルツシルト解と比べると，非常にシンプルになってきました．

どこかで見たことがある式に……

さらに簡単にしましょう．どこをいじるかですが，ここで皆さんに質問です．東京と京都，どちらが複雑でしょうか？

妙な質問ですね．答え方はいくらでもありそうです．この意図は，図1.2にあります．そう，東京と京都の道路の様子です．

ご存知のように，平安京の名残りである京都の町並みは「碁盤の目」とよく言われます．この道路の張り巡らされ方は，数学的には直交座標に対応しています．直交座標とは，私たちは中学のころから馴染みのある座標で，互いに直交する x 軸と y 軸を張り，それぞれの軸の目盛りでもって物体の位置を表示する方法です．直交座標は，この表示法を導入したのがデカルトであることから，デカルト座標とも呼

*1　本当にこの世界が3次元空間なのか，それについては後の章でお話しします．

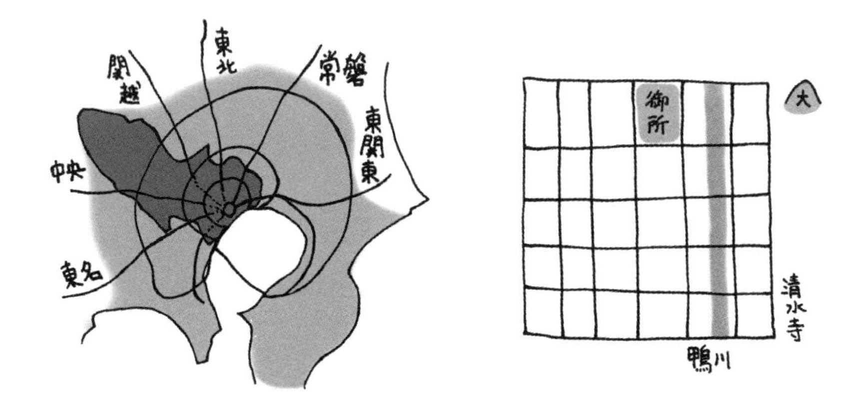

図 1.2　東京と京都の道路の比較．東京は極座標的，京都はデカルト座標的である．

ばれます．本書では，これ以降，デカルト座標という呼び方のほうを用いることにします[*1]．さて，デカルト座標では，たとえば x の読みが 3，y の読みが 2 なら，点の位置を $(3, 2)$ のように表します．京都では，交差点の名前を東西の通りの名前と南北の通りの名前を合わせて表しますが，これこそデカルト座標的な表示方法です．たとえば京都で一番の繁華街は四条河原町という辺りですが，この名称はこの場所が東西に走る四条通と，南北に走る河原町通の交差点であることを示しています．つまり，

$$(\text{四条, 河原町})$$

のように，デカルト座標的に地名を表示しているのです．

一方，東京の道路網は碁盤の目とはまったく違った形をしています．こちらは環七や環八のように，皇居を中心とする同心円の環状道路と，皇居から伸びる放射線状の道路とで構成されています．これは数学的に見ると**極座標**と呼ばれる座標の張り方と同じ形です．

極座標とは，ある点を中心とし，物体の位置をその点からの距離 r と，ある軸（図 1.3 では x 軸）からの傾きの角度 θ で表す表示法です．東京の道路で言うと，半径 r が環状線の番号に対応し，θ が放射状に伸びる道路のうち，どの道路なのかを表すことになります．

極座標はデカルト座標とは見かけは異なりますが，本質的には同じものとも言え

*1　厳密に言うと，直交座標のほうが広い概念であり，デカルト座標はその一種です．

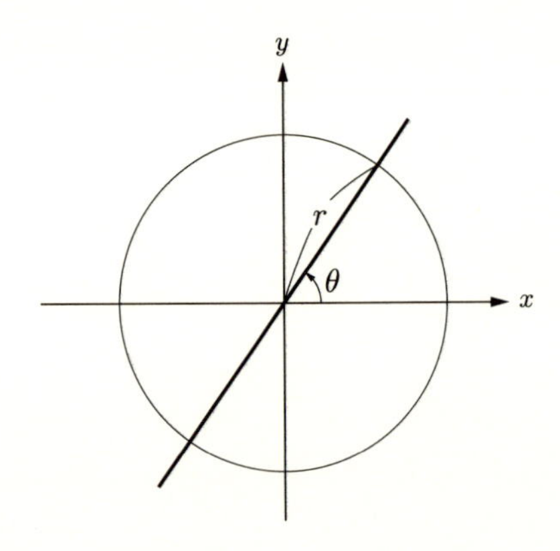

図 1.3　極座標では，原点からの半径 r と，x 軸からの角度 θ で物体の位置を表す．

ます．なぜなら，どちらの座標も「物体の位置を表現する」という意味では同じように機能しているからです．私は群馬に住んでいた頃，車で上京する際に必ず豊玉陸橋という場所を通っていました．ここは環状 7 号線と目白通りの交差点です．座標風に書けば

$$豊玉陸橋 = (環七,\ 目白)$$

となります．極座標による場所の表示です．このように，物体の場所を表す方法にはさまざまなものがあり，その時々に応じて便利な座標を使うことができます．

では再び数式に戻りましょう．先ほど見た式 (1.4) ですが，実はこの式，右辺が極座標で書かれています．極座標では図 1.3 のように半径と角度で物体の位置を表すと言いましたが，式 (1.4) 右辺の r は，radius，すなわち座標原点からの半径であり，θ は水平方向（普通，x 軸の正方向にとる）から測った角度を表しているのです．式 (1.4) が何を表す式なのかはまだ不明ですが，とにかく式 (1.4) の右辺が極座標で書かれているということだけ，まずは了承してください．

先ほどから述べているように，物体の位置を表すのに極座標を使っても，デカルト座標を使っても本質は変わりません．そもそも座標とは，私たち人間が何かを計算するために便宜的に導入したものだからです．地球の表面に経線や緯線が描いてあるわけではないのと同じで，物理的実在と座標とは本来関係ありません．位置に限らず，あらゆる物理現象はどんな座標を使っても原理的には表せます．

同じことが式 (1.4) についても言えます．式 (1.4) は極座標で書かれていた「何か」なのですが，これにもデカルト座標で書いたバージョンがあるのです．その具

体的な形は

$$ds^2 = dx^2 + dy^2 \qquad \cdots\cdots (1.5)$$

です [*1]．さて，ここまで来ると何だかどこかで見た数式のような気がしてこないでしょうか．この数式の正体がわかるまで，あと一歩です．

ラストスパートとして，この数式に最初からずっと入っている「d」を見てください．何だかよくわからないので，これも消してしまいましょう [*2]．すると

$$s^2 = x^2 + y^2 \qquad \cdots\cdots (1.6)$$

となります．

どうでしょう？　これが何の式か気づかれた方も多いのでは？　文字に何か具体的な数値を入れてみれば，さらに明らかになります．たとえば，

$$5^2 = 4^2 + 3^2 \qquad \cdots\cdots (1.7)$$

としてみましょう．これはよく知られた式ですね．そう，これは**三平方の定理**です．すなわち，直角三角形の縦の辺の長さが 3，横の辺の長さが 4 であるとき，斜辺の長さは 5 であり，その三つの数の間には式 (1.7) が成り立つ，というものです．つまり，これまで扱ってきた数式は，三平方の定理に関係していたのです．

式 (1.1) の本質は……

三平方の定理（別名ピタゴラスの定理）は，平らな面に置かれた直角三角形の，縦・横・斜めの辺の長さの間に成り立つ関係を表しているわけですが，言い方を変えると，**平ら**なところで離れた 2 点間の距離 AB を出すのに使える定理でもありま

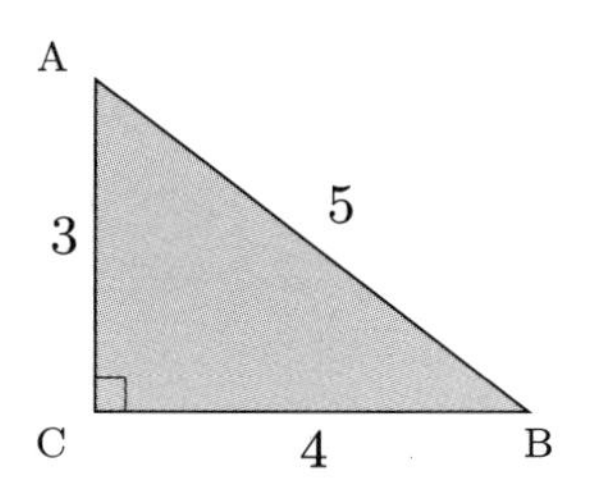

図 1.4　直角三角形について成り立つ三平方の定理．$3^2 + 4^2 = 5^2$ である．

*1　ここでは天下り的に与えましたが，なぜこのようになるのかは後の章で説明します．
*2　もちろん「d」の意味も，後の章でご説明します．

す（図1.4）．

ここで，私が突然「平ら」を強調し出したことにお気づきでしょうか．なぜ急に「平ら」などと言ったのでしょう．もし平らでないなら，どうなるというのでしょう．

ためしに，平らでないところだと何が起きるのか考えてみましょう．平らでない面の例として，地球の表面を想像してください．今あなたが北極点にいるとして，そこから経線に沿って南下し，赤道まで歩いてください．赤道に到着したら90度向きを変え，今度は赤道に沿って進んでください．しばらく歩いたら，どこか適当なところで再び90度向きを変えて北を向き，経線に沿って北極点を目指してください．このとき，あなたが動いた軌跡を見てみましょう．それは曲線で囲まれた三角形になっているはずです．しかしこの三角形，ちょっと妙です．よく見ると，赤道で向きを変えたところに二つ直角があります．これは普段あまり見かけない三角形です．

試してみればすぐにわかるように，直角を二つもつ三角形を平面上に書くことはできません．三角形の二つの辺が互いに平行になってしまい，交わらないからです．しかし，地球の表面のように曲がった面では事情が変わってきます．表面の曲がりのおかげで，図1.5のように平行線が北極点で交わるのです．うまくやれば北極点で直角に線が交わるようにもできますから，直角を三つもつ三角形をつくることもできます．

このような，「曲がった図形」まで考えた幾何学を**非ユークリッド幾何学**と呼びます．非ユークリッド幾何学には，普通（すなわちユークリッド幾何学）とは違った

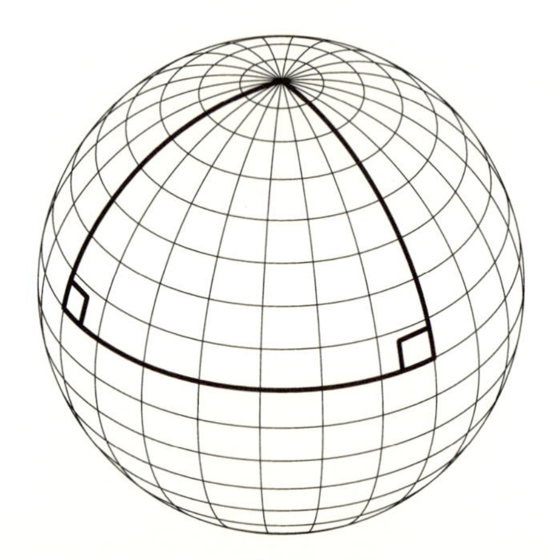

図1.5　地球の表面に書いた三角形．赤道と経線は直交する．このように，二つ直角をもつ三角形も球面上なら存在できる．

直角三角形がたくさん出てきます[*1].

直角三角形がそもそも違うのですから，非ユークリッド幾何学における直角三角形については，三平方の定理も私たちが中学で教わる形をしていません．このことは，地球の表面のような曲がったところでは，離れた2点間の距離は「普通の」三平方の定理では書けないということを意味します．地球表面のような滑らかな面ですら，曲がっている場合には奇妙な直角三角形が現れるのですから，ましてブラックホールのような「穴」の空いた妙な空間では……？

そうなのです．シュヴァルツシルト解から出発した式が，いつの間にか三平方の定理になったのは，最初にお見せしたシュヴァルツシルト解が，

通常の三平方の定理が成り立たないような**奇妙な空間**における，
2点間の距離を表す式だったから

なのです．そしてあの式が三平方の定理とどう違っているか，そこにこそあの式がブラックホールを表す理由が含まれていたのです．

1.3 数式から読み取れる物理

式 (1.1) には，ブラックホールの性質を示す情報が含まれています．詳しくは第8章に譲るとして，ここでは少しだけ見てみましょう．

ブラックホールの半径

先ほど，シュヴァルツシルト解の r は半径（radius）の r であると言いました．式 (1.1) を見ると，右辺第1項と第2項に共通の

$$1 - \frac{2GM}{c^2 r} \qquad \cdots\cdots \ (1.8)$$

という式がありますが，この式はもし r が

$$r = \frac{2GM}{c^2} \qquad \cdots\cdots \ (1.9)$$

ならばゼロになります．つまり r がこの値（シュヴァルツシルト半径と言います）

*1 「普通」というのは，所詮私たちがこれまでの人生で比較的多く目にした程度の意味しかないと思うのです．地球の表面に描かれた曲がった三角形と，平らな紙の上に描かれた三角形，果たしてどちらが普通で，どちらが特殊でしょうか．

のとき，右辺第1項はゼロになり，第2項に至っては分母がゼロになります．したがって，この半径はシュヴァルツシルト解にとって特別な値であり，これには何か意味がありそうです．

ところで，これら G，M，c はそれぞれ，万有引力定数，質量，真空中の光の速さを表す記号です．万有引力定数とは，二つの物体の間に働く万有引力の強さを決めている比例定数で

$$G = 6.67 \times 10^{-11}\,\mathrm{m^3/(kg \cdot s^2)} \qquad \cdots\cdots (1.10)$$

という値です．真空中の光の速さは相対性理論では極めて重要な量ですが，その値は

$$c = 3.0 \times 10^8\,\mathrm{m/s} = \text{秒速 } 30 \text{ 万 km} \qquad \cdots\cdots (1.11)$$

です．実に1秒間に地球を7周半もするという，凄まじい速さです．これらの値に加え，M としては太陽の質量 $M = 2 \times 10^{30}\,\mathrm{kg}$ を考えてみると

$$r = \frac{2GM}{c^2} \fallingdotseq 3\,\mathrm{km} \qquad \cdots\cdots (1.12)$$

という値になります．

突然ですが，このことは

太陽を半径 3 km に圧縮すると，ブラックホールになる

ことを意味しています（図1.6）*1．シュヴァルツシルト解が異常になる場所，すなわち $r = 2GM/c^2$ 地点はブラックホールの表面と考えられるのです．シュヴァルツシルト半径とは，（そう考えられる理由や，なぜ光ですらそこから脱出できないかについてはまだ何も説明していませんが）ブラックホールの半径のことなのです．

ここで改めて最初のシュヴァルツシルト解を眺めてみてください．

$$ds^2 = -\left(1 - \frac{2GM}{c^2 r}\right) d(ct)^2 + \frac{dr^2}{1 - \dfrac{2GM}{c^2 r}} + r^2 (d\theta^2 + \sin^2\theta\, d\phi^2)$$

どうでしょうか．最初に見たときと，少し印象が変わっていないでしょうか．少なくとも，dr^2 などの2乗の部分は，三平方の定理の2乗のことだと見えてはこない

*1　太陽の質量は $2 \times 10^{30}\,\mathrm{kg}$ ですが，これでは軽すぎて（！），太陽が燃え尽きる際に重力崩壊という現象を起こしても，ブラックホールにはなりません．太陽質量の20〜30倍以上の質量をもつ星でないと，その一生の最後にブラックホールになることはないと理論的には考えられています．

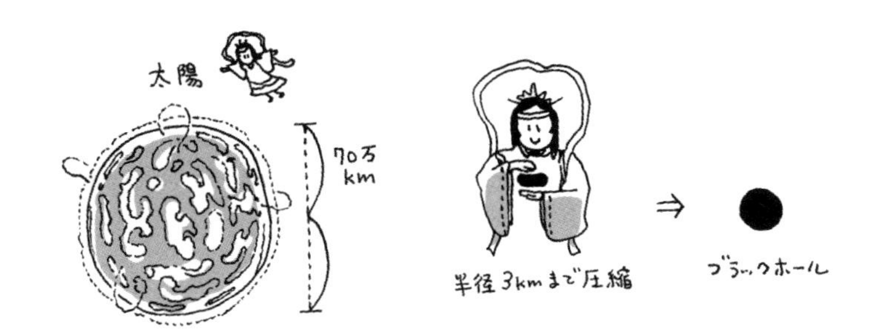

図 1.6 太陽の半径は地球の約 110 倍の 70 万 km．これを半径 3 km に圧縮できたらブラックホールになる．

でしょうか．分数の部分もただの複雑な項というだけでなく，「あそこが 0 になるようなところがブラックホールの表面なのか」と，深い意味がどことなく感じられてはこないでしょうか．このように，数式には物理が隠れています．その意味で，数式は言葉だとも言えます．文法やボキャブラリーを増やさなければ理解できないという意味でも，数式は言葉と同じです [*1]．

さて，私は複雑な式の枝葉を適当に落としていくことで，シュヴァルツシルト解の式の本質が三平方の定理にあることをご説明しました．この「余分なものをどんどん削ぎ落とす」という方法は物理学ではよくやる手ですが，「本質に目をつけ，残りの枝葉は落として考える」というのはあらゆる場面で役立つ手段でしょう．

その際には，何に注目したらよいか，そして何が本質なのかを見抜かなければなりませんが，「はじめに」でも述べたように何が本質なのかは目的によって変わります [*2]．そのため，一概に「ここに注目せよ！」と言い切ることは難しいのですが，「変わらないもの」に注目することが重要になることは多いと言ってよいでしょう [*3]．これも後の章で取り上げる話題ですが，「変わらないもの」がなぜ変わらないのか，実はその背後に自然の美しさがあります．ここで言う美しさとは，数学的には**対称**

*1 生まれ育った国で 24 時間聴き続けている言語なら，文法をしっかり学ばなくても話ができるようにはなります．それに，文法を少々外れた話し方をしても，周りの人は頭のなかでそれを補完して理解もしてくれます．しかし数学という言語はそうはいきません．間違った使い方をしたらまったく意味が通らなくなってしまうのです．このため，直感やイメージで「何となく」理解することは大変重要ではあるものの，きちんと「数学の文法」も学んでおく必要があります．

*2 もっと言えば，「本質を見抜くこと＝自分が何をしたいと思っているのかを知ること」でもあります．つまり，自分が何を欲しているのかがわからなければ，本質を見抜くことはできないのです．

*3 シュヴァルツシルト解で書いていた ds という量は世界長さと言われ，不変量と呼ばれるものの一つです．「不変」とはどういう意味か，何に対して不変なのかは後ほど説明します．

性と言われるもののことです．変わらないことを物理では「保存する」と言いますが，たとえば力学的エネルギー保存則のような，成り立つのが当たり前に思える有名な保存則も，成り立つ理由があります．それが自然界がもっている対称性という性質なのです．この意味で，物理的なモノの見方，すなわち物理では何に注目するのか，そしてどうやって注目するのかを知ることは，自然がいかに美しいかを知るための方法にもつながるのです．その意味では，複雑に見えるシュヴァルツシルト解も，実は高い対称性をもっており，すでに「美しい式」ということもできます．

物理学があらゆる理系の学問の根底にあることはよく知られていますし，だからこそ理系にとって物理は必須の学問であるとも言われます．しかし私個人としては，そんなこと以上に，物理学が見つめているものの先にある，私たちを取り巻く世界の美しさ，そしてそれを求める人間の営みを知ることが，物理を学ぶ最大の価値であると思っています．

1.4 本書の構成

さて，本章ではシュヴァルツシルト解の本質を見抜くために枝葉の部分をどんどん削ぎ落としていきました．逆に言うと，あの解がブラックホールを表す式であって，単なる三平方の定理ではない理由は，その枝葉の部分に入っていることになります．よって，すべての幹となる三平方の定理をまずは理解し，あとは先ほど私が式を変形していったのと逆の順で枝葉をつけ直していけば，ブラックホールが現れてくることになります．

私が先ほど式変形を行った内容を整理してみると

1. マイナスがついていた項を落とした
2. 分数部分を落とした
3. sin の項を落として 3 次元から 2 次元にした
4. 極座標をデカルト座標にした
5. d という記号を外して三平方の定理の形にした

となります．このそれぞれは

1. 空間に時間を加える（4 次元時空を導入する）**→第 5 章**
2. $1-\dfrac{2GM}{c^2r}$ の出どころを理解する（アインシュタイン方程式を解く）**→第 7, 8 章**

3. 2 次元や 3 次元など，さまざまな次元の空間の図形を扱う（いろいろな次元の幾何学を考える）**→第 4，6 章**
4. デカルト座標から極座標など，複数の座標を行き来する（座標を変換する）**→第 3 章**
5. 有限の大きさから，微小量・無限小量へ移行する（微分や積分を実行する）**→第 2 章**

というテーマに対応しています．つまりこれらを押さえることで，最速でシュヴァルツシルト解，すなわち相対性理論からブラックホールが数式として導かれていく様を理解することができるのです．では次章から具体的にこれらパーツの一つひと

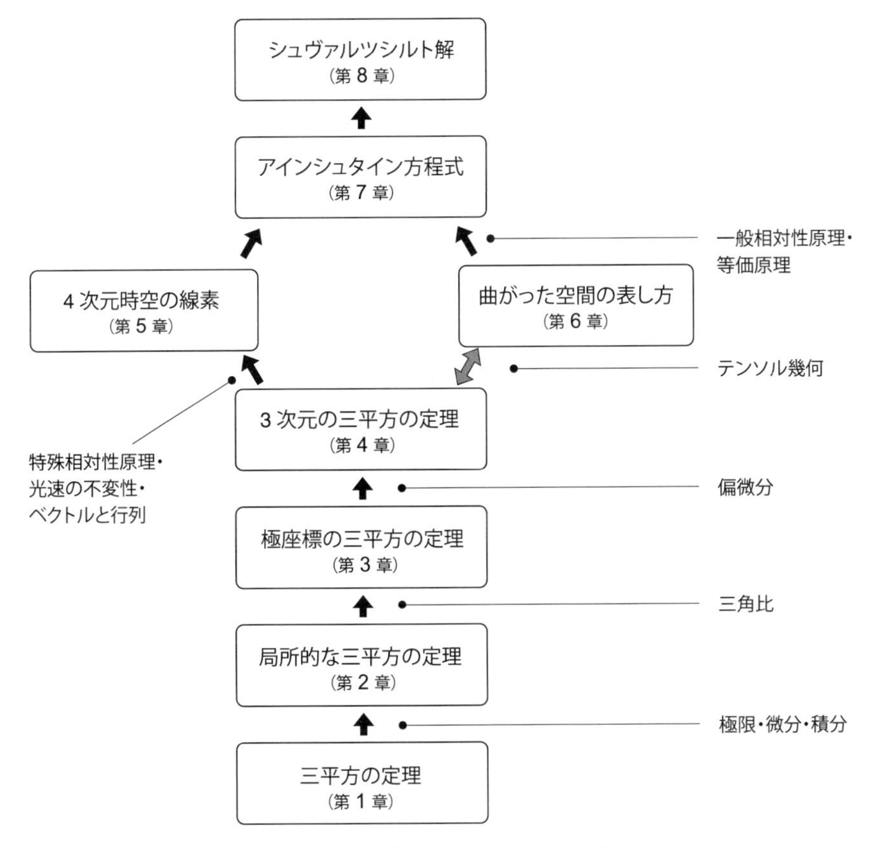

図 1.7　本書の構成と各所で登場する数学．

つを揃えていきましょう．章ごとにパーツを一つずつ揃えていくことになりますが，実はパーツの一つひとつは微分積分・三角比・行列・偏微分といった，高校や大学で学ぶ数学のそれぞれに対応しています．高校や大学で学んできた数学は何を表していて，何の役に立つのかにも注意して読んでいただければ，数学と物理が互いに協力し合って発展してきた歴史を味わうこともできるかと思います．

第 **2** 章

距離を測る

線素と微分積分

◆ ◆ ◆

前章で見たように，ブラックホールを数式で表すということは，ブラックホールが存在する空間における三平方の定理を求めるということです．よく知られた三平方の定理 $s^2 = x^2 + y^2$ は，2 次元平面上の直角三角形について成り立つ式なので，それをブラックホールが存在する「曲がった」空間バージョンへと発展させていくのです．

その最初のステップとして，この章では

$$s^2 = x^2 + y^2 \quad \Rightarrow \quad ds^2 = dx^2 + dy^2 \qquad \cdots\cdots (2.1)$$

のように，“d” という記号をつけることから始めましょう．この “d” という記号は「無限小」という意味をもち，微分と密接に関連しています．

○ この章の目的 ○

$s^2 = x^2 + y^2$ を $ds^2 = dx^2 + dy^2$ にすること

◆ **キーワード：** 三平方の定理／局所的な三平方の定理／無限小／線素／微分積分／速さ／速度／加速度／力学／運動方程式

2.1 三平方の定理

「測る」ために生まれた三平方の定理

物理に限らず，測ることは科学の基本です．私たち人間は，現象を何度も観察することで「どうもこんな感じの規則性があるようだ」というように，何となく法則の存在を感じとっていくわけですが，それを数値化し，測ることで，検証可能で精密な法則へとバージョンアップさせることができます．たとえば，押したら止まっていた物体が動き出すことは誰でも知っていますが，どのくらいの力で押したらどのくらい加速するのかを正確に言えなければ法則と呼べるほどのものにはなりません．規則性が本当にあるのか，何となくそう感じるだけなのかを見極めるためにもきちんと測る必要がありますし，実用的な意味でも，正確に値を予言できなければ使い勝手が悪くて困ります．「だいたいこのくらい」ではロケットは飛びませんからね．

そうした科学の基本である「測ること」ですが，まさに科学は，測量を基本とする天文学と幾何学から始まったと言われています．天文学は星の運行に規則性があることを発見したことから始まりましたが，その規則性から暦がつくられ，農作業の時期を決めることができるようになりました．星の動きを使って，時間を計る方法を見出したわけです．

一方で，農地の広さや建物をつくる際には土地の面積や建物の高さを測る必要があります．こちらは空間を測るお話です．幾何学はこうした土地の測量から始まりました．本書のメインテーマの一つである三平方の定理（ピタゴラスの定理）も，古代の幾何学から生まれたものです．ところで，ピタゴラスは紀元前6世紀ごろに活躍したギリシャの人ですが，彼は著作を残さなかったために，三平方の定理も本当にピタゴラスが発見したのかどうかは定かではないようです．

さて，改めてその三平方の定理を確認しておくと，

直角三角形の縦の辺の2乗と，横の辺の2乗を足したものは，
斜めの辺を2乗したものに等しい

ですが，この定理がすぐれているのは，これを使えば離れた2点間の距離を求めることができるという点にあります．縦の長さと横の長さがわかれば，斜めの距離，つまりは2点間の最短距離を計算できるわけです．

そしてこれもしつこいようですが，この定理が平らな面の上でのみ成立する式であることを忘れてはいけません．逆に，三平方の定理でもって距離を測ることができるような世界が「平らな面」だという捉え方もできます．

この三平方の定理を，地球の表面のような「曲がった面上の三平方の定理」へ拡張したり，「ブラックホールがある世界での三平方の定理」へと拡張したいのですが，そのためにはどうしても数式を使う必要があります．

数式を使うことの良さ

数式を使って精密化していくことには，いくつかのメリットがあります．

一つ目はただ単に，言葉で書くと長くて面倒だからです．日常会話で長い単語を

略すのと一緒です.「横」とか「縦」のように，言葉で書くと様子はよくわかるものの，毎回書くのは面倒ですし，計算するにも不便です．たとえば万有引力の法則を文で書けば，

二つの物体の間に働く万有引力は，両者の質量に比例し，
その間の距離の 2 乗に反比例する

となりますが，これを数式で表示すると

$$F \propto \frac{Mm}{r^2}$$

となります（$\propto$ は「比例する」という意味の記号です）．とにかくすっきりしています．何度もこの法則を使って計算する場合，数式のほうが便利なのは言うまでもないでしょう．

二つ目は，「測る」ことと同じで，正確さを期すためです．たとえば「エネルギー」は科学でも重要な概念ですが，普段からよく使う言葉だけに，「エネルギー」と言っても想像するものは人それぞれでしょう．情熱のようなものもエネルギーと呼ぶこともありますが，当然そのエネルギーで車を直接動かすことはできません（自動車を発明した人の原動力は情熱だったのだろうと思いますが）．そういった日常用語として素朴な使い方をする「エネルギー」と，科学や工学で現れる力学的エネルギーや熱エネルギー，電気的エネルギーなどとは区別する必要があります．

もちろん値も大切です．たとえば力学で最も基本となるニュートンの運動方程式の内容は，文章で表せば

物体に生じる加速度は，物体に加えられた力に比例し，
物体の質量に反比例する

ですが，これを数式で表すと

$$a = \frac{F}{m} \qquad \cdots\cdots \ (2.2)$$

となります．同じ内容ですが，やはり数式のほうはだいぶすっきりしています．もちろん，a や m が何を指すのかわかっていないと数式を読むことはできませんが，数式のほうが明らかに計算に向いています．ひとたび数式で表すと，その中身について深く考えなくても機械的に正確な値を求めることができるからです．

機械的にできるということは，頭を使わなくてもいいということでもあります．

「頭を使わなくていい」と聞くと何かよくないことのように感じられるかもしれませんが，そうとは限りません．ちょうど九九と同じように，ある段階を機械化することで，その先にあることを深く考えられるようになるからです．運動方程式で言えば，文章で理解している場合は「力を2倍にすると加速度も2倍になるから……」と順番に考えていくことになりますが，数式で書いてあると，力のところに $2F$ を入れれば

$$a = \frac{2F}{m} = 2\frac{F}{m} \qquad \cdots\cdots \ (2.3)$$

のように，a がもとの2倍になることは「自動的に」保証されるので楽なのです．このように数式は非常にすぐれた道具です．ただし，すぐれていると言っても，どれだけ効果を発揮するかは使う側の私たち人間の腕次第です．パソコンやスマホがいかに便利でも，使い方を知らなければただの「箱」であるのと同様に，数式という道具も，取扱説明書に一度は目を通して「こんな機能があったのか！」と知らなければいけません．間違った使い方をすると「壊れて」しまうのも，パソコンやスマホと同じです．

さて最後に三つ目ですが，これが数式を使うことの一番面白いところではないかと個人的には思っているのですが，**「目に見えない世界も扱えるようになる」**という点です．おそらくこのご利益は，最初に文字式を使った人たちも想像していなかっただろうと思います．

たとえば，円の方程式というのがあります．半径が1の円は

$$x^2 + y^2 = 1 \qquad \cdots\cdots \ (2.4)$$

と表されます．この式は三平方の定理から出てくる式なのですが，どうやって導かれたのか，今はその詳細を知る必要はありません．式の形だけ見てください．また，この点もここでは理由を説明しませんが，x と y，二つの文字があることが，この図形が2次元面上にあることを表しています．

今，次元を一つ増やして3次元空間で半径1の球を考えたならどんな式になるでしょう．ご存知の方も多いかもしれませんが，一つ文字が増えて

$$x^2 + y^2 + z^2 = 1 \qquad \cdots\cdots \ (2.5)$$

となります．ここでは三つ目の方向を表す文字として z を使いましたが，もちろん何でも構いません．$x^2 + y^2 + w^2 = 1$ でも，$x^2 + y^2 + u^2 = 1$ でもOKです．大事

なのは，「3種類の文字があれば3次元中の物体を表現できる」という点です．これがわかれば，もし4次元の「球」があれば，その方程式がおそらく

$$x^2 + y^2 + z^2 + w^2 = 1 \qquad \cdots\cdots (2.6)$$

となるのでは？と予想がつきますね．正解です．これが4次元中の球を表す方程式なのです．ここでは「4次元目」を表す文字として w を使いましたが，これもどんな文字を使っても構いません．

それにしても，4次元の球なんて誰も手に取ったことはないでしょうし，絵で描いてくれと言われても困ります[*1]．ところが，それを表す数式は書けるのです．これが，物事を数式で書くことのご利益です．ここでは得体の知れない4次元の球という例をあげましたが，実はほかにも，数式でないと簡単には描けないものが無限に存在します．相対論が扱う世界はまさに4次元ですし，量子力学で扱うミクロの世界も私たちの身体感覚を超えています．そうした世界を理解するための言語であり，武器とも言えるのが数式や数学なのです．

私はこれまで，講演会に来てくださった一般の方々や，教えてきた学生たちが「文字式は見るのも嫌い」と言っているのを何度も耳にしてきましたが，日本語にしろ，他の言語にしろ，いわゆる自然言語は定理や物理法則を「見えない世界」まで発展させるのにあまり向いていません．数式は「その先へ」行くために向いている道具なのです．ただし，数式はそうした世界を表す「文字」なので，その文字が表す「意味」，すなわち物理をそこから見出してこそ，物理屋の面目躍如です．本書はブラックホールを表す数式を導くことがメインテーマですが，最後の章ではその物理にも触れたいと思います．

三平方の定理の意味

では三平方の定理に話を戻します．ここからは数式で書いた

$$s^2 = x^2 + y^2 \qquad \cdots\cdots (2.7)$$

を使います．第1章と同じく，横の長さを x，縦の長さを y とし，斜めの辺の長さを s としました．横に x 軸，縦に y 軸を張ったと言ってもいいでしょう．x，y と

---

*1　2次元世界に住んでいる人から見たら，私たち3次元の世界がどう映るのかということについては，古典的名著『フラットランド』（エドウィン・アボット・アボット著）を一読されることをお勧めします．仮に4次元空間があったとして，それが私たち3次元の住人にどう映るのかについても説明されています．

来たので，斜めの辺の長さには z を使いたいところですが，後で高さも含めて3次元空間にしたときに z を使いますので，そのときのためにとってあります[*1]．

座標軸を張ったので，平面上にある，任意の点の位置を (x, y) のように座標で表すことができるようになりました．前に述べたように「座標」を発明したのはデカルトですが，これがいかにすぐれた発明であるかは改めて言うまでもないと思います．しかし，第1章でも述べたように，座標とはあくまで「人に伝えるために導入された便宜的なもの」であって物理的な「実在」ではないことに気をつけてください．

◆ポイント解説

これは，私たちが住んでいるところに番地が割り振られているからといって，地球の表面に最初から番地がついていたわけではないのと同じです．番地や地名も「点や物体の場所などを正確に他人に伝える方法」ですから，座標の一種です．地名などは規則性がなく扱いにくいため，科学的な計算で使うことはありませんが，本質的にはデカルトが導入した座標と一緒です．

そうしたものは私たちが生活する上で便宜上つけた名前であって，地球からしたら住所などあろうがなかろうが関係ありません．座標というのはすべてそうで，物理的実在とは本来関係のないものなのです．この先，一般相対論を理解する際には，何が物理的実在で，何がそうでないのかをしっかり区別しておくことが重要になってきます．

さて，座標軸を張った2次元平面に，図2.1のように直角部分を座標原点と一致させて点Oとし，x 軸上に点A，y 軸上に点Bをとりましょう．こうすると，三平方の定理が離れた2点AB間の距離を求めるための公式であることがよくわかります．

この考え方，すなわち，

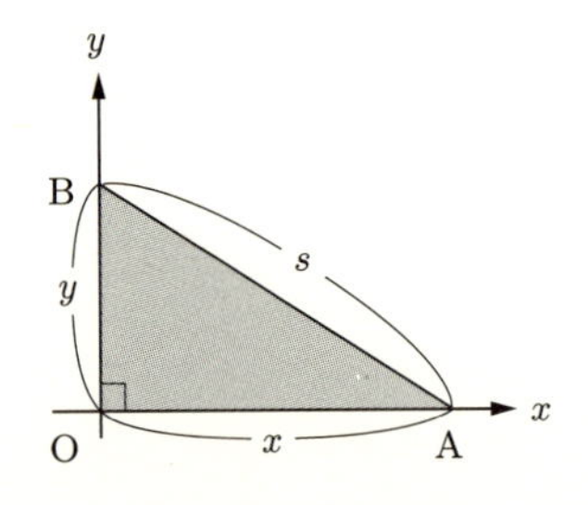

図2.1　2次元平面と直角三角形：その1

*1　さらには時間も導入して4次元を考えるので，三平方の定理に t も入ってきます．素粒子物理学の最先端である超弦理論では10次元時空や11次元時空などが出てくるため，座標を表すためのアルファベットが足りなくなることがよくあります．

（ブラックホールに限らず）さまざまな空間を数式で表現するということは，それぞれの空間において，離れた2点間の距離を求めるための数式を書くことである

をよく覚えておいてください．これを忘れないようにすると，途中で少々複雑な式が出てきても道を見失わないで済みます．

次に，この三平方の定理が「離れた」2点間の距離を求める式であることをもう少しはっきり表すために，Δ という記号を使ってみましょう．直角三角形の辺の長さを

$$\text{ヨコ} = \mathrm{OA} = \Delta x, \quad \text{タテ} = \mathrm{OB} = \Delta y, \quad \text{ナナメ} = \mathrm{AB} = \Delta s \qquad \cdots\cdots \ (2.8)$$

という文字で書いてみます（図 2.2）．すると三平方の定理は

$$(\Delta s)^2 = (\Delta x)^2 + (\Delta y)^2 \qquad \cdots\cdots \ (2.9)$$

となります．

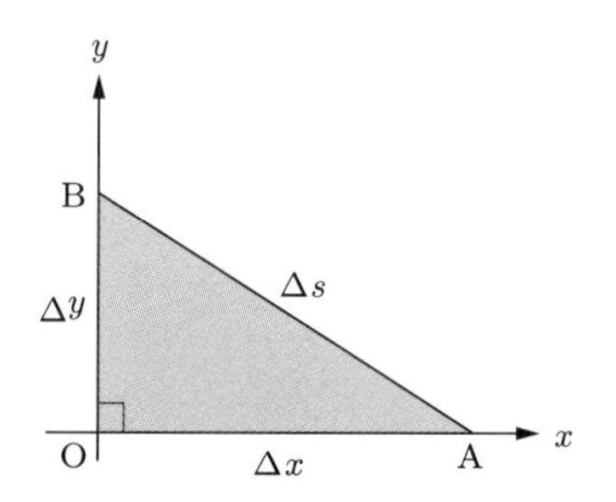

図 2.2　2次元平面と直角三角形：その2

◆ポイント解説

この Δ（デルタ）はアルファベットのDに対応するギリシャ文字で，物理や数学では差や変化を表すのによく使われます．これは「差」に当たる英語 "difference" の頭文字がdであるからだと思われます．ちなみに小文字は δ で，これも変化を表す記号としてよく使われます．たとえば気温 T が 20°C から 23°C に上がったとき，その変化を

$$\Delta T = 23 - 20 = 3^\circ\mathrm{C} \qquad \cdots\cdots \ (2.10)$$

のように表します．温度は英語で temperature なので，温度にはその頭文字 T がよく使

われます．

Δ は「変化」を表す場合と，「差」を表す場合とがあります．ここで「変化」とは

$$(\text{変化}) = (\text{最終的な値}) - (\text{最初の値}) \quad \cdots\cdots (2.11)$$

のように，「後から前を引いたもの」のことです．たとえば気温が 20°C から 15°C に下がったとき，その変化を ΔT として

$$\Delta T = (\text{後の気温}) - (\text{はじめの気温}) = 15 - 20 = -5°\text{C} \quad \cdots\cdots (2.12)$$

となります．マイナスがついていることで，「気温が下がったのだな」とすぐにわかります．一方で Δ が「差分」を表すこともよくあります．差分とは，二つの量の違いやズレの大きさのことです．すなわち変化の**絶対値**をとったもので，必ず正の値です．その時々で Δ の表すものが異なることがありますので注意してください．

Δ では物体の位置の変化ももちろん表すことができます．たとえば町の中心から東へ 3 km の地点に車が止まっていたとしましょう．その車が動き出して東へ 7 km の地点まで移動したとしたら，位置の変化は

$$\Delta x = 7 - 3 = 4\,\text{km} \quad \cdots\cdots (2.13)$$

のように，Δ を使って表せます．

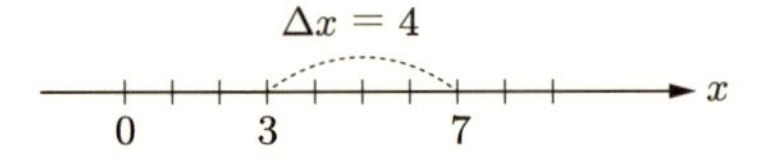

ここで，車が移動した道に沿って x 軸を書き，皆さんのいる位置を $x = 0$ としました．

ところで，Δx は $\Delta \times x$ では**ない**ことに注意してください．少し違和感があるかもしれませんが，Δx は「一つの文字」です．先ほど式 (2.9) では $(\Delta x)^2$ のようにカッコをつけて表していましたが，Δx で一つの文字であることがわかっていれば

$$\Delta s^2 = \Delta x^2 + \Delta y^2 \quad \cdots\cdots (2.14)$$

と書けます．このほうがすっきりしていますので今後はこれを用いることにしましょう．

本書でも出てくる三角関数も，$(\sin x)^2$ のことを $\sin^2 x$ のように，カッコを外して書くのが普通です．2 乗は sin のすぐうしろに書きます．一番うしろに書いて $\sin x^2$ とした場合，これは「$\sin x$ の 2 乗」ではなく「x^2 の sin」ということになります．

さて，再び先ほどの 2 次元平面に戻り，三平方の定理について考えます．さっきは直角三角形の直角部分を座標の原点に一致させていましたが，直角三角形でありさえすればどこに書いても構いませんので，より一般的な状況で考えておくために

図 2.3 のようにちょっとずらしておきましょう．図のように，ずらした後の直角三角形の 3 点を改めて

$$\mathrm{R}(x_1, y_1), \quad \mathrm{A}(x_2, y_1), \quad \mathrm{B}(x_1, y_2) \qquad \cdots\cdots \ (2.15)$$

とします．x_1 や y_1 などは座標の**成分**と言います．成分と Δx，Δy は

$$\Delta x = x_2 - x_1, \quad \Delta y = y_2 - y_1 \qquad \cdots\cdots \ (2.16)$$

という関係にあります．ここでは Δx が 2 点 A と R の x 座標の差，Δy が 2 点 B と R の y 座標の差を表しています．

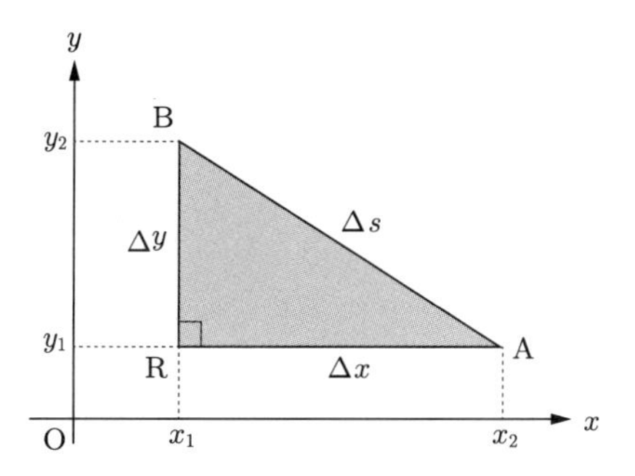

図 2.3　2 次元平面と直角三角形：その 3

AB の長さを Δs と表すと，式 (2.14) の三平方の定理から

$$\Delta s = \sqrt{\Delta x^2 + \Delta y^2} = \sqrt{(x_2 - x_1)^2 + (y_2 - y_1)^2} \qquad \cdots\cdots \ (2.17)$$

のように計算されます．文字式ばかりだとわかりにくいので，ここで数字を使った計算例をあげておきます．

例

3 点 R(1, 1)，A(5, 1)，B(1, 4) を頂点にもつ直角三角形 RAB において，斜辺 AB の長さ Δs は

$$\Delta s = \sqrt{(5-1)^2 + (4-1)^2} = \sqrt{4^2 + 3^2} = \sqrt{16 + 9} = \sqrt{25} = 5$$

のように求まります．

2.2 局所的に考える・瞬間的に考える

ではいよいよ，三平方の定理 $\Delta s^2 = \Delta x^2 + \Delta y^2$ を変形する最初のステップとして「d」の意味を考えます．ここで鍵になるのは「局所的」という概念です．

円運動も局所的には直線運動である

「局所的」とは何かを考えるために，唐突ですがハンマー投げの選手がハンマーを投げようとしてグルグル回転しているところを想像してください．簡単のために，ハンマーの回転速度は一定としましょう．もちろん実際のハンマー投げでハンマーの回転速度が一定ということはありませんが，あくまで理想的な状況として，そういうものを考えてください[*1]．想像したらその様子を紙に書いて，物体の運動の様子を矢印で書き込んでみてほしいのですが，皆さんならどのような矢印を書きますか？

物体が円運動しているということから，そのカーブに沿って曲がった矢印を書いて物体の運動を表現した人が多いかもしれません（図2.4）．私も学生に講義するときそのような矢印をよく書きますが，すぐに注釈を加えます．それは，

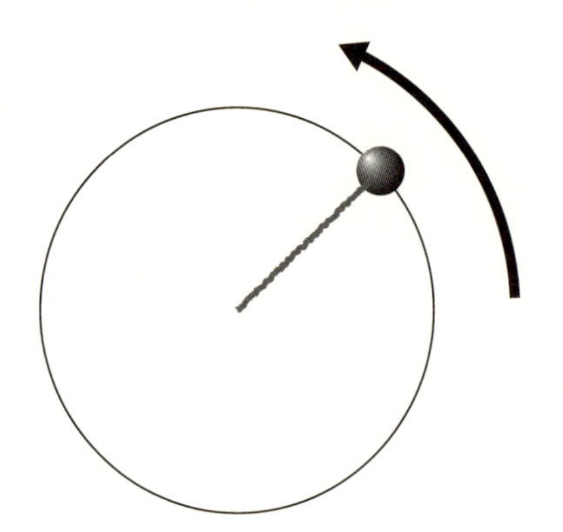

図2.4　等速円運動する物体．

---

*1　教科書には，「A君が家を出てから一定の速さで歩いて……」という状況設定がよく出てきます．現実にはこんなことはあり得ませんから，こうした「教科書ならでは」のシチュエーションはお笑いのネタにされたり，ときには「学校で教わったことなんか役に立たない」ということの根拠にされたりしますが，これはいろんな意味で誤解です．事実，何かを具体的に始めようとすれば，いきなりすべての細かい設定を盛り込んだ状況で問題を解くことは不可能です．最初の「例題」としては状況を簡単化したモデルで計算することは決して馬鹿げたアプローチではありません．しかもこうした状況設定を考えることは現象の本質を引き抜く訓練になります．いくら現実がノイズだらけのごちゃごちゃしたものであっても，そもそも私たちの知覚システムはそれらすべてを取り入れて理解しているわけではありません．都合のよい，必要なものを（ときにはノイズすら利用しながら）取捨選択して取り入れているのです．学校で教わることと現実社会との乖離を妙に気にする人は，ひょっとすると学校というものを逆に極めて理想化して考え，完全なものであってほしいと願っているのかも……？

「等速円運動している物体の速度は接線方向なので，
この曲がった矢印は速度を表す矢印ではない」

という一言です．この注釈を加えるのは私に絵心がないからではなく（絵心がないのは確かですが），多くの学生が勘違いしやすいポイントであるためです．

まず，**速度**という言葉に注意してください．これは**速さ**とは似て非なるもので，物理では頻出の概念です．速さに向きまで与えたものを速度と言います．速さは速度の大きさということになります*1．

たとえば

「物体の速さは 100 km/h である」

のように，速さという言葉には向きの概念が入ってきません．速さだけ指定しても，どっち向きに進んでいるかはわからないわけです．対して速度には

「物体の速度は東へ 100 km/h である」

のように，向きの情報も入ってきます．似ている言葉ですが，このように物理では速度と速さをはっきりと区別して使います．東西方向に沿って x 軸を張り，東方向を正方向と決めておけば

「物体の速度は 100 km/h である」

と言うだけで東に速さ 100 km/h で進んでいることになりますし，

「物体の速度はマイナス 100 km/h である」

と言えば西に速さ 100 km/h で進んでいることになりますので，プラスマイナスだけで向きを表現することもできます．向きが入ることから，図では速度を矢印で表現することがよくあります．速さは速度の大きさですから，矢印の長さが速さに，矢印そのものが速度に対応しています．

◆ポイント解説

「速度も速さも大した違いはないじゃないか．何も新しい言葉をつくらなくったって……．細かいなあ」と思った方もいるかもしれませんが，科学でよくこういうことが起きるのは，神経質な人が細かいことにこだわった結果ではありません．たとえば，「力」も速度と同じ

*1　英語では速さを speed，速度を velocity と言います．このため物理では速度を表すのに v をよく使います．

く向きをもつ量ですが,「A君とB君が10Nの力で物体を引っ張った」としても, 同じ向きに引っ張ったのか, 反対向きに引っ張ったのかでは全然状況が違いますね. 速度も事情は同じなのです. つまり, 速度と速さを厳格に区別しないといけないと気づいた先人たちは, 頭のなかでごちゃごちゃ考えた結果わかったというより, 実際の場面で使ってみようと思った途端,「あれ？向きまで指定しないと状況が表せないぞ」と気づかされたのです. 世の中には本質的に向きももつ量と, 温度のような大きさしかない量とがあることに思いいたったのですね.

このように, 新しい専門用語がつくられるときはいつでも,「それを用意しておかないと正確に伝わらない事情」が背景にあります. ですから, 新しい言葉が出てきたときはすぐに鵜呑みにせず,「何でこんなものを考えるんだ？」と悩む「癖」をつけておくことは決して悪いことではありません. 悩んでばかりで, 先に進めなくなっては困りますが…….

さて, 等速円運動に戻りましょう.「等速円運動している物体の速度が接線方向である」という意味を理解するために, 思い出してほしいのが「慣性の法則」です.

慣性の法則とは, ニュートンがまとめた「運動の三法則」の1番目の法則で,

「物体に力が働いていない, または働く力が釣り合っているとき,
物体は同じ運動状態を持続する」

というものです[*1].

同じ運動状態を続けるというのは, 一定の速さ, かつ同じ向きに進み続けるということを意味します. これを**等速直線運動**, または**等速度運動**と言います. 速度には方向も含まれていましたから,「等しい速度で」と言えば, 自動的に直線運動を表すことになります.

この等速度運動, イメージとしては命綱が切れて宇宙空間に放り出されてしまった宇宙飛行士を想像してもらえればよいかもしれません. 宇宙空間と言っても, 宇宙ステーションのように地球の近くだと, 地球に引っ張られて落下してしまうので, 地球やその他の星からも遠く離れて, 何の力も受けていない状況を想像してください. すると, 放り出されたときの速さと方向をキープしながら進み続ける様子がイメージできるのではないでしょうか[*2].

---

*1　慣性の法則が成立するような系（慣性系）の存在を主張したものであると見ることもできます. 慣性系については第5章で説明します.

*2　もちろん宇宙飛行士に働く力も決してゼロではありません. 近くの宇宙船や, 周囲の星からの万有引力は存在していますが, 質量が小さいものからの万有引力や, たとえ質量が大きいものでも, そこから遠く離れている場合の万有引力は十分小さくなりますので, 宇宙飛行士の運動にほとんど影響しないはずです.

この場合，物体に何の力も働いていないのですから，速さも向きも変化することはありません．ひょっとすると，「え？何の力も働いてなくても，放っておいたら物体の動きは止まるんじゃないの？」と思った人もいるかもしれませんが，普段私たちが生活している環境では，地面からの摩擦や空気抵抗が常に働いていることに気をつけてください．摩擦や空気抵抗をゼロにすることは実際には難しいため，私たちが何の力を加えなくても，そうした力のせいで動いている物体はやがて止まってしまうのです．「何の力も働いていない状況」を私たちは日常生活で見かけることがないために，この状況を想像することはなかなか難しいかもしれません．慣性の法則は，そうした想像しにくい状況について深く考察した結果得られたものです．実に深い洞察です*1．

さて，この慣性の法則が示すとおり，力が働かなければ物体は等速直線運動を続けるので，何の力も加わらない状況下で，物体が円運動することはあり得ません．ハンマー投げの場合，ハンマーが円運動している原因はハンマー投げの選手がワイヤーを通してハンマーを引っ張っている力です．地球も太陽の周りを回っていますが，この場合は太陽からの万有引力が楕円運動の原因です．万有引力があるおかげで，地球が直線的に飛んでいってしまうことなく，太陽の周りを回り続けられるわけです．このように，円軌道（や楕円軌道）をキープするために中心方向へ引っ張る力は**向心力**と呼ばれています．等速円運動は速さが一定，半径も一定のシンプルな運動に見えますが，実は等速直線運動して逃げようとしている物体を，向心力によって絶えず向きを変えて円軌道を保たせているという，ダイナミックな運動なのです．

等速円運動している物体が絶えず等速直線運動「したがっている」証拠を見たければ，糸の先におもりをつけてグルグル回転させ，突然糸をプツッと切ったらどうなるかを撮影してみればわかります．糸が切れたおもりは，切れる直前の速さと方向をキープし，円軌道に接する方向に飛んでいきます．ひとたび糸が切れてしまう

---

*1　力が働いていても釣り合っていさえすれば運動の状態は変わらないというのは，さらに想像しにくいかもしれません．止まっている物体に働く力が釣り合っているときに物体が静止し続けるのはわかるとしても，ある速度で動いている物体に力が働いていても，釣り合っていさえすればその速度は変わらないというのは奇妙に感じられる方が多いようです．

これは一つには，私たちは大きさをもたない「質点」や，一切その形状を変えない「剛体」という，理想化されたモデルを体感として想像しにくいことに原因があるかもしれません．たとえば，私たちの体を左右から同じ力で押せば，体が少し潰されて，力が加わっていることを感じ続けるため，動きこそないものの「力が打ち消し合っているとは感じられない」と思うはずです．これは私たちの体には大きさがあり，しかも剛体と違って変形する余地もあるからです．もし私たちの体が一点に縮み，大きさをもたなくなったとすると，体が潰れることもないわけですから，左右からの力の影響が完全に打ち消し合うことが，少し想像しやすくなるのではないでしょうか．

と物体には何も力が働かないので，等速度運動するようになるわけです[*1]．

長い説明になりましたが，これが「等速円運動している物体の速度は接線方向である」という注釈をつけなければいけない理由です．糸が切れたその瞬間の速度方向はあくまで直線ですから，その瞬間の運動の様子を表す矢印も円に接するまっすぐな矢印になるのです．

ちなみに円運動をしている物体は直進しようとして糸から中心へ引き戻されるということを繰り返しているので，図2.5のように各点各点で物体の加速度は円の中心方向を向くことになります．

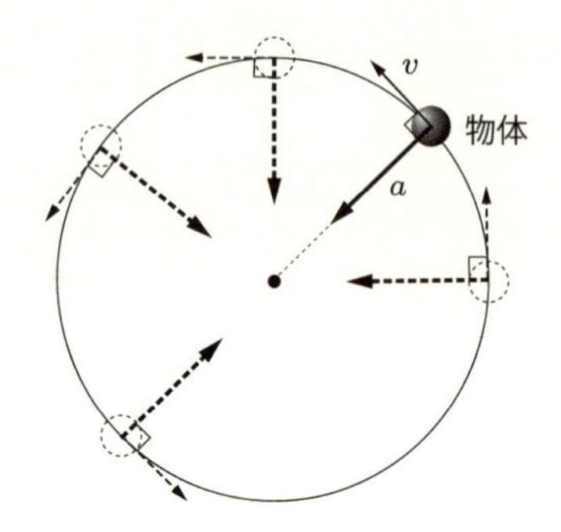

図2.5　速度は接線方向，加速度は中心方向を向く．vが速度，aが加速度を表す．

局所的に考える

円運動の速度のように，物体の運動は瞬間ごとに次々と様子を変えていくのが一般的であるため，その記述もまた，各瞬間や各位置ごとに考えることになります．そうした考え方，すなわち空間中の一点(x, y, z)や，ある瞬間tごとに物理量を考えることを**局所的に考える**と言います．物体の時刻tにおける速度vなら$v(t)$のように，点(x, y, z)における温度Tなら$T(x, y, z)$のような形で表します．たとえば$t = 2$秒のときの速度なら$v(2)$となりますし，点$(1, 2, 3)$という地点の気温なら$T(1, 2, 3)$という具合です．

ところで，局所的(local)という言葉の対義語は大域的(global)です．物事を見るのに，この二つの視点の両方をもっていることは重要です．もし私たちが蟻のよ

*1　ほかにも手軽に実験する方法として，シャーレとパチンコ玉を使う方法があります．絵の具をつけたパチンコ玉をシャーレに入れ，シャーレを蓋のようにかぶせてグルグル回し，パチンコ玉に円運動させます．シャーレがかぶさっているうちはシャーレのなかでパチンコ玉は回転運動を続けますが，その後シャーレをパッと外すとパチンコ玉が飛び出ます．シャーレの下に紙を敷いておけばパチンコ玉の飛び出た方向に沿って絵の具の線がつきます．それが円の接線方向であることがよくわかります．

うに小さければ，図 2.6 のように，野球のボールの表面もドーナツのように真ん中に穴の空いたもの（トーラスと言います）の表面も，どちらも平らにしか見えないでしょう．ちょうどそれは，私たちには地球の表面が平らにしか見えないのと同じですが，そのように限られた小さな領域をクローズアップして見るのが局所的なものの見方です．一方，全体をくまなく調べ尽くせば（外からは一目瞭然で）野球のボールとドーナツが異なる形をしていることがわかります．このように，「ちょっと離れたところから全体を俯瞰して見る」のが大域的な見方です．

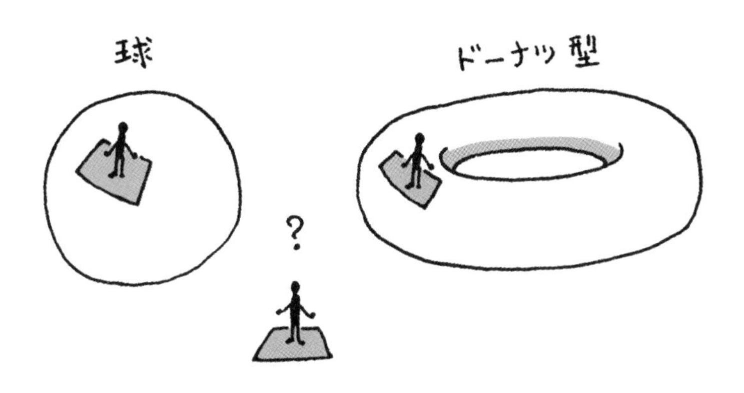

図 2.6　小さい領域を見ている分には，球の表面とドーナツ型（トーラス）の表面は区別がつかない．

どちらの見方も重要であり，まさにその二つの観点が重力を数学的に扱う上でも大きな役割を果たすのですが，しばらくは局所的な見方にのみ注目します．

第 1 章で述べたように，ブラックホールが存在するような歪んだ空間では三平方の定理は複雑になります．三平方の定理は空間の曲がり方を表すものでしたから，空間の歪み方が一定でないようなところでは，三平方の定理も一定でないことになります．イメージとしては，現実の地球の表面のようなものです．地球は完全な球ではなく，デコボコしていて，曲がり方が一定のところなどどこにもありません．そのように一般的には空間の歪み方は場所ごとに異なるので，三平方の定理もまた空間の各点ごとに異なっているのが一般的であり，局所的に表す必要があります．しかし前節の式 (2.14) は

$$\Delta s^2 = \Delta x^2 + \Delta y^2$$

という形をしていて，Δ という有限の幅が入っています．これは，この三平方の定

理が有限の大きさをもった現実的な直角三角形からつくられたものだからです．そこで，この直角三角形を無限に小さくしていって平面上のどこか1点で成立する三平方の定理，すなわち「局所的な三平方の定理」を考えてみましょう．

有限 Δ と無限小 d

有限の大きさの三平方の定理の局所化，そのために必要なのが**無限小変位**です．これは，有限の幅 Δx，Δy を無限に小さくしたものです．記号では

$$dx, \quad dy \qquad \cdots\cdots (2.18)$$

のように，Δ の代わりに d で表します．この章の目標である「$ds^2 = dx^2 + dy^2$」とは，

「無限小変位を使って，三平方の定理を局所的に考えたもの」

のことなのです．図形的には，直角三角形の図で点Aと点Bのそれぞれを点Rに近づけることで得られます．座標では

$$x_2 \to x_1, \quad y_2 \to y_1 \qquad \cdots\cdots (2.19)$$

のように表されます．このように，何らかの値に近づけていく操作を**極限をとる**と言います．図2.7のように，x_2，y_2 のそれぞれを x_1，y_1 に近づけると

$$\Delta x \to 0, \quad \Delta y \to 0 \qquad \cdots\cdots (2.20)$$

となりますが，このときに得られる三平方の定理を

$$ds^2 = dx^2 + dy^2 \qquad \cdots\cdots (2.21)$$

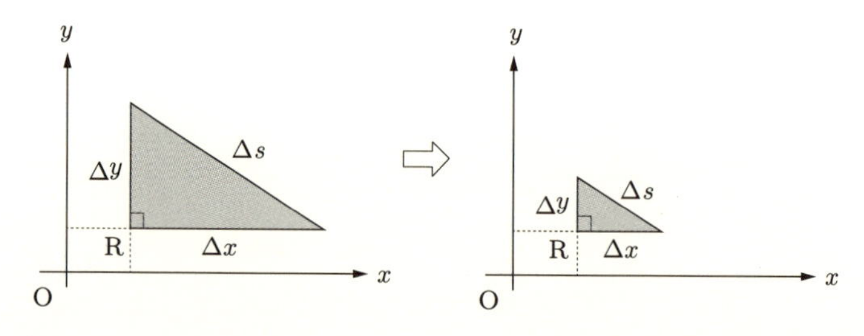

図2.7　Δx と Δy を小さくしていくことで，点R上での三平方の定理をつくる．

と書きます．

ところで，「無限に小さくしたらゼロなのでは？」と思われるかもしれません．おっしゃるとおりです．素直に考えれば，dx も dy もゼロになってしまうのですが，dx や dy には「Δx, $\Delta y \to 0$ という極限のもとで成り立つことについて考える」という意味が込められています．このことは次の節でもう少し突っ込んで考えます．

さて，

$$\Delta s^2 = \Delta x^2 + \Delta y^2 \qquad \cdots\cdots \ (2.22)$$

のほうは有限の幅をもっていますから，平面上のどこか 1 点の上で成立する式ではありませんが，式 (2.21) のほうは点 R という 1 点で成立する局所的な式です．ただし，直角三角形の大きさはどう縮めても構いませんし，今の場合は 2 次元平面だけを考えているため，平面上のどこでも三平方の定理は同じ形をしています．そのため今は，平面上のどの点においても，三平方の定理は有限の幅で考えた式 (2.22) と本質的に同じです．

さて，このように，三平方の定理からブラックホールの式へ向けた最初の変化である "d" の導入は

有限の幅から無限小の幅を考えることで，三平方の定理を局所化する

という操作に当たることがわかりました．このようにして得られた局所的な三平方の定理の式 (2.21) のことを**線素** (line element) と言います．局所的な「距離」を（無限個）つなげていけば，有限の長さをもつ「線」になるからです．

2.3 微分積分の考え方

前節で出てきた「無限小」ですが，この考え方と密接に関係しているのが微分積分です．微分積分は，物理はもちろん，科学やテクノロジーのあらゆる分野で必須の数学的道具です．無限小の発想が必要になるのは，先ほどの線素のように，空間中のどこか 1 点での値や，ある瞬間の値を求めたい場面が多くあるからです．

平均の速さと瞬間の速さ

皆さんは，

A君が家を出て，2時間後に8 km離れたおじさんの家に着きました．
A君の速さは時速何 km でしょう？

というような問題を解いた経験はないでしょうか．「8 km を2時間で行ったのだから，時速4 km」と，答えは簡単に出せますが，現実にはA君がずっと同じ速さで歩けるはずはありません．ほかにもこの問題には不自然なところがありますが*1，それはさておき，ここでいう時速4 kmは，一定の速さで進んだとモデル化した場合の速さであり，そうした速さのことを**平均の速さ**と言います．一方，時々刻々変化する瞬間ごとの速度は，そのままですが，**瞬間の速度**と呼ばれます．

平均の速さは小学校で教わるように

$$\text{平均の速さ} = \frac{\text{進んだ距離}}{\text{かかった時間}} \qquad \cdots\cdots \ (2.23)$$

で求められます．数式で書けば，平均の速さを $\bar{v}$，進んだ距離を Δx，かかった時間を Δt として

$$\bar{v} = \frac{\Delta x}{\Delta t} \qquad \cdots\cdots \ (2.24)$$

です．この問題では $\Delta x = 8\,\mathrm{km}$，$\Delta t = 2$ 時間ですから，

$$\bar{v} = \frac{8\,\mathrm{km}}{2\,\text{時間}} = 4\,\mathrm{km/h} \qquad \cdots\cdots \ (2.25)$$

です．

今これを横軸に時間 t，縦軸に進んだ距離 x を取ったグラフで表してみましょう．図2.8のように，速さが一定の場合，x–t グラフは直線になります．直線の傾きの大きさが速さを表しています．先ほど，速さに向きまで加えたものは速度と呼ばれると言いましたが，速度はグラフでは直線の傾きそのものです．傾きが正（図で右上がり）なら速度も正，傾きが負（図で右下がり）なら速度も負です．

さて，今のように速度が一定ならグラフは直線ですが，現実的な状況，すなわち速度が一定でない場合には，グラフはどのようになるでしょうか．グラフの傾きが速度を表すのですから，速度が一定でないなら傾きも一定でなくなって，図2.9の右のような曲線になるはずです．そのような速度が一定でない場合は，ある時刻の瞬間の速度をどうやって求めたらよいのでしょう．速度は x–t グラフの傾きですか

*1 「8 km もあるなら自転車で行くべきではないか」とか「8 km も離れた町に子ども一人で行くのは正直どうかと思う」とか，本当にいろいろあります．

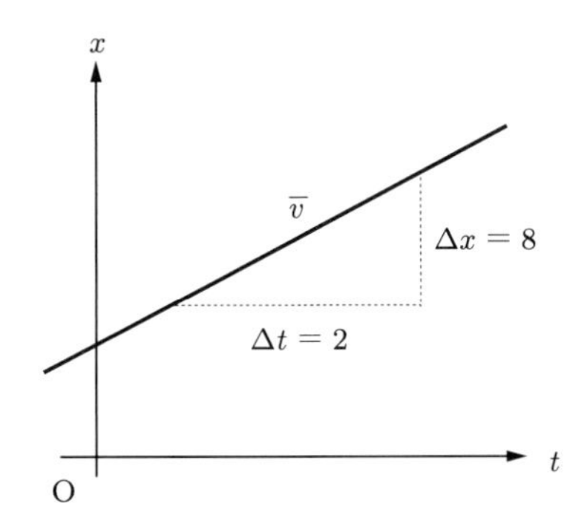

図 2.8　速さが一定の状況は x–t グラフが直線になることに相当する.

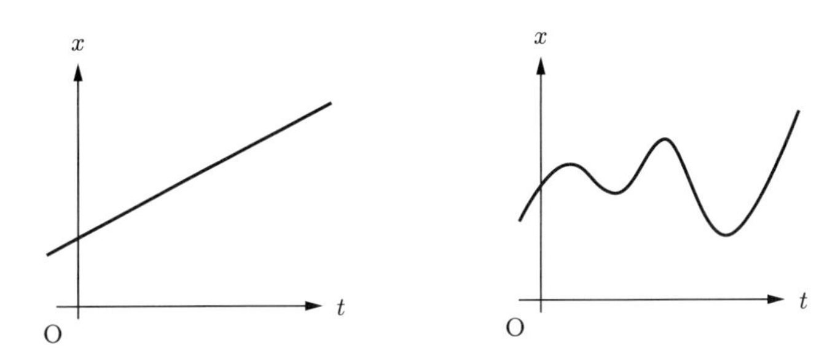

図 2.9　速度一定の場合（左）と速度が一定でない場合（右）の x–t グラフ.

ら，この問題はある時刻におけるグラフの傾きを求めることと同じです.

ところでよく考えてみると，傾きは「進んだ距離を，かかった時間で割ったもの」ですから,「ある時刻における傾き」というのは少し妙な気がします. なぜならある時刻は一瞬であり，その一瞬に経過した時間はゼロだからです.

ここで役立つのが前節で登場した極限の考え方です. すなわち，まずは有限の経過時間 Δt を考えて，次に $\Delta t \to 0$ の極限をとり，その結果求まった量を**瞬間の速度**と呼ぶことにするのです.

実際にやってみましょう. 今，時刻 t_1 の瞬間の速度 $v(t_1)$ を知りたいとします. そのためにまずは近似値として，t_1 から t_2 までの平均の速度 $\bar{v}$ を出してみましょう. 時刻 t_1 から t_2 までの位置の変化を，かかった時間 $t_2 - t_1$ で割ればよいので

$$\bar{v} = \frac{t_1 \text{ から } t_2 \text{ までの位置の変化}}{\text{かかった時間}} = \frac{x_2 - x_1}{t_2 - t_1} \qquad \cdots\cdots \ (2.26)$$

となります. もちろんこの値は，本当に知りたい時刻 t_1 での速度 $v(t_1)$ とは異なるはずです. 野球のピッチャーがボールを投げたときに表示される「時速 140 km」が,

ピッチャーの手からボールが離れた瞬間の速さを表しているわけではないのと同じです．ボールはピッチャーの手元を離れる瞬間が一番速く，空気抵抗によってどんどん遅くなります．手元を離れたその瞬間のボールの速さを知りたいなら，極力手元の近くで測定しなければいけません．それと同じで，$t=t_1$ における瞬間の速度からのズレを小さくするためには，時刻 t_2 よりも時刻 t_1 により近い時刻，すなわち時刻 t_1 からほとんど時間が経過していない時刻 t'_2 で平均の速度を出す必要があります．時刻 t'_2 での物体の位置を x'_2 とすれば，今度は

$$\bar{v}' = \frac{t_1 \text{ から } t'_2 \text{ までの位置の変化}}{\text{かかった時間}} = \frac{x'_2 - x_1}{t'_2 - t_1} \qquad \cdots\cdots \ (2.27)$$

となります．これはさっきの $\bar{v}$ よりは，$t=t_1$ での瞬間の速度に近いはずです．

大事なことは，時刻 t_1 から時間が経過すればするほど，その間にどんどん速度が変化してしまうので，なるべく t_1 から時間が経たないうちに平均の速度を出すよう，心がけることです．時刻 t_1 から「無限に小さい時間しか経過していない時刻」との間に物体がどう移動したかを測り，平均の速度を求められるならそれが理想的です [*1]．

瞬間の傾き：微分

さて，時刻 t_1 からほんの少ししか経過していない時刻のことを Δ を使って $t_1+\Delta t$ と書くことにしましょう．経過時間が Δt です．すると，時刻 t_1 での瞬間の速度に非常に近いと考えられる平均の速度は，

$$\bar{v} = \frac{x(t_1+\Delta t) - x(t_1)}{(t_1+\Delta t) - t_1} \qquad \cdots\cdots \ (2.28)$$

となります．ここで，時刻 t_1 における物体の位置を $x(t_1)$，$t_1+\Delta t$ におけるそれを $x(t_1+\Delta t)$ と書きました．この様子をグラフで見てみると，時刻 t_1 からの時間経過をなるべく小さくしていくにつれ，傾きをもった直線が時刻 t_1 での接線に近づいていくのが見えてきます．普通，直線を決めるにはその直線が通る2点が必要ですが，その2点を近づけていけば，その極限として接線が現れてきます．ここでやっている計算はまさにそれで，時間間隔 Δt をゼロに近づけていけば，時刻 t_1 におけ

---

*1　そんなことが現実にできるかというと，物理的にはできません．私たちが扱えるのは有限の時間間隔や，有限の距離のみです．ここで言っているのはあくまで理想化された計算であり，現実の世界を「近似」したものです．ただし近似と言っても，私たちが行える実験や観測，製品をつくる際に必要となる精度の範囲内に収まっていれば問題はありません．ちなみに，計算上の理想的な世界が，どこかに本当に存在するという考え方もあります．

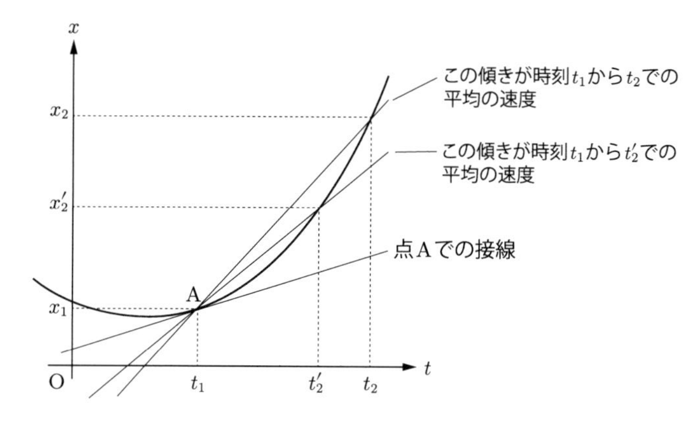

図 2.10 計る時間間隔を短くしていくと，瞬間の速度すなわち時刻 t_1 での接線の傾きが求まる．

る x–t グラフの接線が現れてきます．そしてその接線の傾きが，時刻 t_1 での物体の速度にほかなりません．

この様子を数式で表すと，時刻 t_1 での瞬間の速度は

$$v(t_1) = \lim_{\Delta t \to 0} \frac{x(t_1 + \Delta t) - x(t_1)}{(t_1 + \Delta t) - t_1} \qquad \cdots\cdots \ (2.29)$$

ということになります．lim という記号は極限 (limit) をとることを表し，lim の下の $\Delta t \to 0$ は「Δt をゼロに近づける極限を考える」という意味です．位置の変化と時間の変化をこれまでどおり Δx，Δt で表せば，時間経過 Δt をゼロに近づけていく操作は

$$\lim_{\Delta t \to 0} \frac{\Delta x}{\Delta t} \qquad \cdots\cdots \ (2.30)$$

と書け，さらに前節で紹介した「無限に小さい量」を表す d を使うと

$$\frac{dx}{dt} = \lim_{\Delta t \to 0} \frac{\Delta x}{\Delta t} \qquad \cdots\cdots \ (2.31)$$

となります．

ここで求めた量 $v(t_1)$ を，**位置 x の，時刻 t_1 における微分係数**と言います．今は時刻 t_1 での値を計算しましたが，t_1 に特別な意味があるわけではないので，任意の時刻 t で同じ計算を行うこともちろんできます．任意の時刻 t で行えば，

$$v(t) = \frac{dx}{dt} = \lim_{\Delta t \to 0} \frac{x(t + \Delta t) - x(t)}{(t + \Delta t) - t} \qquad \cdots\cdots \ (2.32)$$

となります．$v(t)$ は x の時刻 t における微分係数です．微分係数を求めるために極限をとるこの操作のことを，「**x を t で微分する**」と言います．つまり，瞬間の速度 $v(t)$ とは，時刻 t での位置 $x(t)$ の時間微分です．

ここまでの計算からわかるように，一般に微分係数というのは，横軸に変数（今は t），縦軸にそれを引数にもつ量（今は x）をとって書いた曲線の，**接線の傾き**のことです．傾きを計算することは，曲線の様子を調べる上で重要です．曲線は「接線の集合」と見ることができるからです．

皆さんは方眼紙に縦横にひとマスずつずらして，図 2.11 のような直線の集まりを書いてみたことはないでしょうか[*1]．これは何らかの曲線の接線の集合であり，包絡線と言います．包絡線を書けば，それがもともとどんな曲線の接線だったのかわかります．実際，包絡線をじっと見ているとそれらを接線としてもつ滑らかな曲線

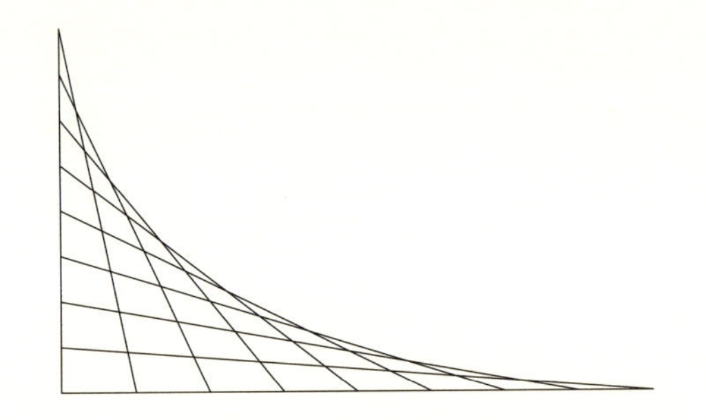

図 2.11　包絡線を書けばどんな曲線の接線なのかがわかる．

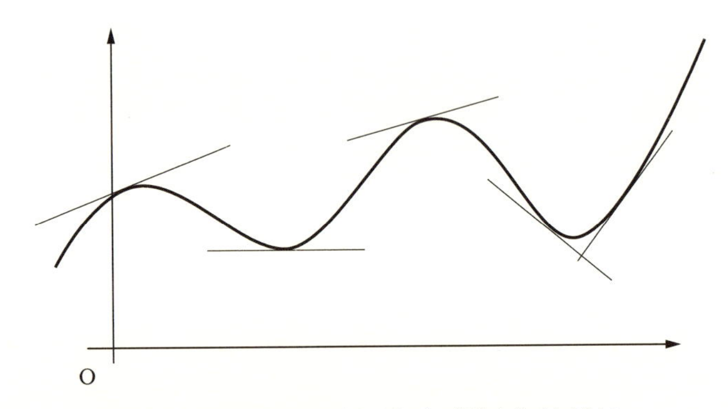

図 2.12　曲線の様子を知りたければ，接線を集めればよい．

*1　私は中学時代，授業中によく落書きしていました．後にこうして役立っている（？）のですから，先生も許してくださるでしょうか．

が浮かび上がってはこないでしょうか．このように，

曲線＝接線の集合体

と見ることができるのです．こうした理由から，曲線の性質を知るにはその接線を調べればよいことがわかると思います．微分とは，曲線をその接線，つまり包絡線から調べていく技術だと言うこともできるでしょう（図 2.12）．

微分の話の最後に，式 (2.32) から近似的に導ける式

$$x(t+\Delta t) \fallingdotseq x(t) + v(t)\Delta t$$

について述べておきます．この式は十分小さい Δt について成り立つ近似式です．式 (2.32) のように，$\Delta t \to 0$ の極限では厳密に成り立ちます．$v(t)$ が一定なら，これは

$$\text{時刻 } t+\Delta t \text{ での位置} = \text{時刻 } t \text{ での位置} + \text{速さ} \times \text{時間}$$

となり，これも厳密に成り立ちます．一般に，$f(x)$ の微分係数を $f'(x)$ として

$$f(x+\Delta x) \fallingdotseq f(x) + f'(x)\Delta x$$

が成り立ち，これはこの後第 4 章，第 6 章で何度も用います．

微分の逆：積分

微分は曲線から接線の傾きを求める操作ですが，その逆，すなわち接線の様子からもとの曲線を求める操作のことを**積分**と言います．位置を時間で微分したものが速度でしたから，逆に，位置は速度を時間で積分したものです．まとめると，

$$\text{位置} \xrightarrow[\text{時間で微分}]{} \text{速度}$$
$$\text{位置} \xleftarrow[\text{時間で積分}]{} \text{速度}$$

です．数式で表せば

$$v(t) = \frac{dx}{dt} \quad \leftrightarrow \quad x(t) = \int v(t)\,dt \qquad \cdots\cdots (2.33)$$

となります．積分はこの式のように “∫”（インテグラル）という記号で表します．このように，位置と速度は互いに微分積分でつながり合っています．

前節では線素を考えましたが，線素は三角形の辺の長さという有限の量を無限に

小さくしたものですから，「辺の長さの微分版」と考えることができます．ということは，線素を積分することで有限の長さを計算することができるということです．実際，線素を積分したもの

$$\ell = \int ds \qquad \cdots\cdots \ (2.34)$$

は有限の長さを与えます．後の章ではさまざまな座標で書いた線素や，曲がった空間における線素も考えます．それらを積分すれば，円弧や放物線の長さなど，任意の曲線の長さを求めることができます．

2.4 力学は微分積分の式で書かれる

物理学の基本中の基本は力学です．そのため，誰しも物理学と言えば力学から学びますが，その力学には物理の本質がギッシリ詰まっています．もちろん，相対性理論の根本や，ブラックホールの物理の基礎の一つにも力学があります．そこで本章の最後に，力学の概要とその微分積分とのつながりを見ていきます．そんな力学の目標は何か，言い方はいろいろありますが，とどのつまりは

任意の時刻における，物体の位置と速度を求める

です．つまり，ある条件で出発した物体が最終的にどこに到達し，どんな速度なのかを知る，ということです[*1]．

これを計算するために欠かせないのが微分積分です．なぜなら先ほど述べたように，位置と速度は微分積分で結ばれているからです．ある時刻にある速度で出発した物体がしばらくしてどこまで到達するのか，それを求めるには速度を積分して位置を求めればよいのです．

同じように，速度は**加速度**を積分することで求まります．逆に，速度を時間で微分したものが加速度です．物理的には加速度とは速度の時間変化，すなわち，ある時刻 t_1 から別の時刻 t_2 になる間に，速度がどれだけ変化したのかを表す量です．

---

*1 「え？そんな単純なことなの？」と思われる方もいるかもしれませんが，実際こんな単純なことなのです．もちろん角度を変えればいろんな表現があるでしょうし，かっこよく言い換えることもできます．しかしそうしてしまうと，物理がもつ明快さやストレートな感じがかえって失われてしまうように私は思います．何より，高校物理の教科書の最初にこう書いておけば「物理は何がしたい教科なのかさっぱりピンとこない」と苦しむ高校生が減るはずです．正確さを犠牲にすることは研究者としてはいろんな意味で辛いことですが，周りに受け入れられないのであればその分野はいずれ廃れていくことをよく理解すべきだとも思うのです．

加速度も速度と同様で，平均の加速度と，ある時刻における瞬間の加速度を定義することができます．時間間隔 Δt の間の平均の加速度は

$$\bar{a} = \frac{\text{速度の変化}}{\text{かかった時間}} = \frac{\Delta v}{\Delta t} \qquad \cdots\cdots \ (2.35)$$

であり，時刻 t における瞬間の加速度は

$$a(t) = \frac{dv}{dt} = \lim_{\Delta t \to 0} \frac{\Delta v}{\Delta t} \qquad \cdots\cdots \ (2.36)$$

です．

加速度は速度の時間微分で，逆に加速度を積分すれば速度になることを数式で表せば

$$a(t) = \frac{dv}{dt} \quad \leftrightarrow \quad v(t) = \int a(t)\,dt \qquad \cdots\cdots \ (2.37)$$

となります．

このように，積分によって加速度から速度，速度から位置が求まります．力学の目標は「任意の時刻での位置と速度を求めること」でしたから，加速度さえわかっていれば，微分積分を使うことで力学の目的は達成できてしまうことになります．

ではそのキモとなる加速度はどうやって求めるのでしょう．加速度も何かの積分で……，という展開になってしまうとキリがなくなってしまいますが，幸いなことにそうはなっていません．このことはニュートンの運動の三法則の一つ，第2法則にまとめられています．

ニュートンが物体の運動についてまとめたのが，以下の「運動の三法則」です．

- 第1法則：慣性の法則
- 第2法則：運動の法則（運動方程式）
- 第3法則：作用反作用の法則

第1法則の慣性の法則は円運動のところで詳しく説明しました．第2法則である「運動の法則」の別名は**運動方程式**で，これも数式を使うメリットのところ（2.1節）でほんの少し紹介しました．

運動方程式は

物体の運動量の時間変化は，物体に加えられる力に比例する

というものです．この言い方だとわかりにくいので，物体の質量が変化しない単純なケースに話を限ると[*1]

物体に生じる加速度は，物体に加えられる力に比例し，
物体の質量に反比例する

となります．物体に加えられる力を F，物体の質量を m としてこれを数式で書けば

$$a = \frac{F}{m} \qquad \cdots\cdots \ (2.38)$$

が成り立つと言っています．

この法則は直感的にも理解しやすいものです．止まっている物体があったとして，それを動かそうとするとき，強く押せば一気に加速してすぐ速度が上がるでしょうし，弱く押せばソロソロとゆっくり加速していきます．また，軽自動車とダンプカーを同じ力で押すなら，質量が大きいダンプカーのほうは軽自動車に比べ，加速しにくいでしょう．

このように，物体がどんな加速度で動くかは加えられた力と質量で決まります．繰り返しになりますが，力学の目標は位置と速度を決めることです．それを求めるのに必要な加速度は，物体に働く力とその質量がわかれば運動方程式から求まるのです．

量子力学が必要となるミクロの世界や，本書のテーマである相対性理論の世界，すなわち光に近い速さで運動する場合や，重力が強い場合の物体の運動の様子はニュートン力学のものとは異なります．しかしどのような場合であろうと，それぞれの状況下で加わっている力と物体の質量（もしくはそれに相当するもの）を求めてその状況に対応した「運動方程式」を書き，加速度に当たるものを出すことは共通しています．そしてそれを積分して，速度や位置に当たるものを求めるのです．本書の最終目的であるブラックホールを表す解も，一般相対論における運動方程式である**アインシュタイン方程式**を，適当な条件のもとで積分することで得られるものです．

微分積分と局所化の関係

まとめとして，この章でやったことを確認しておきたいと思います．この章の目的は局所化された三平方の定理

*1　後で特殊相対論を考える際には，質量の変化が重要になってきます．

$$ds^2 = dx^2 + dy^2$$

の意味を明らかにすることでした．そのために微分積分の考え方を説明しました．たとえば関数の微分とは，図形的には関数の傾きをある 1 点で局所的に考えるものであり，具体的に計算する際にはそこでは極限をとって，無限小変化を考えるということが重要でした．

私たちが後の章で考えるのはブラックホールなどが存在する空間の歪み方ですが，その歪み方も場所ごとに値が決まっています．歪み方は「三平方の定理が通常のものからどう変形されているか」で表されますが，それは場所ごとに決まっているため，「どこか 1 点における三平方の定理」が必要になります．そういった理由から，微分を定義する際に用いられる無限小変化の考え方が三平方の定理の局所化においても使われるのでした．

というわけで，この章の内容は

各点ごとに時空の歪みを表現する際に必要となる局所的な三平方の定理を，
無限小変化の考え方を用いて導入した

とまとめることができます．

コラム——高校物理の力学で教わる内容

高校物理の教科書の目次を見ると，力学で学習する内容が

1. 等加速度運動
2. 力のつり合い
3. 運動方程式
4. 運動量保存則
5. 力学的エネルギー保存則
6. 円運動
7. 単振動
8. 万有引力の法則

という順に並んでいることがわかります．物理には苦手意識をもつ人が多く，前にも書いたように，「物理って何がしたいの？　何がわかったら OK なの？」という疑問をもつ生徒や学生もたくさん見てきましたが，少なくとも力学の目標が「任意の時刻における物体の位置と速度を求めること」であるとわかっていると，この単元の配列が実に自然であることが理解できます．

まず，位置は速度を積分することで求まり，速度は加速度を積分することで求まるのですから，加速度について学ぶことは当然最初にやるべきでしょう．微分積分

を使いこなせるなら，任意の加速度の場合をいきなり扱うこともできますが，さすがにそれは厳しいので，加速度が一定である「**等加速度運動**」に話を限って学習します．そして加速度について慣れたら，次に加速度を決める運動の法則，すなわち運動方程式について学べばよいのですが，その前に力のつり合いという単元が入ります．これは，「力」というものは目に見えないため，認識するのが少々難しいからです．そこで「**力のつり合い**」という単元を設け，力を受けて物体が動くケースを扱う前に，物体が静止している簡単な状況で力を図示する（**力の矢印を描く**）練習をするのです．

力の図示に慣れたところで，ようやく運動方程式とその使い方に入ります．実は，ある意味ここまでで力学は完結なのですが，現実の系を考えてみると運動方程式を簡単に使える状況ばかりではありません．

たとえば，二つの泥の玉が衝突して一体になった後の速度を求めようとするとき，泥玉同士がくっついてだんだん潰れていき，一体化するまでにどんな力が働くかを考えるのはかなり難しい問題です．そんなときに役立つのが，次の単元で学ぶ**保存則**です．保存則にもいろいろありますが，高校物理では運動量の保存と力学的エネルギーの保存について学びます．ここでは詳細には立ち入りませんが，保存則は運動方程式を直接使いにくい場合に役立つ「飛び道具」のようなものです．

ここまでで力学に必要な計算ツールが出揃うので，次に各論を学びます．その最初が**円運動**です．これを扱う理由は，一つにはこの単元に至るまでに学ぶ運動は直線運動の組み合わせに限られているからです．この章でも説明しましたように，円運動も絶えず方向を変える「直線運動」ともみなせますが，回転はまた別の運動方程式を立てて簡単に解くこともできるので，直線運動とは別扱いしたほうがよい面もあるのです．

円運動には，その次の単元である単振動の準備という意味もあります．単振動とは円運動の射影，すなわち等速円運動している物体に光を当てたときにスクリーンに映る影の動きです．たとえばバネにつけられた物体の振動や，振れ幅が小さい振り子の振動は単振動と同じ運動になっていて，自然界のさまざまな場面に顔を出す運動です．「同じ運動になっている」という意味は，加速度が従う式，すなわち運動方程式が数学的に同じタイプの微分方程式になるということです．

さらに単振動は波の運動を理解する上でも欠かせません．なぜなら波の正体とは，いくつかの物体（波の単元では媒質と言います）が，少しずつずれたタイミングで振動したものだからです．たとえば水面に発生する波は，水分子がその場で振動することで，隣りの水分子にエネルギーを運ぶ現象です（正確には振動だけでなく回転もしています）．こうした理由から円運動・単振動・波動という順番で学ぶようになっているのです．

最後の**万有引力の法則**は，地球は太陽からの万有引力を受けて円運動（正確には楕円運動）しているので，円運動の一例ともみなせますし，力学の出発点なので歴史的にも重要ということで入っている単元だとも言えます．

このように，目的が意識できると高校物理の内容は理路整然と配列されていることがわかります．新しいことを学ぶときには，目の前のことを局所的に見つめる時間と，全体を大局的に俯瞰する時間をもつことが大事ですが，私たちはついつい大局的な視点を忘れがちです．そもそも教科書とは，それぞれの分野における膨大な知識を体系化し，幹となる部分をダイジェストで伝える手頃な「ガイドブック」です．何かを学び始める際には前書きだけでなく，ときおり目次を眺めて，全体像と自分の位置を把握するように心がけるのがよいのではないでしょうか．

第 **3** 章

測り方を変えてみる

デカルト座標から極座標へ

◆ ◆ ◆

ここまで，ブラックホールを数式で表すとは，ブラックホールが存在する空間がどんな様子をしているかを，局所的な三平方の定理で表すということだと述べてきました．なぜなら，三平方の定理はその空間における 2 点間の距離を表すものであり，空間の歪み方は三平方の定理が中学で学ぶ $x^2 + y^2 = s^2$ という式からどのように変形されているかで表せるからです．

第 2 章では，無限小極限をとり，空間の各点ごとに三平方の定理がどうなるかを考えましたが，この章では次のステップとして，第 2 章で構成した「無限小の三平方の定理」

$$ds^2 = dx^2 + dy^2 \qquad \cdots\cdots \ (3.1)$$

を極座標で表したもの，すなわち

$$ds^2 = dr^2 + r^2 d\theta^2 \qquad \cdots\cdots \ (3.2)$$

に書き換えましょう．第 2 章で使っていたデカルト座標では，物体の位置を x と y，つまり原点から縦方向と横方向にどれだけ離れているかで表していましたが，極座標では原点からの距離 r と，横軸からの傾き θ で物体の位置を表します．

このように，ある座標から別の座標に切り替えることを「**座標変換**」と言います．地球上の位置を表すのに私たちは緯度・経度を使いますが，これも座標の一種です．第 1 章でも触れたように，緯線と経線はあくまで私たちが便宜上引いたものであり，地球表面にあらかじめ書いてあるわけでも何でもありません．このように，座標というのは物理的な現象とは本来関係のないものですが，一方で，うまい座標を導入することができれば，物体の運動を解析する上でグッと見通しがよくなります[*1]．

さて，平面を直交する縦・横の線で区切るデカルト座標に対し，極座標では原点を中心とした同心円と，原点から放射状に伸びる半直線で平面を分割します．シュヴァルツシルトブラックホールがそうであるように，ボールのような球形の対称性をもつ物質や，それによってつくられる空間を表すのに極座標は便利です．シュヴァルツシルトブラックホールは3次元のブラックホールなので極座標も3次元のものが必要になりますが，この章では前章に引き続き，まずは2次元平面の極座標から考えましょう．2次元極座標は平面のなかで円運動している物体や，円盤のような形の物体がつくる空間を考えるときに便利です[*2]．

ところで，$ds^2 = \cdots$ という量は，前章で少し触れたように，幾何学では**線素**と言います．この章の最後にはなぜそれがそう呼ばれるのか，また，線素の詳しい様子を表す量である**計量**について説明します．それらは後に一般相対論で歪んだ時空を表す際に中心的な役割を果たすことになります．

○ この章の目的 ○

$ds^2 = dx^2 + dy^2$　を　$ds^2 = dr^2 + r^2\,d\theta^2$　にすること

◆**キーワード：** 極座標／三角比・三角関数／弧度法・ラジアン／計量／アインシュタインの縮約

3.1 座標はなぜ必要か

突然ですが，「なぜ座標は必要なのですか？」と聞かれたら，皆さんはどう答えるでしょうか．第1章で，地図に書かれた番地も座標の一種だと言いましたが，そうしたものは当たり前すぎて，今さら何で必要なのかを聞かれると困ってしまうかもしれません．

あまり意識されていませんが，座標が必要なのは，「他人に伝えるため」です．たとえば地図の番地は，その場所を知らない人のためにあります．自分の家の場所のように，よく覚えている場所についていちいち番地を確認することはありませんよね．

---

*1　考えている問題に対しどんな座標が便利なのかは，その問題がもっている物理的な本質とも直結しています．とくに，系がもっている対称性とその系における保存則は1対1に対応しており，それを数学的に表現したものをネーターの定理と言います．「対称性と保存則が不可分である」という見方は，物理の本質の一つとも言えるでしょう．

*2　2次元極座標で表すと見通しがよくなる系もたくさんありますし，グラフェンシート中の電子のように，実質2次元面に束縛された運動をする物質もたくさんあります．その意味で，2次元空間を考えるのは簡単のためというだけでもありません．

名前も同じです．あなたの名前が必要なのはあなた以外の誰かが存在しているからです．自分には自己紹介しませんし，あなたの名前を呼ぶのはいつも，誰か自分以外の人です．座標にしろ名前にしろ，いわゆる「ラベル」は他人に説明するときに必要となるものなのです*1．

物理では物体の運動，つまり「ものの動き」に注目することが多いわけですが，その様子を調べるときに座標は不可欠です．座標を使うことで物体の様子を何らかの数字に置き換え，人に説明することが可能になります．ここで私が「人に説明する」と言っているのは字義どおりの説明ではなく，頭のなかにおける，抽象的・定性的なレベルの思考を，具体的・定量的なものに落とし込む操作を指しています．

このとき大事なのは，「座標は状況に応じて便利なものを使ってよい」ということです．地球に緯線や経線が引かれているわけではなく，物体の位置を表すために便宜上そうしたものを考えるのと同じで，考えている系を解析するために最も便利な座標を使えばよいのです．私たちが最初に教わる座標はデカルト座標ですが，極座標や円柱座標など，座標にはいろいろあり，状況に応じて便利なものを採用することになります．

後の章で，使う座標系が各観測者の「観測の仕方」に対応しており，それが相対論の本質の一つであることを見ます．どの座標を使うかは「僕はこう見る」という主張でもあり，それぞれの主張に物理的優劣はないということを相対論は教えてくれるのです*2．

◆ポイント解説：定性的と定量的

今あなたの目の前を車がすごいスピードで走り抜けたとしましょう．電話でもメールでも何でも構いませんが，その様子を友達に伝えようとするとき，自分が見たとおりのことを伝えるのは本当に難しいことです．頭に残っている記憶をそのまま別の人の脳に転送できる時代もやってくるのかもしれませんが，今はまだその技術がありません（そもそもすべての情報が記憶に残るわけでもありませんが）．こういうとき，座標を使うことでだいたいの様子が精密化され，友達にも正確に伝えることができます．自然現象から法則を見つけるとか，そうした法則を利用して製品をつくるとかいうときには，「だいたいこんな感じ」

*1　自分一人でもラベルが必要になることはもちろんあります．「考える」ということは「自分自身に説明する」ということだからです．その場合の自分は「他人」です．

*2　「太陽が地球の周りを回っている」とする天動説は，地球から見たらそのように見えるからという自然な理由で信じられていました．それが「地球が太陽の周りを回っている」という地動説に変わったわけですが，相対論を学ぶと天動説の見方は必ずしも間違っているとは言えないことがわかります．そもそもどっちがどっちの周りを回っているかは観測者に依存するのであり，どの見方を採用しても物理的本質には変わりがないのです．相対論によって天動説が再び市民権を得たとも言えますが，この天動説は古代の天動説とは深みがまったく違います．

ではどうしようもないので，そういうときにはとくに，座標を導入して具体的にどのくらいなのかを明らかにすることが必須になります．

前章に出てきたニュートンの運動方程式にしても，「強く押せば，よく加速する」「重いものはなかなか加速しにくい」ということは経験上誰しも知っていますが，「どのくらいの強さで押せば，どのくらいの加速度になるのか」のように，具体的な数値まで踏み込んで考えることが欠かせないのです．

「強く押せば，よく加速する」のように，「性質」のみに着目することを「**定性的に考える**」と言います．具体的に数値化したり数式で考えることは**定量的に考える**とか，「定量化する」と言います．どんな立派な仮説であっても，検証され，再現性が担保されなければ科学理論としては意味がありません．そのため，何らかの形で定量化して，実験や観測で確認する，すなわち「万人が納得できる客観的な説明をする」ことが不可欠です．座標はそうした定量化において，力を発揮するのです．

3.2 デカルト座標と極座標

2次元のデカルト座標では，図3.1のように，平面に無数の縦と横の線を張ります．このやり方は人間の脳にはかなり自然であるらしく，私たちはその様子を簡単に頭に思い描くことができます．第1章で出てきた京都の道路の様子や，そのもととなった唐の長安の道がそのようにつくられていたという事実からもそれがわかります．3次元空間の場合は少し想像しにくくなりますが，目に見えない透明なジャングルジムが空間を埋め尽くしている様子を想像してもらえばよいかと思います．

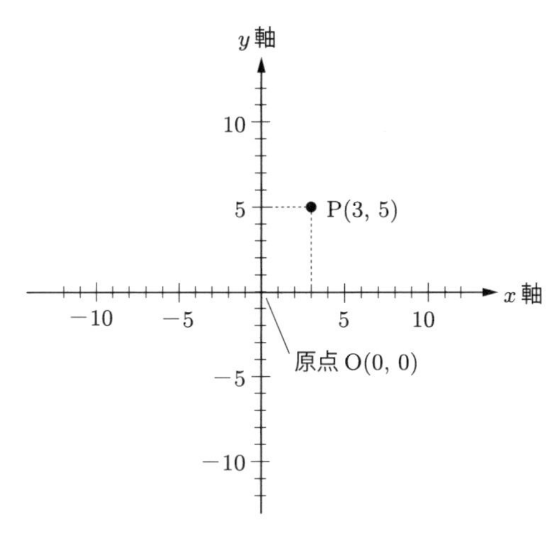

図3.1　デカルト座標による位置の表示．

一方，極座標はある点を中心とした同心円と，その点から出る放射状の直線で平面を区切るやり方であり，東京の道路は皇居を中心とする同心円状の道路と，皇居から放射状に伸びる道路とで構成される「極座標道路」なのでした．極座標は円盤の回転や，バウムクーヘンのような筒状のものの運動などを表すのに適しています．第2章で出てきた等速円運動する物体の運動も，デカルト座標よりも極座標で表したほうがずっと簡単になります．なぜならデカルト座標の場合は，物体の位置を表す x と y という二つの座標とも時々刻々変わってしまいますが，等速円運動では回転半径が変わらないので，極座標なら角度の変化だけで運動を表せるからです．その様子を見てみましょう．

今，物体にひもをくくりつけて等速円運動させます．一定値である半径は 10 cm で，1秒あたり 30° ずつ回転するペースで動いているとしましょう．図3.2のように，1秒で 30°，2秒で 60°，3秒で 90° と回転していて，これは1周，つまり 360° には12秒かかる速さです．角度 θ は x 軸から測ることにして，半径 r とともにまとめれば表3.1のようになります．

半径は 10 cm のままで，変化しているのは角度座標のみです．この運動は直線的ではありませんが，1次元運動です．運動の様子を表す変数が角度座標 θ です．こういうことを「自由度が1である」と表現します．

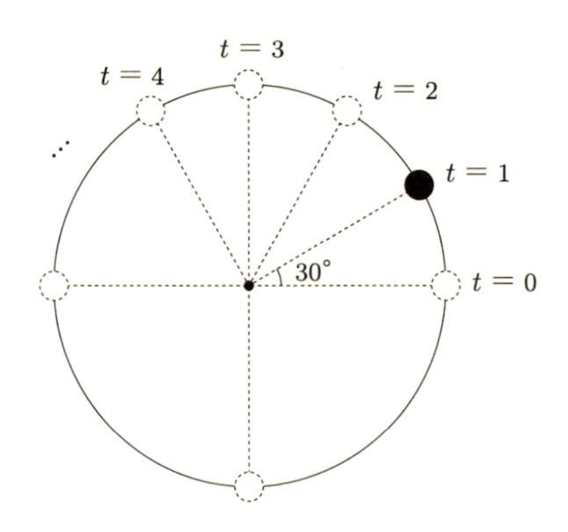

図 3.2　円運動では，極座標を使って角度の変化を追いかけるほうが，物体の運動規則がわかりやすい．

表 3.1　極座標で書かれた円運動の様子

時刻 t [s]	0	1	2	3	4	5	$\cdots$	12
半径 r [cm]	10	10	10	10	10	10	$\cdots$	10
角度 θ [°]	0	30	60	90	120	150	$\cdots$	360

3.3 三角比とは

円運動を表すには極座標が便利ということがわかれば，物理的にはそれで十分なのですが，この章の目的である「デカルト座標で書かれた線素を極座標で書き直す」ためには，デカルト座標と極座標の数学的な関係を押さえておく必要があります．両者をつなぐのは**三角関数**およびその基礎となる**三角比**です．まずは三角比から話を始めましょう．三角関数や三角比を使い慣れている方は読み飛ばしていただいて構いません．

相似と辺の比

三角比は高校数学の比較的最初のほうで出てくる，直角三角形の三つの辺の比と角度の関係のことです．sin（サイン），cos（コサイン），tan（タンジェント）などの量があります [*1]．三角比の後にはそれを一般化した三角関数を習いますが，それを使うと波の運動や弦の振動を表すことができます．大ざっぱに言ってしまえば，自然界で起こる現象のすべては波の運動と粒子の運動に二分することができますから，三角関数は「自然現象の半分くらい」を表すために欠かせない数学的道具ということになります [*2]．

さて，そんな三角関数のもとになる三角比ですが，これは土地の測量から生まれた計算道具です．直角三角形の特性から，角度さえわかれば辺の長さを計算することができます．初めて sin，cos という記号に触れたときは，定義を覚えるのが大変なので苦しめられたことを覚えている人もいるかもしれませんが，三角「比」という名のとおり，その本質には比の計算しか使っていません．さまざまに応用できるため，気をつけないと公式の嵐に巻き込まれてしまう恐れもありますが，その本質である，「とにかく比の計算しかしていない」ということを忘れずに読み進めてください．

では具体的に見てみましょう．まず相似な三角形の辺の比がもっている性質について軽く復習しておきます．相似な図形とは，大きさは違うけれど，形は同じ図形のことです．形が同じということは，対応する角の角度が同じだということです．た

---

*1 どんな分野でもそうですが，最初のほうに出てくるものは，「そんなにたくさんの予備知識がなくてもマスターでき」，「後でとても重要になるので早くやっておいたほうがいい」ものです．ところが初学者には先の見通しが立ちませんから，「なんでこんなことを勉強しなければいけないんだ……」とため息をつくことになります．

*2 波は同じ振動を繰り返す周期性をもっていますが，三角関数は周期性をもつ最も単純な関数であるため，波を数式で表すには都合がよいのです．

とえば正三角形ならばどんな大きさであっても，三つの内角はどれも 60° です．つまり，すべての正三角形はお互い相似なのです．正方形など，他の正多角形もすべてそうですし，円もそうです．円の場合，「内角」をもっているわけではありませんが，すべての円は大きさが違うだけで同じ形だということは納得してもらえるかと思います．

ここで，図 3.3 に書かれた相似な二つの三角形を見てください．小さな三角形 ABC と，大きな三角形 AB′C′ の辺の比に注目します．小さな三角形では，角 A を挟む辺の長さは 3 と 2 です．一方，大きな三角形では，角 A を挟む辺の長さは 6 と 4 です．

$$3:2=6:4 \quad \text{または} \quad \frac{3}{2}=\frac{6}{4} \qquad \cdots\cdots \ (3.3)$$

ですから，大きさが変わっても 2 辺の長さの比は一定に保たれていることがわかります．図 3.3 では大きな三角形の辺の長さは小さな三角形の 2 倍ですが，大きな三角形が小さな三角形の何倍だったとしても，2 辺の長さの比は変わりません．たとえば小さな三角形を 10 倍に拡大して，辺 AB の長さ 3 が 30 になったとしたら，辺 AC の長さもまた 10 倍されて 20 になり，$30 \div 20 = 3/2$ となるからです．このように，相似な図形同士には，いくら拡大や縮小をしても 2 辺の長さの比が一定に保たれるという性質があります．

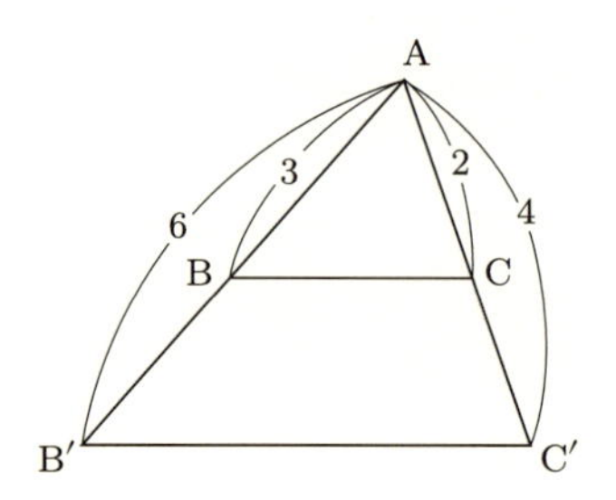

図 3.3　相似な図形では辺の比が一定に保たれる．小さな三角形 ABC では二つの辺の比は 3 : 2 であり，大きな三角形 AB′C′ でも 6 : 4，すなわち 3 : 2 になっている．

直角三角形と三角比

次にこのことを直角三角形で考えてみましょう．直角三角形の場合，二つの直角三角形が相似かどうかをチェックするのは簡単です．なぜなら，直角三角形はその角度の一つが直角ですから，残りの二つの角度のうち，一つが決まると残りの角度は自動的に決まるからです[*1]．

全部の角度が同じなら相似でしたから，図 3.4 のように二つの直角三角形 ABR と A′B′R′ があったとき，直角以外の角のどちらかが一致していたら，自動的に残りの角も一致することになり，両者は相似だとわかります．

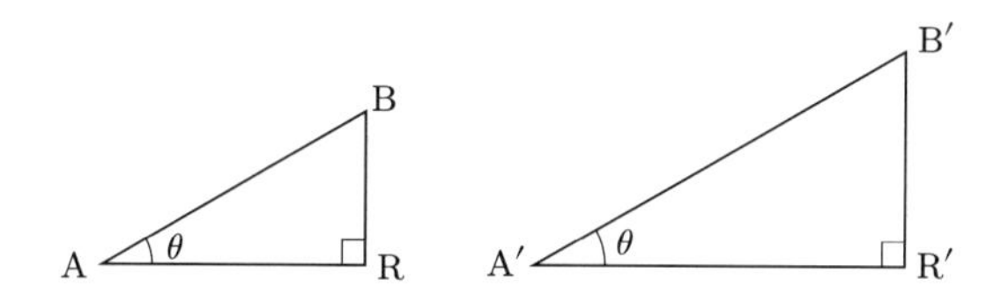

図 3.4 直角三角形同士なので，角 A と角 A′ が等しければ自動的に角 B と角 B′ も等しくなり，三角形 ABR と三角形 A′B′R′ は相似になる．

直角三角形にもいろいろありますが，三角定規に使われている二つは馴染みがあるので，それらをサンプルにしてみましょう．一つは 30°，60°，90° をもつ直角三角形です．これがよく使われるのは，正三角形を半分に切った形だからです．

形さえ同じなら，つまり角度さえ同じなら，大きさに関係なく辺の比は一定でしたが，この 30°，60°，90° タイプの直角三角形の場合，辺の長さの比は図 3.5 のように

$$1 : 2 : \sqrt{3} \qquad \cdots\cdots \ (3.4)$$

となります．

三角定規で使われているもう一つの直角三角形は正方形を対角線で切ったときに現れるもので，こちらは 45°，45°，90° という角度をもっています．辺の長さの比は

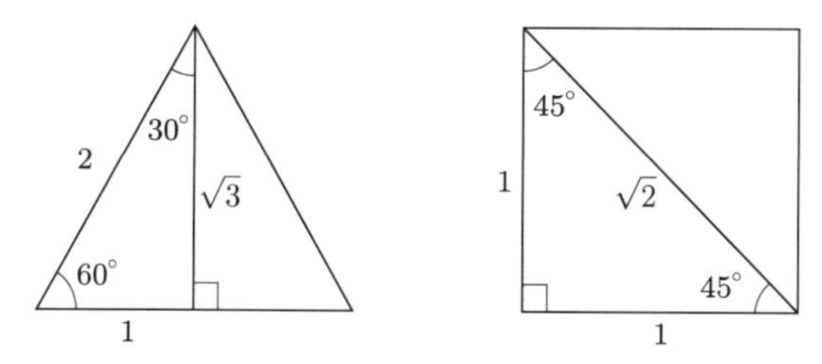

図 3.5 正三角形を分割してできる，30°，60°，90° をもつ直角三角形と，正方形を分割してできる，45°，45°，90° をもつ直角三角形．角度を指定すれば大きさが違っても，辺の比は一定になる．

---

*1 たとえば，40° の角をもつ直角三角形と言われたら，三角形の内角の和は 180° ですから，残りの角は $180° - (90° + 40°) = 50°$ のように決まります．

$$1:1:\sqrt{2} \qquad \cdots\cdots \ (3.5)$$

です．

もし，「角度の一つが 30° の直角三角形」と言われたら，皆さんは「ああ，あの正三角形を半分に切った形のアレか」と思われるでしょうし，同じように「角度の一つが 45° の直角三角形」と言われても，同じように形を思い浮かべることができると思います．これは，直角三角形なら

直角以外の角度を指定すると，どんな形の直角三角形かが決まる
↓
辺の比も自動的に決まる

ということを意味しています．このことは三角定規に使われている二つの直角三角形に限らず，どんな直角三角形についても成り立つ性質です．

この事実を少しかっこよく言うと

直角三角形の辺の比は，直角以外の角 θ の関数である

となります．「関数になっている」とは，直角以外の角度を指定すればそれに対応する辺の比が自動的に定まる，という意味です[*1]．繰り返すようですが，直角以外の角度を一つ指定すれば，その直角三角形の形が決まり，大きさが異なっていても形が同じなので辺の比は一定になるからです．

具体的に見てみましょう．どんな大きさでも，30°，60°，90° をもつ直角三角形なら，図 3.5 のように，60° の角を挟む二つの辺，すなわち底辺と斜辺の比は

$$\text{底辺}:\text{斜辺}=1:2 \quad \text{または} \quad \frac{\text{底辺}}{\text{斜辺}}=\frac{1}{2} \qquad \cdots\cdots \ (3.6)$$

ですし，30° の角を挟む二つの辺の比も常に

$$\text{縦の辺}:\text{斜辺}=\sqrt{3}:2 \quad \text{または} \quad \frac{\text{縦の辺}}{\text{斜辺}}=\frac{\sqrt{3}}{2} \qquad \cdots\cdots \ (3.7)$$

ということです．

同様に，45°，45°，90° である直角二等辺三角形ならどんな大きさであっても

---

*1　x，y の間に $y=x^2$ という関係があるとき，たとえば x を $x=2$ と与えると $y=2^2=4$ のように y の値が定まるので，y は x の関数です．

$$底辺 : 斜辺 = 1 : \sqrt{2} \quad または \quad \frac{底辺}{斜辺} = \frac{1}{\sqrt{2}} \qquad \cdots\cdots (3.8)$$

です．

角度が決まれば比も決まる

このように，任意の大きさの直角三角形において図 3.6 のように大きさが θ であるような角 A を考え，θ を挟むような二つの辺の比を計算してみると，

$$\theta = 30^\circ \quad \Rightarrow \quad 比 = \frac{\sqrt{3}}{2} \fallingdotseq 0.87 \qquad \cdots\cdots (3.9)$$

$$\theta = 45^\circ \quad \Rightarrow \quad 比 = \frac{1}{\sqrt{2}} \fallingdotseq 0.71 \qquad \cdots\cdots (3.10)$$

$$\theta = 60^\circ \quad \Rightarrow \quad 比 = \frac{1}{2} = 0.50 \qquad \cdots\cdots (3.11)$$

となります．ここでは計算しませんが，上記以外の角度 θ であっても，同じように直角三角形の大きさにかかわらず辺の比は一定になります．θ を指定すると辺の比が決まってしまうのです．その結果は「三角関数表」という一覧にまとめられているのですが [*1]，正直言って，「$\theta = 1^\circ$ のとき，比は……」と毎回書くのは煩わしいですよね．そこでこの，

$$角\ \theta\ をもつ直角三角形の\ \frac{底辺}{斜辺}$$

のことを $\cos\theta$ と呼ぶことにしたのです．すると式 (3.9)〜(3.11) も

$$\cos 30^\circ = \frac{\sqrt{3}}{2} \fallingdotseq 0.87 \qquad \cdots\cdots (3.12)$$

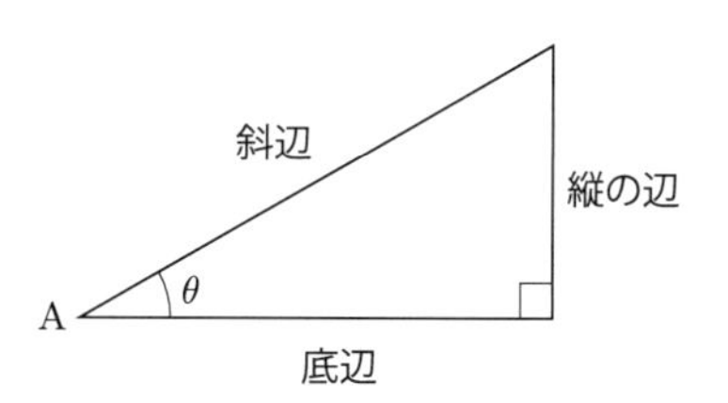

図 3.6 大きさ θ の角 A を挟む，底辺と斜辺との比をとる．直角三角形の大きさにかかわらず，θ の値が同じなら，この比は常に同じ値になる．

---

*1 高校の数学や物理の教科書の最後のほうに掲載されていますが，教科書を買った日や，退屈な授業のとき以外には目にしたことがない人が多いかもしれませんね．どうでもいいですが，授業で扱っているところ以外のページをチラ見するのはなぜあんなにも楽しいのでしょう．

$$\cos 45^\circ = \frac{1}{\sqrt{2}} \fallingdotseq 0.71 \qquad \cdots\cdots (3.13)$$

$$\cos 60^\circ = \frac{1}{2} = 0.50 \qquad \cdots\cdots (3.14)$$

のように，すっきり書くことができます．

「新しい記号が増えて嫌だなあ」と感じる方もいるかもしれませんが，長ったらしい文章で書くよりたいぶましだとも言えるのではないでしょうか．スマートフォンを「スマホ」と言うのと同じで，数学で使う記号も「正式名が長いから，つけたあだ名」です．センスのある「あだ名」をつけると，その後の計算しやすさが変わるということはたしかにあるのですが [*1]，記号を使う一番の理由は，書くときに楽だからです．このことを知っておくと文字式を闇雲に恐れずに済むので，よいのではないでしょうか．

さて，この $\cos\theta$ は「コサイン・シータ」と読み，日本語では「余弦」と言います．ここでは 30°，45°，60° の値しか紹介しませんでしたが，直角三角形を使えば 0° から 90° の間の任意の角 θ について $\cos\theta$ は定義できます．たとえば $\cos 77^\circ \fallingdotseq 0.22$ です．

cos は斜辺と底辺の比ですが，図 3.6 の縦の辺と斜辺や，縦の辺と底辺との比を考えることもできます．$\cos\theta$ と同様に，それらの比も角 θ の関数なので，それぞれを $\sin\theta$，$\tan\theta$ と書くことにします．つまり

$$\sin\theta = \frac{縦の辺}{斜辺}, \quad \tan\theta = \frac{縦の辺}{底辺} \qquad \cdots\cdots (3.15)$$

です．sin，tan は日本語ではそれぞれ「正弦」，「正接」と呼び，cos，sin，tan を合わせたのが三角比です [*2]．ここからは図 3.7 のように辺の長さを文字で表すことにすると，それぞれ

$$\cos\theta = \frac{b}{c}, \quad \sin\theta = \frac{a}{c}, \quad \tan\theta = \frac{a}{b} \qquad \cdots\cdots (3.16)$$

---

*1　たとえば微分記号には $f'(x)$ と df/dx がありますが，前者は代入した値を表すのに便利で，後者は合成関数の微分を考えたりするときに見やすいなどの利点があります．

*2　正確にはそれらの逆数で定義される

$$\cot\theta = \frac{1}{\tan\theta}, \quad \sec\theta = \frac{1}{\cos\theta}, \quad \csc\theta = \frac{1}{\sin\theta}$$

も含みます．cot（コタンジェント，余接），sec（セカント，正割），csc（コセカント，余割）と言います．

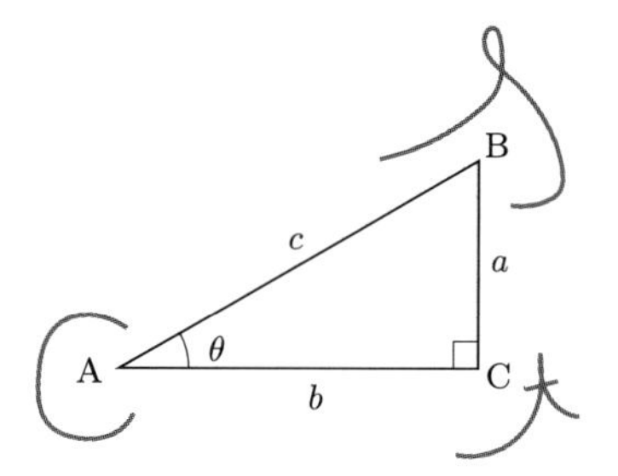

図 3.7 三角比の定義．cos，sin，tan の定義はそれぞれの頭文字 c，s，t の筆記体で覚えるとよい．

となります[*1]．

なお，この節では図に描くことができる直角三角形について考えたので角 θ を 0° から 90° に限りましたが，これを任意の角度 θ に拡張したものが三角関数です．詳細は省略しますが，

$$\sin 0^\circ = 0, \quad \cos(-30^\circ) = \frac{\sqrt{3}}{2}, \quad \tan 45^\circ = 1$$

などのように，$-\infty$ から ∞ の任意の θ に対して $\sin\theta$，$\cos\theta$，$\tan\theta$ は定義されており，本書でもここから先は θ は任意であるとして話を進めます[*2]．三角比から三角関数への拡張について興味のある方はこの章の最後のコラムをご覧ください．

◆ **ポイント解説：三角比の関係式**

三角比にはいろんな性質がありますが，とくに重要なのは，cos，sin，tan の各々の関係を表す

$$\sin^2\theta + \cos^2\theta = 1 \qquad \cdots\cdots (3.17)$$

$$\tan\theta = \frac{\sin\theta}{\cos\theta} \qquad \cdots\cdots (3.18)$$

$$1 + \tan^2\theta = \frac{1}{\cos^2\theta} \qquad \cdots\cdots (3.19)$$

です．これらの式は今後もよく使うので証明しておきましょう．必要なのは三平方の定理

---

*1 言葉と文字式，どちらのほうが自分の性に合っているかは人それぞれですが，理数系が嫌いという方のなかには「文字式が嫌」という方も多いようです．たしかに，何を指すのかわからない文字が並んでいるのを見ると私のような理系の専門家でも嫌になります．しかし，「縦の辺」とか「斜辺」とかを a や c と書くと圧倒的に楽なのです．それぞれの業界で専門用語が使われていくうちに省略されて短くなるのと同じで，長い単語を何度も書かなければいけないときは文字式で書き換えることは欠かせません．どんなことでも，学んで身につける過程のなかで，「ここは省略記号を使ったほうがいいな」と自発的に思えるまで「やりこむ」のが理想的ですね．

*2 厳密に言うと $\tan\theta$ は $\theta = 90^\circ + 180^\circ \times n$ （n は整数）では定義できません．

だけです．

式 (3.17) が成り立つのは，sin と cos の定義より，

$$\sin^2\theta + \cos^2\theta = \left(\frac{a}{c}\right)^2 + \left(\frac{b}{c}\right)^2 = \frac{a^2+b^2}{c^2} = \frac{c^2}{c^2} = 1 \qquad \cdots\cdots \ (3.20)$$

となるからです．直角三角形 ABC について $a^2+b^2=c^2$ であることを使いました．

式 (3.18) は sin，cos，tan の定義から

$$\tan\theta = \frac{a}{b} = \frac{\frac{a}{c}}{\frac{b}{c}} = \frac{\sin\theta}{\cos\theta} \qquad \cdots\cdots \ (3.21)$$

のように，簡単に示すことができます．

最後に式 (3.19) ですが，これも tan と cos の定義より，

$$\begin{aligned} 1+\tan^2\theta &= 1+\left(\frac{a}{b}\right)^2 \\ &= 1+\frac{a^2}{b^2} = \frac{b^2}{b^2}+\frac{a^2}{b^2} = \frac{a^2+b^2}{b^2} \\ &= \frac{c^2}{b^2} = \left(\frac{c}{b}\right)^2 = \frac{1}{\cos^2\theta} \end{aligned} \qquad \cdots\cdots \ (3.22)$$

となることがわかります．

コラム――数学が苦手になる理由：比から始まる一般化

数学が嫌いになるきっかけと言えば，小学校の算数で学ぶ比の計算もよくあげられます．実はこれも，文字式がきっかけで数学が嫌いになるのと原因は同じで，

$$\frac{1}{2} = \frac{2}{4} = \frac{3}{6} = \cdots \qquad \cdots\cdots \ (3.23)$$

のように，無限個の組み合わせに共通する「比」という普遍的な量に注目するところが話をわかりにくくしています．「普遍的なもの」とか「一般的なもの」を見出そうとすると，どうしても数多くのサンプルに共通する性質を抜き出して抽象化をしなければなりません．この段階で，具体的なもの（「形而下」などと言います）から，抽象的な（「形而上」の）ものへと思考が一段飛躍しているのです．と，少々もったいぶった言い方をしましたが，早い話が，「たくさんのものに共通する性質を見つけて，ずばりポイントを言い切る」ということです．今，行ったこの「言い切り」も，文字式の話と比の計算の話，これらに「抽象化のプロセスが難しい」という共通部分を見出してここでご紹介したわけです．

こうしたことは，とくに物理やその研究に限らず，私たちは日常的に行っています．どんな仕事でも数をこなすうちにコツという本質がわかってきて無駄がなくなっていくわけですし，少なくともできるだけ無駄を減らして楽にやりたいと誰しも思っています．人間に限らず生物はこうした「最適化」がうまく，それによって環境の変化を生き抜いてきました．こういう操作ができることは誰にも備わった能力なのです．「そうは言うけれど，上手な人もいれば下手な人もいるのでは？」と思われる方もいらっしゃるでしょう．たしかに個人差はあります．ただしその差を生んでいる一番大きな要因は長い時間携わって考え続けたかどうか，つまりそのことが好きかどうかです．

3.4 デカルト座標と極座標の関係：三角比の応用と座標変換

三角比（三角関数）が与えられたので，等速円運動している物体の位置を極座標とデカルト座標の両方で書くことができます．極座標は，物体の位置を中心からの半径 r と x 軸からの角度 θ で表示する座標でした．ここで図 3.8 を見てください．物体が点 P にいるとします．その座標が (x, y) です．この図から，三角比を使うと物体の座標 x，y と r，θ の関係がわかります．今，直角三角形の斜辺に当たるのが r，底辺が x，縦の辺が y なので，三角比の定義から

$$\begin{cases} \cos\theta = \dfrac{x}{r} \\ \sin\theta = \dfrac{y}{r} \end{cases} \Leftrightarrow \begin{cases} x = r\cos\theta \\ y = r\sin\theta \end{cases} \qquad \cdots\cdots \ (3.24)$$

となります．

逆に，r と θ を x，y で表すなら

$$r = \sqrt{x^2 + y^2}, \quad \tan\theta = \frac{y}{x} \qquad \cdots\cdots \ (3.25)$$

です[*1]．本章のはじめにも書きましたが，このように使う座標を変えることを**座標変換**と言います．

さて，式 (3.24) を使って 3.2 節の円運動の問題に戻ると，1 秒ごとの物体の位置

*1 $\tan\theta = y/x$ は $\theta = \arctan y/x$ とも表せます．ここで arctan という記号は，tan の逆関数と呼ばれるもので，$\arctan\alpha$ というのは，tan が α になるような角度のことです．式で書けば

$$\theta = \arctan\alpha \quad \Leftrightarrow \quad \alpha = \tan\theta \qquad \cdots\cdots \ (3.26)$$

と表せます．よって $\tan(\arctan\alpha) = \alpha$ です．$\arctan\alpha$ は $\tan^{-1}\alpha$ とも書きます．$1/\tan\alpha$ と紛らわしいので注意してください．sin，cos にも同様に arcsin，arccos があります．

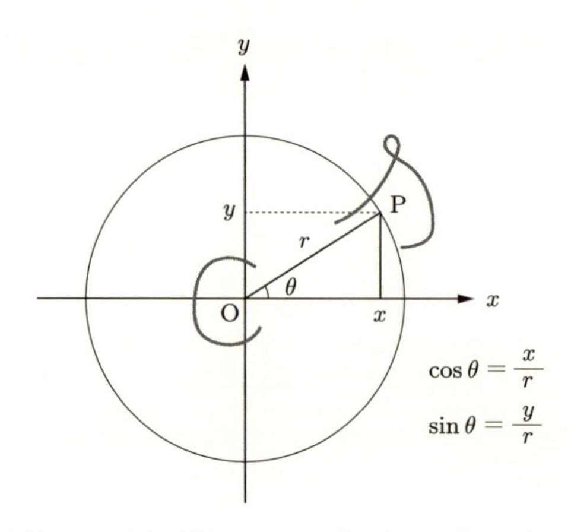

図 3.8　デカルト座標の x，y と極座標の r，θ の関係．点 P の位置を表すのに，(x, y) を使うか (r, θ) を使うかは扱っている問題による．

は表 3.2 のようになります．x，y の値を眺めても円運動には周期性があることなどが読み取れますが，その数値から，x，y の間に成り立つ関係を数式で表せと言われたら，かなりの難問です．それに比べ，半径 r，角度 θ で物体の運動を追いかけるのはとてもわかりやすいやり方でしょう．$r = 10$（一定）という，非常に単純な運動をしていることが一目瞭然です．このように，運動がもっている性質に即した座標を用いることは，問題の本質を引き抜く上で重要な役割を果たします．

表 3.2　極座標とデカルト座標での物体の位置の表し方

	時刻 t [s]	0	1	2	3	4	5	⋯
デカルト座標	x 座標 [cm]	10	8.7	5.0	0	−5.0	−8.7	⋯
	y 座標 [cm]	0	5.0	8.7	10	8.7	5.0	⋯
極座標	半径 r [cm]	10	10	10	10	10	10	⋯
	角度 θ [°]	0	30	60	90	120	150	⋯

3.5　極座標での線素

ではいよいよ，この章での目標である，極座標での線素がなぜ

$$ds^2 = dr^2 + r^2\,d\theta^2$$

になるのかを考えていきましょう．

線素とは，三平方の定理を無限に小さい直角三角形，すなわち「ある 1 点におけ

る直角三角形」について考えたものでした．また，三平方の定理とは離れた 2 点間の距離を表すものでした．このことを思い出すと，極座標での線素とは

極座標で，無限小離れた 2 点間の距離を表すもの

であるべきです．

極座標では位置を座標原点からの半径 r と x 軸からの角度 θ で表しますから，図 3.9 のように，2 次元平面を同心円と放射状の線で区切った格子を考えることになります．この区切り方で，離れた 2 点 A，B を考えましょう．ここでもデカルト座標でやったのと同じように，まず有限の距離だけ離れた 2 点を考え，次にその無限小の極限をとることにします．

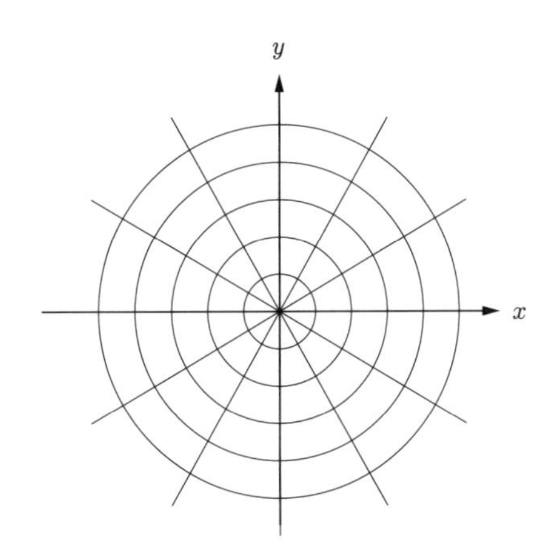

図 3.9　極座標では，同心円と放射状の線で平面を区切る．

デカルト座標なら，少しだけ離れた 2 点 A，B の座標はそれぞれ $\mathrm{A}(x, y)$ と $\mathrm{B}(x+\Delta x, y+\Delta y)$ と表せます（図 3.10）．一方，極座標では使っている座標が r と θ なので，点 A と点 B の距離も半径のズレ Δr と，角度のズレ $\Delta\theta$ で表すことになり，点 A の座標を (r, θ) と表示すると，点 B の座標は $(r+\Delta r,\, \theta+\Delta\theta)$ となります（図 3.11）．

この距離 AB を測ればよいのですが，デカルト座標のときと違い，長方形の格子ではないので，簡単には求まらないように思えます．しかし，ここで私たちが本来求めたいのは有限の距離ではなく，無限小距離であったことに注意しましょう．現段階では r 方向のズレを Δr，θ 方向のズレを $\Delta\theta$ としていますが，実際には無限小の極限をとり，dr，$d\theta$ としたものを考えたいわけです．

Δr，$\Delta\theta$ を無限に小さくしていけば，図 3.11 にあるバウムクーヘンの切れ端の

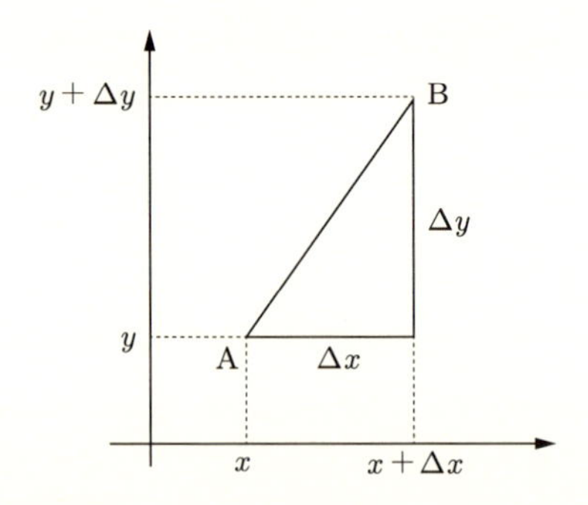

図 3.10　デカルト座標での離れた2点は $\mathrm{A}(x, y)$ と $\mathrm{B}(x+\Delta x, y+\Delta y)$ のように表すことができ，この2点間の距離は x 方向への距離 Δx と y 方向への距離 Δy で表される．

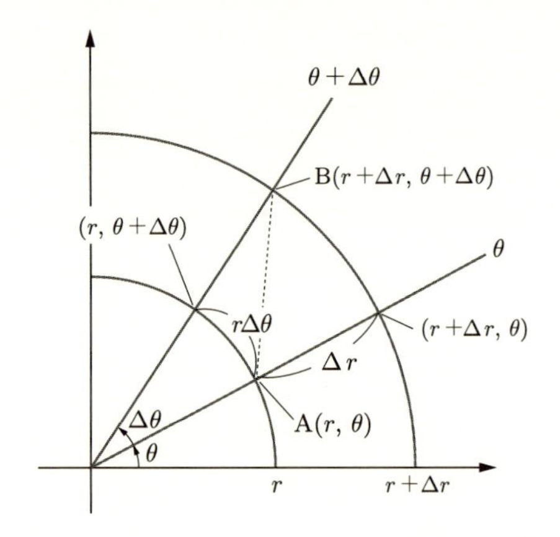

図 3.11　極座標での離れた2点は $\mathrm{A}(r, \theta)$ と $\mathrm{B}(r+\Delta r, \theta+\Delta\theta)$ のように表され，2点間の距離は r 方向へのズレ Δr と θ 方向へのズレ $\Delta\theta$ で表される．

ような形をした格子も，どんどん小さくなっていきます．すると，「バウムクーヘンの切れ端図形」は小さくなるにつれてだんだん曲がりも小さくなり，長方形に近づいていきます．第2章で曲線を拡大していくと直線に近づいていくことを見ましたが，それとまったく同じです（図3.12）[*1]．

---

*1　こういうことができるのは，考えている空間が可微分多様体というものになっていると仮定しているからです．多様体とは図形という概念を一般化したものです．可微分とは微分できる，すなわち「滑らかである」という意味です．

もし空間がジャングルジムのようにスカスカの格子状をしていたり，原子分子の集まりのように離散的な点の集合体だとしたら，直感的に理解できる単純な極限操作を用いることができません．これは「空間の最小単位は何か？」という問題に関係しています，これを扱うために必要な理論が，量子力学と相対性理論とを整合的に融合した量子重力理論です．量子重力理論は未完成ですが，超弦理論やループ重力理論など，いくつかの候補が提案され，活発に議論されています．

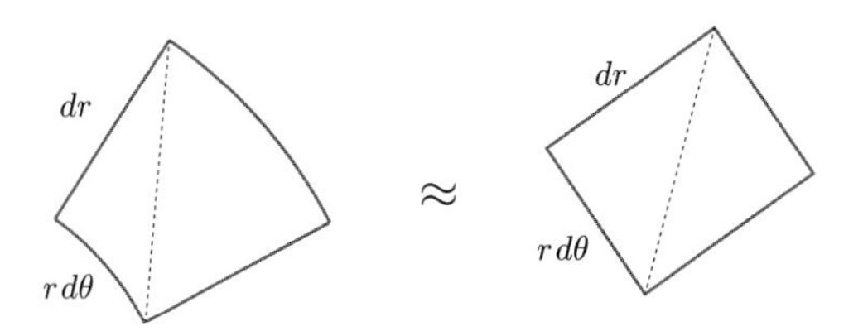

図 3.12 無限小の極限をとると，曲線はすべて直線に近づいていく．結果的にバウムクーヘンの切れ端のような図形は長方形に近づく．

ここで，角度の単位として**ラジアン**（**弧度法**，radian）を導入しましょう．ラジアンの定義は単純で，

$$360^\circ = 2\pi \qquad \cdots\cdots \ (3.27)$$

と決めるだけです．あとは比の関係から，表 3.3 のように求めることができます．もう少しきちんと言うと，弧度法によるラジアンの本来の定義は，

円の半径と同じ長さの弧を切り取る扇形の中心角

です．この定義に従うと，1 ラジアンとは，半径 1 の扇形の弧の長さが 1 になるような角度のことで，これは**度数法**ではおよそ 57° です．

表 3.3 度数法と弧度法の対応

[度数法]	0°	30°	45°	60°	90°	120°	⋯	360°
[弧度法]	0	$\dfrac{\pi}{6}$	$\dfrac{\pi}{4}$	$\dfrac{\pi}{3}$	$\dfrac{\pi}{2}$	$\dfrac{2\pi}{3}$	⋯	2π

この弧度法で角度を表すと，中心角と半径を掛け合わせるだけで扇形の弧の長さを求めることができます（図 3.13）．なぜなら，

半径 1 で中心角が 1 ラジアン ⇔ 扇形の弧は長さ 1

↓ 半径を r 倍

半径 r で中心角が 1 ラジアン ⇔ 扇形の弧は長さ r

↓ 角を θ 倍

半径 r で中心角が θ ラジアン ⇔ 扇形の弧は長さ $r\theta$

だからです [*1]．

*1 小学校で，扇型の弧の長さをどうやって求めたかを思い出していただくとよいと思います．あのときは中心角が 360° の何分の一であるかを計算し，それを円周長 $2\pi r$ に掛けて計算したはずです．弧度法はこの計算を省略するために，360° のことを 2π と同一視する方法です．

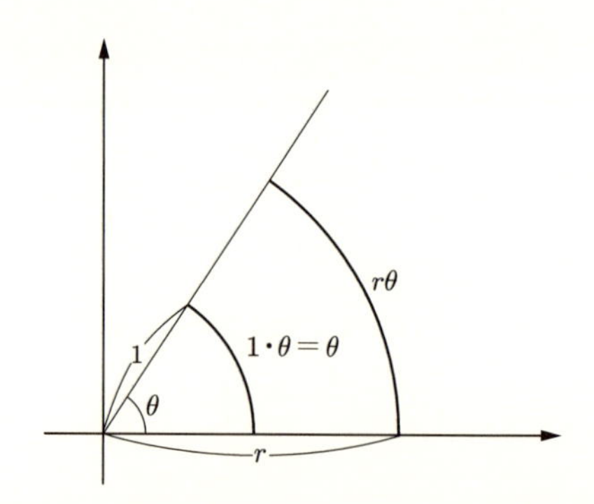

図 3.13　角度の単位 radian（ラジアン）の定義.

これ以降は角度 θ をラジアンで表すことにすると，点 A を通る扇形の弧の長さは図 3.12 から $r\,d\theta$ となります．扇形の中心角が $d\theta$ で，半径が r だからです．このことは，この無限に小さい扇形を「辺の長さが dr，$r\,d\theta$ であるような長方形」だと思ってよいということを意味します．

長方形なら対角線の長さは三平方の定理から求められますから，結局 AB の長さは

$$(dr)^2 + (r\,d\theta)^2 = dr^2 + r^2\,d\theta^2 \qquad \cdots\cdots \; (3.28)$$

と計算できます．

こうして，「無限小離れた」2 点 A，B の間隔は，デカルト座標と極座標でそれぞれ

$$dx^2 + dy^2 = dr^2 + r^2\,d\theta^2 \qquad \cdots\cdots \; (3.29)$$

となることがわかりました．これでブラックホールを表す数式への二つ目のステップがクリアされ，

$$ds^2 = dr^2 + r^2\,d\theta^2 \qquad \cdots\cdots \; (3.30)$$

が得られました [*1]．

*1　微分積分に慣れている方のために，全微分による証明もあげておきます．$x = r\cos\theta$，$y = r\sin\theta$ より，両辺の全微分をとると

$$dx = dr\cos\theta - r\sin\theta\,d\theta,\ dy = dr\sin\theta + r\cos\theta\,d\theta$$

なので，$dx^2 + dy^2 = dr^2 + r^2\,d\theta^2$ であることがすぐに計算できます．

3.6 時空の三平方の定理を表す量：計量

この章の最後に，線素に現れる**計量**という量を導入しましょう．計量は特殊相対論でも一般相対論でも非常に重要な役割を果たします．

2 次元平面上の三平方の定理は，デカルト座標で書けば

$$ds^2 = dx^2 + dy^2 \qquad \cdots\cdots \text{(3.31)}$$

で，極座標は

$$ds^2 = dr^2 + r^2\, d\theta^2 \qquad \cdots\cdots \text{(3.32)}$$

だとわかったわけですが，本書の目的であるブラックホール時空の線素のように，一般の線素はもっと複雑になります．座標に x，y を用いた直交座標でも，たとえば

$$ds^2 = f(x,y)\, dx^2 + g(x,y)\, dx\, dy + h(x,y)\, dy^2 \qquad \cdots\cdots \text{(3.33)}$$

のように，場所に依存する関数が無限小間隔の 2 乗である dx^2，dy^2 の前についたり，$dx\, dy$ という項も現れることがあります．r と θ で書いたときも同様で，一般に

$$ds^2 = A(r,\theta)\, dr^2 + B(r,\theta)\, dr\, d\theta + C(r,\theta)\, d\theta^2 \qquad \cdots\cdots \text{(3.34)}$$

といった線素が現れます．平面より一つ次元が上の 3 次元空間や，時間の影響を空間と合わせて考えるために必要となる 4 次元時空のときはさらに複雑になって

$$ds^2 = A(dx^1)^2 + B\, dx^1\, dx^2 + C\, dx^1\, dx^3 + \cdots \qquad \cdots\cdots \text{(3.35)}$$

のように，ますます項が増えていきます [*1]．しかしいずれの場合も，座標の無限小のズレの 2 乗，すなわち $(dx^1)^2$ や $dx\, dy$，$dr\, d\theta$ のように，異なる二つの座標の掛け算 $dx^i\, dx^j$ の前に関数がついて，それらの和をとったものが線素 ds^2 の中身であることは変わりません．

◆ポイント解説：添え字の使い方

ここで，dx^i という書き方を使いましたが，これは

*1 時空とは時間と空間を合わせたもののことです．第 5 章からは相対論を考えますが，そこでは時間と空間は不可分なものであり，両者をセットで考えなければいけないことがわかります．

$$x = x^1, \quad y = x^2 \qquad \cdots\cdots (3.36)$$

のように，使っている座標に適当に番号を振って，それらを

$$\{dx, dy\} = \{dx^1, dx^2\} = \{dx^i\} \quad (i = 1 \text{ または } 2) \qquad \cdots\cdots (3.37)$$

のようにまとめて書いたものです．これらは「上付きの添え字（index）」と言います．紛らわしいのですが，x^1 や x^2 は座標の番号で，x の 1 乗や 2 乗のことではありません．下付きの添え字も存在し，x^1 と x_1 とでは数学的に意味が異なるため，このように区別して使う必要があります．次元が上がり，文字の数が増えれば増えるほど，この書き方は便利です．なぜなら，座標がもし N 個あっても，

$$\{x^1, x^2, \cdots, x^N\} \qquad \cdots\cdots (3.38)$$

をまとめて

$$\{x^i\} \quad (i = 1, 2, \cdots, N) \qquad \cdots\cdots (3.39)$$

と書けるからです．

具体的に一つずつ座標を書くか，まとめて x^i のように表記するかは個人の好みの問題で，どちらかでなければいけないということはありません．往々にして文字が増えることは好まれないのですが，それは x^i のように，具体的に何を指すのかわからない抽象的な表現が多くなってくるからでしょう．小学校までの足し算は $1+2=3$ のように具体的ですが，中学校からは $x+y=z$ のように一般的になるため，数学が嫌いになる方も多く出ます．

文字式のせいで理系の分野はちょっと，という方も多くいらっしゃいますが，私たち理系の専門家が「この数式は美しい」という言い方をするのは，その背後にある理論がしっかり理解できたときに「うまく表現したもんだなあ」と言うのであって，文字式そのもののことをきれいだなあと言っている人はあまりいません（あまり，というのはフォントの美しさとかバランスのよさとかを気に入っていた友人が実際にいたからです）．

前にも述べましたが，私たちが文字式を導入するのは「何度も書くのがめんどくさいから」，これに尽きます．$x^1, x^2, \cdots, x^N$ という N 個の座標をいちいち書くのが嫌なので，x^i と書いて，i には適当な数が入る，と約束しておくと楽なのです．つまりこの書き方は業界用語ならぬ「業界表記」というわけで，さほど深い意味はありません．時々「文字式が理解できなかったので自分は理系の学問に向いていない」とおっしゃる方がおられますが，まったくの誤解です．どの業界でもよく使う単語を省略することがあるように，数式もたくさん使ううちに全部書くのが面倒になってどんどん省略しただけですから，「理解する」のではなく，知っているか知らないかだけの問題であり，「その業界の慣習に慣れているか慣れていないか」だけのことです．

さて，線素は無限小変位 dx^i の2次式（各変数の2乗または二つの掛け算に係数が掛かった項の和として表される式）ですので，係数である文字式も順番に番号を振りましょう．具体的には $(dx^1)^2$ の前の文字式は $dx^1 dx^1$ の前の式ということで g_{11}，$dx^1 dx^2$ の前は g_{12} のように数字を割り振っていきます．すると，2次元なら線素は一般的に

$$ds^2 = g_{11}(dx^1)^2 + g_{12}\,dx^1 dx^2 + g_{21}\,dx^2 dx^1 + g_{22}(dx^2)^2 \qquad \cdots\cdots (3.40)$$

と書けることになります．x，y で表すなら

$$ds^2 = g_{xx}\,dx^2 + g_{xy}\,dx\,dy + g_{yx}\,dy\,dx + g_{yy}\,dy^2 \qquad \cdots\cdots (3.41)$$

となります．

2次元平面上の局所的な三平方の定理（つまり線素）は $ds^2 = dx^2 + dy^2$ でしたから，これを上の式と見比べると

$$g_{xx} = 1,\ g_{xy} = 0,\ g_{yx} = 0,\ g_{yy} = 1 \qquad \cdots\cdots (3.42)$$

であることがわかります．極座標の場合は $ds^2 = dr^2 + r^2 d\theta^2$ でしたから，

$$ds^2 = g_{rr}\,dr^2 + g_{r\theta}\,dr\,d\theta + g_{\theta r}\,d\theta\,dr + g_{\theta\theta}\,d\theta^2 \qquad \cdots\cdots (3.43)$$

において

$$g_{rr} = 1,\ g_{r\theta} = 0,\ g_{\theta r} = 0,\ g_{\theta\theta} = r^2 \qquad \cdots\cdots (3.44)$$

となることがわかります．

ところで $dx\,dy$ は，単に dx と dy を掛けたものなので，$dy\,dx = dx\,dy$ です．よって

$$g_{xy}\,dx\,dy + g_{yx}\,dy\,dx = (g_{xy} + g_{yx})\,dx\,dy \qquad \cdots\cdots (3.45)$$

とまとめることができます．そこで

$$\frac{1}{2}(g_{xy} + g_{yx})$$

という，x と y の入れ替えについて不変な量を導入し，これを改めて g_{xy} と書くことにしましょう．すると線素は

$$ds^2 = g_{xx}\,dx^2 + 2g_{xy}\,dx\,dy + g_{yy}\,dy^2 \quad (\text{ただし } g_{ij} \text{ は } i,\ j \text{ について対称}) \qquad \cdots\cdots (3.46)$$

と表せます．

ここで「対称」という言葉が出てきましたが，何かを入れ替えたり変化させたりしても様子が変わらないとき，それは**対称**であると言います．今の場合

$$g_{ij} = g_{ji} \qquad \cdots\cdots (3.47)$$

であるということです．通常，一般相対論の範囲で考えられているどんな時空も，線素はこうした対称な量 g_{ij} で表され *1，使っている座標を適当に $x^1, x^2, \cdots, x^N$ と番号で表せば

$$\begin{aligned} ds^2 &= g_{11}(dx^1)^2 + 2g_{12}\,dx^1\,dx^2 + 2g_{13}\,dx^1\,dx^3 + \cdots \\ &\quad + g_{22}(dx^2)^2 + 2g_{23}\,dx^2\,dx^3 + \cdots + g_{NN}(dx^N)^2 \\ &= \sum_{i=1}^{N}\sum_{j=1}^{N} g_{ij}\,dx^i\,dx^j \end{aligned} \qquad \cdots\cdots (3.48)$$

のようにシグマ記号を使ってまとめて書くことができます．

相対性理論ではこのようなシグマ記号で和をとる場面が多く出てきますので，この記号を省略することがよくあります．すると上の式は

$$ds^2 = g_{ij}\,dx^i\,dx^j \qquad \cdots\cdots (3.49)$$

とすっきりした形に書けます．と言っても，和をとっていることを忘れてはいけませんし，i，j が 1 から N という値をとる（このことを i，j は「1 から N を走る」と言います）ことも忘れてはいけません．2 次元空間なら i，j は 1 と 2 ですし，3 次元空間なら i，j は 1 から 3 を走ります．

たくさん計算しているといちいちシグマを書くのが面倒になるので，私たち研究者は通常この省略記法を用います *2．この記法を**アインシュタインの縮約**と言いますが，和をとっているのは，$g_{ij}\,dx^i\,dx^j$ のように添え字が上下にあるときだけと決

*1　g_{ij} が対称でない時空や，$dx\,dy = dy\,dx$ が必ずしも成り立たない空間を考えることもできます．そうした空間では，進み方によって空間が変わって見えたり，空間における点の概念がぼやけたりすることなどが起きます．いずれも，重力を量子化する上では考察しなければならない重要なことなのですが，今はまだ，そうした空間の存在が支持されるような観測結果や実験結果はありません．

*2　誰が言ったのかはわからないのですが，「アインシュタインの最大の発明は縮約記法だ」という言葉があるそうです．負け惜しみにしか聞こえませんが，この言葉を言ったのもどなたか著名な研究者なのでしょうか．

めておきます．つまり A_iB^i は

$$A_iB^i = \sum_{i=1}^{N} A_iB^i = A_1B^1 + A_2B^2 + \cdots + A_NB^N \qquad \cdots\cdots (3.50)$$

のように和をとっていることを意味していますが，A_iB_i や C^iD^i は同じ添え字が二つあっても上下にないので，和をとっているわけではありません [*1]．

こうして線素は何次元であっても

$$ds^2 = g_{ij}dx^idx^j \qquad \cdots\cdots (3.51)$$

という形に収まり，g_{ij} はこの空間における三平方の定理の形を表す関数であることがわかりました．g_{ij} は

$$g_{ij} = g_{ij}(x^1, \cdots, x^N) \qquad \cdots\cdots (3.52)$$

のように，空間の各点ごとに決まっている関数です．これこそが局所的な三平方の定理，すなわち空間の曲がり具合を表す関数で，**計量**（メトリック，metric）と言います．第 7 章や第 8 章で見るように，一般相対論から導かれるアインシュタイン方程式を使うと，物質の密度や運動量に対して計量が定まり，空間の曲がり具合が決まります．

コラム――三角比から三角関数へ：拡張することの面白さ

デカルト座標から極座標へ移るには三角比が必要でしたが，三角比をより一般化したものを三角関数と言います．実は，本書ではすでに図 3.8 の円運動で使っているのですが，三角関数というのは，もともとは**実際に絵で描ける**直角三角形のみについて考えられていた三角比を，任意の角度にまで拡張したものです．実際に絵で描ける直角三角形に話を限っていると，三角形の内角の和が 180°（弧度法なら π）で，角のうち一つが直角であることから，残りの角は $0° < \theta < 90°$（$0 < \theta < \pi/2$）に範囲が限られてしまいます．しかし，三角比の様子をよく観察すると，θ を任意の角度に拡張した場合に，現実にそのような角度をもった直角三角形を絵で描くことはできないものの，$\cos\theta$ や $\sin\theta$ がどんな値をとると**自然なのか**はわかるのです．

*1　添え字の上下にどんな意味があるのかについては第 5 章以降の相対論のところで説明します．今は単に，添え字が上下でセットになっているかどうかを見ておけば計算ミスを防げる，とだけ理解してください．

たとえば，$\theta=0$ なら $\cos\theta$ や $\sin\theta$ はいくつになるべきでしょう．それを考えるために，単位円を導入します．単位円とは半径が1の円のことです．単位円が役に立つことを理解するには，三角比は直角三角形の辺の比を角度の関数として表したものでしたが，辺の比は相似な図形では一定に保たれるので，直角三角形の大きさはどうとってもよいことを思い出してください．

大きさを任意にとれるのですから，下図のように，斜辺の長さが1であるような直角三角形を考えることにします．すると，sin や cos の定義に従えば，この三角形では斜辺の長さが1であるために

$$\sin\theta=\frac{a}{1}=a \qquad \cdots\cdots (3.53)$$

$$\cos\theta=\frac{b}{1}=b \qquad \cdots\cdots (3.54)$$

のように，縦の辺の長さ a が $\sin\theta$ の値と一致し，底辺の長さ b が $\cos\theta$ の値に一致するのです．つまり，角度 θ に対して $\sin\theta$ の値を知りたければ角が θ で，斜辺の長さが1の直角三角形を書いて，縦の辺の長さを測ればよいわけです．$\cos\theta$ も同様です．

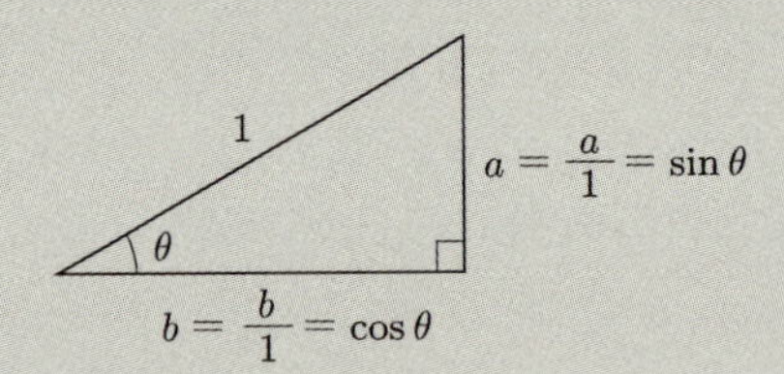

この作業を簡単にするのが単位円なのです．次ページの図のように単位円を書いて，円の中心から円周に向かって線を引きます．これを動く半径，すなわち動径と呼びます．円周と動径の交点をPとしてそこから x 軸へ垂線を引けば，斜辺の長さが1であるような直角三角形ができています．次ページの図で，角 α をもつ直角三角形を見てください．斜辺の長さが1である直角三角形の場合，底辺の長さと $\cos\theta$ が一致し，縦の辺の長さが $\sin\theta$ に一致しましたから，これは点Pの座標が

$$(x,\, y)=(\cos\alpha,\, \sin\alpha) \qquad \cdots\cdots (3.55)$$

であるということです．

この事実を使い，三角比で扱える角度を一般化しましょう．すなわち，

任意の角度 θ について，x 軸と角 θ をなす動径が単位円の円周と交わる点の x 座標を $\cos\theta$，y 座標を $\sin\theta$ とする

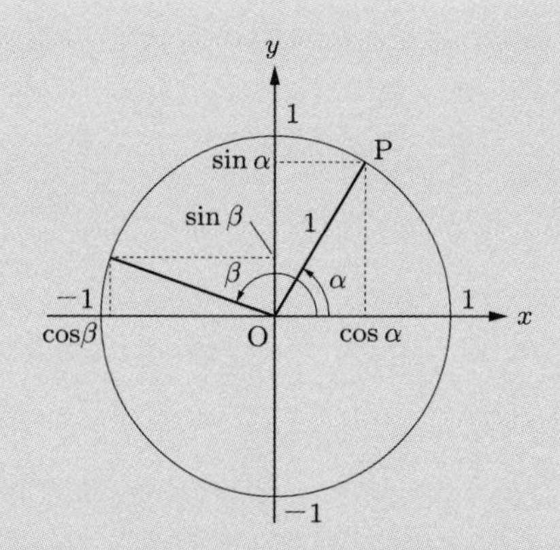

と定義してしまうのです．もちろんこの定義は，これまでの $0<\theta<\pi/2$ の場合の三角比とは矛盾していません．それでいて，θ は任意になっています．三角比の世界が一気に拡張されたわけです．

図で示した角 β は $90^\circ=\pi/2$ よりも大きな角度ですので，そのような角度をもつ直角三角形を実際に書くことはできません．しかし，動径と単位円を使う方法で三角比を**再定義**することで，三角比が直角三角形という現実のオブジェクトを離れて，三角関数と呼ばれる，新たな世界へと拡張されたのです．$\theta=0$ であるときは，動径は x 軸に平行ですから単位円との交点は $(1,0)$ です．よって

$$\cos 0=1,\quad \sin 0=0 \qquad \cdots\cdots \ (3.56)$$

です．また $\theta=\pi/2$ のとき，動径は y 軸に平行なので

$$\cos\frac{\pi}{2}=0,\quad \sin\frac{\pi}{2}=1 \qquad \cdots\cdots \ (3.57)$$

であることもわかります．

現実に存在する三角形では，辺の比がゼロや負の値になることはありませんが，単位円と動径を使った定義へ拡張すれば，そういうこともあり得るわけです．また，動径は0から 2π までで一周しますから，$\sin\theta$，$\cos\theta$，$\tan\theta$ といった三角関数の値は 2π ごとに同じ値を繰り返す周期関数であることもわかります．

数学ではこうやって，最初に考えられていた範囲を拡張して再定義することにより，直感的で現実に「手で触ることができる対象」から飛躍することがあります．一番身近な例は，負の数かもしれません．使うことに慣れすぎてしまってあまり意識していませんが，「マイナス5個のリンゴ」には手で触れられないという意味で，負の数は「現実に存在する数」ではありません（抽象的な空間に存在することは明らかですが，ここではもっとナイーブな議論をしています）．

しかし私たちは，「基準より少ない状態」を数と対応させることでマイナスの数でラベルされる世界を考えることができます．

こうした例としては，ほかにも指数法則の

$$2^{-2} = \frac{1}{2^2} = \frac{1}{4} \qquad \cdots\cdots \quad (3.58)$$

があげられます．2^{-2} を額面どおりに読めば「2 をマイナス 2 回掛ける」という意味になりますが，「マイナスの回数掛ける」という操作はよくわかりません．ここでは掛け算の逆の操作が「割る = 逆数を掛ける」であることを利用して，「マイナス回掛ける = 割る」という再定義を行っているわけです．

ところで，こうした拡張がいつでも可能かどうかはわかりません．たとえば，よく知られているように 0 を掛けることはできますが，0 で割ったらどうなるかは難しい問題で，一般には定義できません．第 1 章で述べたようにブラックホールでも線素のなかに 0 が分母に来るようなことがあり，そこはブラックホールの内と外を分ける境界という特殊な意味をもつのでした．分母が 0 になるような事態が常に物理的な異常を表すのか，たまたま使っている座標の定義によるだけのものであるかはその都度考えなければいけない問題ですが，いずれにしても 0 で割るという操作が現れたときはかなり慎重に扱わなければなりません．

数学の概念を仮にうまく拡張できたとしても，それが物理学など，何か他の分野の役に立つかどうかも別の話です．しかし，こうした拡張や一般化によって新しい地平が拓けることは多々あります．

第 4 章

次元を上げる

偏微分と3次元極座標

◆ ◆ ◆

前章では，2次元平面での線素をデカルト座標から極座標に座標変換しました．私たちが実際に住んでいるのは3次元空間ですから，線素も3次元の線素

$$ds^2 = dr^2 + r^2 d\theta^2 + r^2 \sin^2\theta \, d\phi^2 \qquad \cdots\cdots \ (4.1)$$

へと拡張しましょう[*1]．

この線素と2次元の線素 (3.2) とを比べると右辺に $r^2 \sin^2\theta \, d\phi^2$ という項が増えていることがわかります．後で見るように，線素の右辺にある項の数は，考えている空間の次元に当たるため，項が三つに増えたのです．ここではまだブラックホールは現れていませんから，この線素は3次元の何もない空間を表しています．これは3次元平坦空間とか，3次元ユークリッド空間と呼ばれるものです．

なお，この章はこれまでの章に比べると数学的な内容が豊富なので，しんどく感じられる人もいるかもしれません．その内容も偏微分など，大学で学ぶ数学がメインになっています．こうした内容を理解するコツは，ゆっくり進むことを意識することです．これまでの章の2〜3倍の時間を掛けて，計算を追ってみてください．面倒な計算もありますが，本書にある式が成り立つことを自分でも確認できるととても嬉しいものです．次の第5章ではいよいよ相対性理論に入りますので，期待しながらのんびり読み進めてください．

---

*1　私たちは直感的に，自分たちが3次元空間に住んでいると感じていますが，本当にそれは正しいのでしょうか．この問題への科学的なアプローチについては4.3節のコラム（p.93）をご覧ください．

○ この章の目的 ○

2次元極座標での線素

$$ds^2 = dr^2 + r^2\,d\theta^2$$

を3次元極座標の線素

$$ds^2 = dr^2 + r^2\,d\theta^2 + r^2 \sin^2\theta\,d\phi^2$$

にすること

◆キーワード：3次元極座標／偏微分・全微分／曲面の線素

4.1 3次元空間とデカルト座標

前章で述べたように，私たちがどんな座標を使うかということと，物理現象との間には本来関係がありません．実際2次元では (x, y) で表すデカルト座標を使っても，原点からの距離 r と x 軸からの傾きを表す θ で書かれる極座標を使っても，物体の位置を表すことはできました．実際 x，y と r，θ との間に $x = r\cos\theta$，$y = r\sin\theta$ という三角関数を使った関係式があり，いつでも x，y と r，θ の表示を行ったり来たりできました．

3次元へ拡張しても同じことで，3次元の空間における線素を表すのにデカルト座標を用いても極座標を用いてもどちらでも構いません．この本の目標であるシュヴァルツシルトブラックホールは静的（回転などの動きが一切ない）で，球対称（野球のボールのような形）をしているため，その表現には極座標が向いています．そこで，この章でも3次元極座標で線素を表すことを目標にしたいと思いますが，まずは私たちに馴染みのあるデカルト座標から始めましょう．

3次元空間では物体の位置を指し示すのに「縦・横・高さ」の三つを指定する必要があります．あるマンションの103号室と303号室の位置は地図上では重なって見えますが，当然，実際には別々の位置です．デカルト座標ではそうした空間中の位置を (x, y, z) という三つの座標を使って表します．もちろん文字は何を使っても構いません．

さて，2次元デカルト座標での線素は

$$ds^2 = dx^2 + dy^2 \qquad \cdots\cdots \ (4.2)$$

であり，これはもともと2次元平面での三平方の定理

$$\Delta s^2 = \Delta x^2 + \Delta y^2 \qquad \cdots\cdots \ (4.3)$$

から来ていました．これを3次元に拡張するのは単純で，z 成分を付け加えて，図4.1にあるように

$$\Delta s^2 = \Delta x^2 + \Delta y^2 + \Delta z^2 \qquad \cdots\cdots \ (4.4)$$

とするだけです．

有限の2点間距離 Δs を，無限に小さい極限で考えたものが線素でしたから，有限の距離 Δx，Δy，Δz をすべて無限小の量 dx，dy，dz でもって置き換えれば局所的な三平方の定理，または線素が

$$ds^2 = dx^2 + dy^2 + dz^2 \qquad \cdots\cdots \ (4.5)$$

と求まります．

線素は無限小離れた2点間の距離を表すものでしたから，3次元の線素を使えば3次元空間中を移動する物体の進む距離も

$$ds = \sqrt{dx^2 + dy^2 + dz^2} \qquad \cdots\cdots \ (4.6)$$

を足し上げる（積分する）ことで求めることができます．

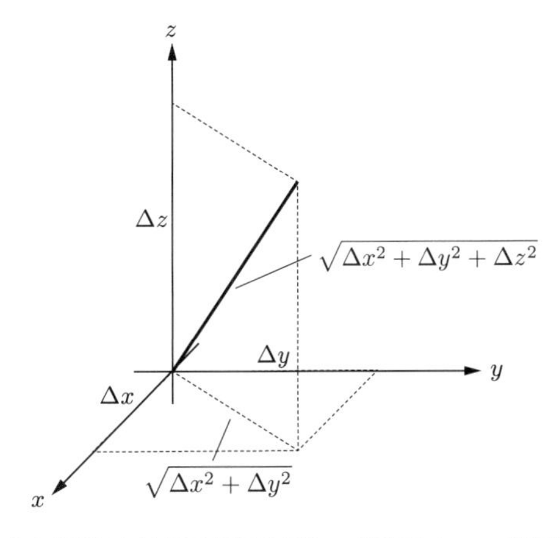

図4.1　3次元デカルト座標における三平方の定理．x 方向に Δx，y 方向に Δy，z 方向に Δz だけ離れた2点間の距離は $\sqrt{\Delta x^2 + \Delta y^2 + \Delta z^2}$ である．はじめに xy 平面での長方形の対角線の長さ $\sqrt{\Delta x^2 + \Delta y^2}$ を求め，次にそれを底辺としてもつ直角三角形の斜辺の長さとして $\sqrt{\Delta x^2 + \Delta y^2 + \Delta z^2}$ が求まる．

3次元デカルト座標から3次元極座標へ

次にデカルト座標から極座標に座標変換を行います．2次元極座標では，座標を原点からの距離 r と，x 軸からの傾き θ で表しました．その区切り方は，原点から伸びる放射状の半直線と原点を中心とする同心円とで平面を分割することに相当していました．**3次元極座標**でも，原点からの距離 r と角度を使って座標を表します．次元が一つ上がったことで，使う角度が二つになります．どこから測った角度でも構わないのですが，よく使われるのは z 軸からの傾き θ と，x 軸からの傾き ϕ を使って表す方法です．θ は緯度，ϕ は経度に相当します．

ただし θ，ϕ とも，緯度，経度とは定義域が異なります．緯度は赤道を $0°$ とし，北緯 $90°$ から南緯 $90°$ までの $180°$ という取り方をしていますが，θ は北極に当たるところを $\theta = 0°$ とします．そうすると南極に当たるところが $\theta = 180°$ で，赤道が $\theta = 90°$ に当たることになります．経度もグリニッジ子午線を $0°$ とし，東西へそれぞれ $180°$ までの値をとりますが，3次元極座標では通常 x 軸上を $\phi = 0°$ として，そこから図4.2のように ϕ をとります．範囲は $0° \leq \phi < 360°$ です [*1]．

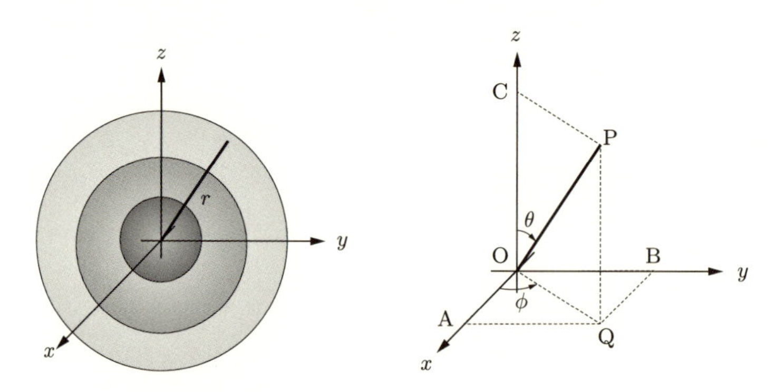

図4.2　3次元極座標で使う，三つの座標 r，θ，ϕ の定義．

さて，これらを使って座標を表すことは，3次元空間を原点から伸びた無数の半直線と，原点を中心とする無数の同心球で分割することに相当します．それら同心球の半径が r で，半直線と z 軸の間の角が θ です．角 ϕ は，図4.2にあるように，半直線が xy 平面につくる影が x 軸となす角です [*2]．

極座標で使われるこれら三つの座標 r，θ，ϕ と x，y，z との関係は，図4.2から

---

*1　ラジアンで表せば，各々の定義域は $0 \leq \theta \leq \pi$，$0 \leq \phi < 2\pi$ です．

*2　この影のことを「射影」と言います．射影とは，文字どおり「光を当てたときに射す影」のことで，線分OPに向かって，z 軸に平行な光を当てると，線分OPの影が xy 平面に射すことがわかると思います．

読み取ることができます．空間図形なので少しややこしいのですが，順を追って説明します．今，図4.2の点Pの座標がデカルト座標で

$$\mathrm{P}(x,\, y,\, z) \qquad \cdots\cdots (4.7)$$

だとします．

まずrですが，これは原点から点Pまでの距離ですから

$$\mathrm{OP} = r \qquad \cdots\cdots (4.8)$$

です．点Pの座標は(x, y, z)ですから，OP間の距離は先ほど3次元の三平方の定理(4.4)で計算したのと同じようにして（Δxをx，Δyをy，Δzをzとそれぞれ読み替えて）

$$\mathrm{OP} = \sqrt{x^2 + y^2 + z^2} \qquad \cdots\cdots (4.9)$$

なので，

$$r = \sqrt{x^2 + y^2 + z^2} \qquad \cdots\cdots (4.10)$$

となります．

次に角θですが，これはz軸と線分OPとのなす角です．図4.2を見ると三角形OCPは角Cが直角の直角三角形であることがわかりますので，$\cos\theta$の定義(3.16)から

$$\cos\theta = \frac{z}{r} \quad \Leftrightarrow \quad \mathrm{OC} = z = r\cos\theta \qquad \cdots\cdots (4.11)$$

となることがわかります．また線分CPは線分OQと同じ長さ$\sqrt{x^2 + y^2}$なので，sinを使って

$$\sin\theta = \frac{\sqrt{x^2 + y^2}}{r} \quad \Leftrightarrow \quad \mathrm{CP} = \sqrt{x^2 + y^2} = r\sin\theta \quad \cdots\cdots (4.12)$$

と表すこともできます．$\tan\theta = \sin\theta/\cos\theta$という関係を使うと，これら二つの式から

$$\tan\theta = \frac{\sin\theta}{\cos\theta} = \frac{r\sin\theta}{r\cos\theta} = \frac{\sqrt{x^2 + y^2}}{z} \qquad \cdots\cdots (4.13)$$

であることがわかります．こうしてθとx，y，zとの関係が

$$\tan\theta = \frac{\sqrt{x^2 + y^2}}{z} \qquad \cdots\cdots (4.14)$$

のように導かれました．

最後に ϕ について考えます．今度は三角形 OAQ も角 A が直角の直角三角形であることを使います．$\mathrm{OQ} = \sqrt{x^2+y^2}$ なので，$\cos\phi$，$\sin\phi$ はそれぞれ

$$\cos\phi = \frac{\mathrm{OA}}{\mathrm{OQ}} = \frac{x}{r\sin\theta} = \frac{x}{\sqrt{x^2+y^2}} \quad \cdots\cdots \ (4.15)$$

$$\sin\phi = \frac{\mathrm{AQ}}{\mathrm{OQ}} = \frac{y}{r\sin\theta} = \frac{y}{\sqrt{x^2+y^2}} \quad \cdots\cdots \ (4.16)$$

となります．こうして

$$\mathrm{OA} = x = \mathrm{OQ}\cos\phi = r\sin\theta\cos\phi \quad \cdots\cdots \ (4.17)$$

$$\mathrm{OB} = y = \mathrm{OQ}\sin\phi = r\sin\theta\sin\phi \quad \cdots\cdots \ (4.18)$$

であることがわかります．$\tan\phi$ については

$$\tan\phi = \frac{\sin\phi}{\cos\phi} = \frac{r\sin\theta\sin\phi}{r\sin\theta\cos\phi} = \frac{y}{x} \quad \cdots\cdots \ (4.19)$$

なので，

$$\tan\phi = \frac{y}{x} \quad \cdots\cdots \ (4.20)$$

が得られ，ϕ を x，y と関係づけることができました．

まとめると，3 次元デカルト座標の x，y，z と 3 次元極座標 r，θ，ϕ との間には

$$\begin{cases} x = r\sin\theta\cos\phi \\ y = r\sin\theta\sin\phi \\ z = r\cos\theta \end{cases} \Leftrightarrow \begin{cases} r = \sqrt{x^2+y^2+z^2} \\ \theta = \arctan\left(\dfrac{\sqrt{x^2+y^2}}{z}\right) \\ \phi = \arctan\left(\dfrac{y}{x}\right) \end{cases} \quad \cdots\cdots \ (4.21)$$

という関係があることがわかりました．ここで高校数学では現れない arctan という関数を使いましたが，その定義は式 (3.26) にあるとおりで，$\arctan\alpha$ とは，tan の値が α になるような角度のことです．たとえば $\arctan 1$ なら，

$$\arctan 1 = \tan \text{の値が 1 になるような角度} = \frac{\pi}{4} = 45^\circ \quad \cdots\cdots \ (4.22)$$

です．

3 次元極座標での線素

3 次元極座標が導入できましたので，3 次元極座標での線素が

$$ds^2 = dr^2 + r^2\,d\theta^2 + r^2\sin^2\theta\,d\phi^2 \qquad \cdots\cdots \ (4.23)$$

となることを示していきます．つまり

2 点間の無限小距離を，3 次元極座標で表す

ことを試みます．これは前章の 2 次元極座標でやったのと同じことです．計算は少々面倒ですが，決して難しくありません [*1]．

図 4.3 を見てください．3 次元極座標での無限小距離を求めるためには，図 4.3 にあるような，バウムクーヘンの切れ端のような立体を使います．この立体の角を結んだ対角線の長さが，求めたい無限小距離です．2 次元極座標では平面だったので扇型でしたが，立体図形になった分，今は複雑になっています．この立体の各辺の長さは図 4.3 のようになりますので，これらを使えばすぐ計算できますが，ここでは別の方法でも計算してみましょう．

まず，2 次元でもやったように一旦デカルト座標に戻って考えます．デカルト座標では無限小離れた 2 点間の距離は $ds^2 = dx^2 + dy^2 + dz^2$ でした．すでに私たちは x，y，z と r，θ，ϕ の関係を求めてありますから，それを使って x，y，z の無限

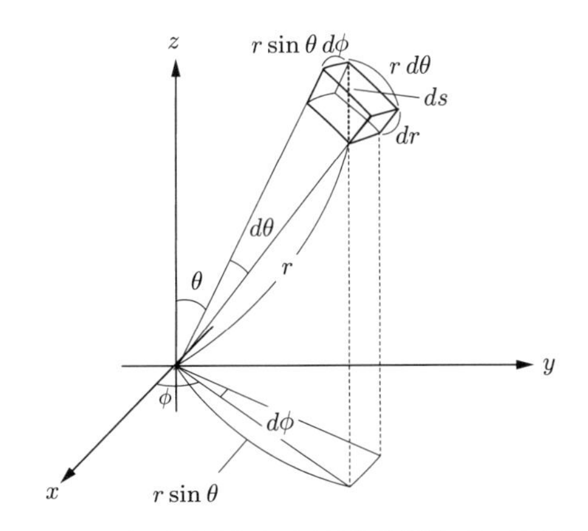

図 4.3　3 次元極座標における線素の計算に用いる立体．

*1　世の中には「面倒なだけで難しくない」，「難しくはないが面倒」ということが山ほどありますね．宇宙物理や素粒子物理に現れる計算もそういうことがとても多く，理論を構成しているパーツの一つひとつは極端には難しくないのですが，それらを積み重ねてしまうとかなり標高の高い山になってしまうことがあります．しばしば，「本当に難しい」とは何を指すのだろうと考えさせられます．

小変化 dx，dy，dz を r，θ，ϕ で表します．先に結果を書くと

$$\begin{aligned} dx &= \sin\theta\cos\phi\, dr + r\cos\theta\cos\phi\, d\theta - r\sin\theta\sin\phi\, d\phi \\ dy &= \sin\theta\sin\phi\, dr + r\cos\theta\sin\phi\, d\theta + r\sin\theta\cos\phi\, d\phi \\ dz &= \cos\theta\, dr - r\sin\theta\, d\theta \end{aligned} \quad \cdots\cdots \ (4.24)$$

となります．これらを2乗すれば，

$$ds^2 = dx^2 + dy^2 + dz^2 = dr^2 + r^2 d\theta^2 + r^2\sin^2\theta\, d\phi^2 \quad \cdots\cdots \ (4.25)$$

が得られます[*1]．ところで，この dx，dy，dz をどうやって計算したかを理解するには偏微分と全微分という，2種類の微分を知っておく必要があります．どちらもこれから頻繁に現れる計算ですから，ここで説明しましょう．

4.2 偏微分と全微分

偏微分：一つの変数の影響だけに注目する

まず，偏微分のほうから説明します．第2章で微分の計算について説明しましたが，微分とは，何らかの量の微小変化を表すものでした．たとえば，時刻 t での物体の位置 $x(t)$ の時間変化は

$$\frac{dx}{dt} \quad \cdots\cdots \ (4.26)$$

であり，これは速度のことでした．

位置 x は $x(t)$ という書き方からもわかるように，時間 t のみの関数です．つまり，時間 t が変化すると，それに応じて位置 x が変化することを表しています．時間 t を動かすとそれにつられて x も動くという関係があるので，t を**独立変数**，x を**従属変数**と言います．位置 x がそうであるように，一つの独立変数によって決まる従属変数のことを1変数関数と言いますが，私たちが日常で見かけるいろいろな物理量にはそれほど単純ではないものもたくさんあります．

たとえば世界の気温を考えてみましょう．気温は場所や時間に応じてどんどん変化します．今あなたが赤道直下のどこか暑い国にいるとして，赤道に沿って進めば相変わらず気温は高いままでしょうし，北に向かって進んでいけば少しずつ気温は

---

*1　三つの項をもつ式の2乗は $(a+b+c)^2 = a^2+b^2+c^2+2ab+2bc+2ca$ です．

低くなっていくはずです．途中に山があり，それを登って高いところに行ってもやはり気温は低くなるでしょう．赤道方向に沿って x 軸，北に向かって y 軸，上空に向かって z 軸をとれば気温 T は x，y，z のそれぞれによって異なる値をとるので

$$T = T(t, x, y, z) \qquad \cdots\cdots \ (4.27)$$

と書けます．このように，少なくとも気温は時間 t および位置 x，y，z に依存する 4 変数関数のはずです．このように二つ以上の独立変数に依存して決まる関数を**多変数関数**と言いますが，多変数関数の変化は，微分でどのように表されるのでしょうか．

第 2 章で扱った 1 変数関数の微分の場合，関数が $f(x)$ のように一つの変数（今は x）に依存していたので，変化と言えば

x を変化させたときに関数 $f(x)$ がどう変化するか

を指しました．これに対し，気温 $T(t, x, y, z)$ の場合は t，x，y，z という要素のどれを変化させるかによって，変化の様子は違ってくるはずです．たとえば赤道方向（x 軸方向）に沿って動いても相変わらず気温は高いままでしょうから，x 軸方向への変化はあまりなさそうです．一方，北上したり（y 軸の正方向への移動），山に登ったり（z 軸の正方向への移動）すると気温は下がるでしょうから，そちら方向への変化は負の値になりそうです．こうした「変数ごとの変化」を表すのに役立つのが**偏微分**です．具体的には，

$$x \text{ 方向に移動したとき気温 } T \text{ がどう変化するか} = \frac{\partial T}{\partial x}$$

のように書き表して，通常の微分（**常微分**と言います）と区別します．

偏微分は**特定の量の変化分だけに注目し，それ以外の量の変化は一切無視する**という計算なので，x 方向への偏微分であれば x 以外の変数 t，y，z は定数だと思って計算します．たとえば $f(x, y) = 3x + 2y + 4xy$ という 2 変数関数があれば

$$f \text{ を } x \text{ で偏微分したもの} = \frac{\partial f}{\partial x} = \frac{\partial}{\partial x}(3x + 2y + 4xy) = 3 + 4y \qquad \cdots\cdots \ (4.28)$$

$$f \text{ を } y \text{ で偏微分したもの} = \frac{\partial f}{\partial y} = \frac{\partial}{\partial y}(3x + 2y + 4xy) = 2 + 4x \qquad \cdots\cdots \ (4.29)$$

となります [*1]．

---

*1　ここではベキ関数の微分 $(x^n)' = nx^{n-1}$ などを使っています．

偏微分はどう役立つか

単純な例として学年の生徒数を考えてみましょう．ある学年には1組から3組まで三つのクラスがあるとして，各クラスの人数を x，y，z 人とすればその学年の生徒数の合計 f はもちろん

$$f(x,y,z)=x+y+z \qquad \cdots\cdots \ (4.30)$$

です．

この式からは，どのクラスの人数の増減も学年全体に与える影響はまったく同等であることがわかります．つまり1組の生徒が1人増えても，2組の生徒が1人増えても，学年全体の人数 f は同じように1名増えます．当たり前ですね．

ではここで，仮に3組の生徒にやたら存在感があって，彼らは1人で2人分とカウントしていいという妙なことがあったとしましょう．その場合，z は2倍にカウントしていいのですから，学年の生徒数の合計は

$$g(x,y,z)=x+y+2z \qquad \cdots\cdots \ (4.31)$$

とすべき，ということになります．このときは，1，2組のいずれかのクラスで1人増えたら学年全体で1人増えるだけですが，3組のときだけは1人増えたら学年全体では2人増えたことになります．z の変化が g に与える影響は，x や y の2倍です．f と違い，g の場合は「x，y が変化したときの影響」と「z が変化したときの影響」が2倍違っているわけです．このように各々の変数が全体に及ぼす影響がそれぞれ違っていて，「x の変化による影響だけを知りたい」とか「z の変化による影響だけを取り出したい」ときに偏微分は役立ちます．実際にやってみましょう．

1組の生徒が増えたときの全体に与える影響を知りたければ g を x で偏微分すればよく，このとき y，z は定数だと思ってよいので

$$\frac{\partial g}{\partial x}=\frac{\partial}{\partial x}(x+y+2z)=1+0+0=1 \qquad \cdots\cdots \ (4.32)$$

です．定数の微分は0になることを使いました．この計算結果を言葉で表現すれば

1組の人数を1人だけ増やし，他の二つのクラスの人数を変えなければ，
学年全体では1人増えることになる

となります．

しかし3組の人数増加が与える影響については違っていて，g を z で偏微分すると

$$\frac{\partial g}{\partial z}=\frac{\partial}{\partial z}(x+y+2z)=0+0+2=2 \qquad \cdots\cdots (4.33)$$

という結果が得られます．これも言葉で表現すれば

3組の人数を1人だけ増やし，他の二つのクラスの人数を変えなければ，
学年全体では2人増えることになる

ということだと解釈できるわけです．

次にもう少し複雑な例として，1組と2組の生徒同士がとても仲がよく，学年の人数を

$$h(x,y,z)=3xy+2z \qquad \cdots\cdots (4.34)$$

と思ってよいという世界があったとしましょう．x と y が掛け算で入っています．

なぜこの設定が「1組と2組の生徒同士がとても仲良し」に当たるかというと，たとえば $x=1$，$y=2$ なら $3xy=6$ となり，1組1名，2組2名がいると，「学年としては実質6名とカウントしていいほど大活躍してくれること」になるからです．逆にコンビが組めなくてどちらか一方がゼロの場合，つまり $x=0$，$y=10$ のような場合は $3xy=0$ のように，「どちらか一方がゼロだと（思い切りヘコんでしまうのか），実質存在しないのと同じ」ということになります．このように，1組と2組の学生が実質どのくらい活躍してくれるかは，互いのクラスの人数に依存しています．1組の人数が増えても2組がゼロなら実質ゼロですし，逆もまた然りです．この様子も偏微分で詳しく見ることができます．実際，

$$\frac{\partial h}{\partial x}=\frac{\partial}{\partial x}(3xy+2z)=3y+0=3y \qquad \cdots\cdots (4.35)$$

です（x についての偏微分ですから，y は定数と見て，係数の3と同じように，単なる定数として扱います）．この結果は

1組の学生が1人増えた場合，そのときの2組の学生数に応じて $3y$ だけ，
実質的に学年全体の人数が変化する

と言っているわけです．もし $y=0$ なら1組の人数が増えても実質的な増加はゼロ，$y=1$ なら1組が1人増えれば実質的な増加は3名，という具合です．

ひょっとするともっと仲がよい（ちょっと科学的に言うなら相互作用が強い）なら，$10x^3y^3$ なんていう項が入ることもあるかもしれませんし，逆に仲が悪ければ，

$-5xy$ のように，負の係数をつけて入れることもあり得ます．後者は「周りの足を引っ張ることで実質的な人数が減ってしまうほど，仲が悪い」ということを表します．いろんな状況が考えられますが，偏微分という，「ある特定の量だけに注目して，そこだけを変化させたときに何が起きるかを見る計算」を使うことで，その様子は詳細に調べることができます [*1]．

全微分：それぞれの変化を足し集める

もう一つ，全微分という微分も必要になりますのでここで説明しましょう．と言っても，全微分は今まで説明した事柄のなかにすでに入っています．さっきの例では学年の生徒数がクラスごとの人数の変化によってどう変わるかを説明しましたが，そのときの「どのクラスの人数も変化した場合の，変化の合計」こそが全微分です．

直感的に理解するには，「途中で向きが変わる階段を，1 階から 2 階へ上るところ」を想像してください．図 4.4 のように途中で向きが変わる階段があると，1 階から踊り場まで上って，そこで $90°$ 向きを変えて 2 階へ上がることになりますね．最初に 1 階から踊り場まで進む方向を x，向きを変えてから進む方向を y とすると，

$$x \text{ 方向に動いたことで上った高さ} = 1 \text{ 階から踊り場までの高さ}$$

と，

$$y \text{ 方向に動いたことで上った高さ} = \text{踊り場から } 2 \text{ 階までの高さ}$$

を合計すれば，1 階から 2 階までの高さが求まることになります．つまり，

$$\begin{aligned}&1 \text{ 階から } 2 \text{ 階までの高さ}\\&= x \text{ 方向に動いたときの高さの変化} + y \text{ 方向に動いたときの高さの変化}\end{aligned}$$

のように，2 階に上ったときの高さの変化は，二つの変化の足し算から成り立っているわけです．物事が何かしら変化するとき，その要因は複数あることが多くあると思います．全微分というのは，そうした複数ある要因からくる変化をすべて足し

*1　相互作用があるとき掛け算で入れるというのはよくある話で，素粒子論では ϕ，ψ で表される 2 種類の物質（場）があったとき，これらの相互作用は作用という「運動方程式を導くための元となる量」のなかで $\alpha\phi\psi$ という項として表されます．この α を結合定数と言い，相互作用の強さを表します．ここでは適当に $3xy$ という掛け算で「仲良し度」を表しましたが，自然界に存在する物質の相互作用がどんな「掛け算」で表されるかは，当然，実験や観測の結果と合うように選ばなければいけません．実はその相互作用の仕方が，理論が備えている対称性から自動的に決まる，というのがゲージ理論の考え方で，ゲージ理論から導かれる結果は実験と非常によく一致することがわかっています．

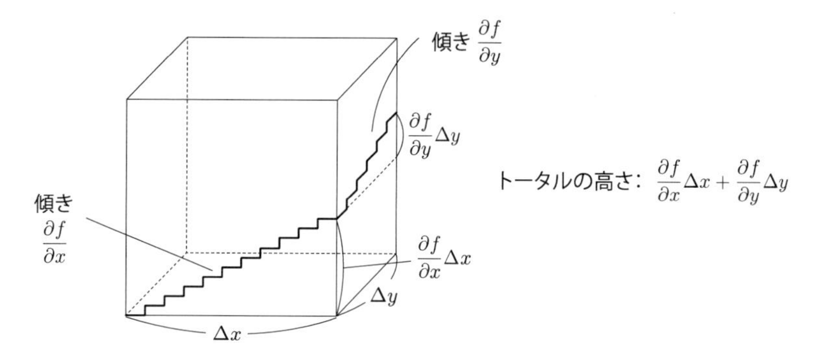

図 4.4 途中で向きの変わる階段．はじめは x 方向に Δx だけ進み，踊り場で 90° 向きを変えて y 方向に Δy だけ進む．

上げたとき，トータルでどれだけ変化するかを表すものです．階段の例で言えば，1 階と 2 階の高さの差が全微分です．

もし階段の傾きが，1 階から踊り場までと踊り場から 2 階までで違っていたら，x 方向に長く進むか，y 方向に長く進むかによって，最終的な高さが変わってくることになります．1 階から踊り場までの階段がやたら急で，逆に踊り場から 2 階までの階段は緩やかだったとしたら，x 方向には数歩階段を上っただけでかなりの高さまで上がれることになりますが，y 方向には多く階段を登らないとあまり高くまで上がれないということです．

家のなかの階段であれば，踊り場から先で急に傾きが変わるということはちょっと考えにくいですが，現実の世界では，向きを変えたら状況が変わることはいくらでもあります．風が吹いていればどっちに進むかでエネルギーの消費はだいぶ変わるでしょうし，山の斜面なら進む向きによって傾きが違うのが普通です．この「進む方向ごとの，傾きの様子」を表すのが先に見た偏微分なのです．x 方向の階段の傾きが $\partial f/\partial x$，y 方向の階段の傾きが $\partial f/\partial y$ です．これらの 2 方向への変化の効果をすべて足し合わせた，高さの変化の合計が

$$\text{全微分}：df(x,y) = \frac{\partial f}{\partial x}dx + \frac{\partial f}{\partial y}dy \qquad \cdots\cdots \ (4.36)$$

です．dx と dy はそれぞれ，x，y 方向に上った階段の段数に対応します．

これが全微分の直感的な説明です．以下で先ほどの学年の人数の例を使って全微分の詳しい計算を紹介しますが，ストーリーを先に追いたいという方は読み飛ばしていただいても構いません．

全微分の例

普通の合計人数のように

$$f(x, y, z) = x + y + z$$

ならば，1組の人数 x，2組の人数 y，3組の人数 z の変化をそれぞれ足せば，学年全体の人数の変化は求まります．しかし，

$$g(x, y, z) = x + y + 2z$$

のような，妙なカウントの仕方をしてもいい世界の場合は違ったのでした．3組の人数変化については2倍しなければいけなかったので，

$$\begin{aligned}\text{学年全体の人数変化} &= 1 \times 1\text{組の人数変化} + 1 \times 2\text{組の人数変化} \\ &\quad + 2 \times 3\text{組の人数変化}\end{aligned} \quad \cdots\cdots (4.37)$$

となるのでした．たとえば，1組に4人，2組に1人，3組に1人，転校生がやってきたなら，3組を2倍とカウントする妙な世界での学年全体での人数変化は

$$\text{学年全体の人数変化} = 1 \times 4 + 1 \times 1 + 2 \times 1 = 7 \quad \cdots\cdots (4.38)$$

となります．3組の項に出てくる「2倍」の「2」が偏微分から求まる「変化の様子」で，偏微分で書けば

$$\frac{\partial g}{\partial z} = 2 \quad \cdots\cdots (4.39)$$

です．1組，2組の人数の変化は，普通に1人は1人分とカウントすればいいという世界だったわけですが，それも同様に

$$\frac{\partial g}{\partial x} = 1, \quad \frac{\partial g}{\partial y} = 1 \quad \cdots\cdots (4.40)$$

と書けます．ここで「変化」を表す記号と言えば Δ だったことを思い出してください．そこで各クラスの人数の変化を Δx，Δy，Δz と書くことにすると，学年全体の人数変化 Δg は

$$\begin{aligned}\Delta g &= 1 \times 4 + 1 \times 1 + 2 \times 1 \\ &= \frac{\partial g}{\partial x}\Delta x + \frac{\partial g}{\partial y}\Delta y + \frac{\partial g}{\partial z}\Delta z\end{aligned} \quad \cdots\cdots (4.41)$$

となります．

第2章でやったように，有限の変化量 Δ を，無限に小さい量へと極限をとったものは d で表されるのでした．上の式なら，

$$dg(x, y, z) = \frac{\partial g}{\partial x}dx + \frac{\partial g}{\partial y}dy + \frac{\partial g}{\partial z}dz \qquad \cdots\cdots \ (4.42)$$

となります．この dg が**全微分**です．

もし，考えている関数が $x_1, x_2, \cdots, x_n$ のように，n 個の変数に依存する多変数関数であれば，その全微分は

$$dg(x_1, x_2, \cdots, x_n) = \frac{\partial g}{\partial x_1}dx_1 + \frac{\partial g}{\partial x_2}dx_2 + \cdots + \frac{\partial g}{\partial x_n}dx_n \qquad \cdots\cdots \ (4.43)$$

のように，変数の分だけ項が増えます *1．

全微分は変数を x_i $(i = 1, 2, \cdots, n)$ から $x_i + dx_i$ とした場合の変化分です．よって，

$$\begin{aligned}
& df \fallingdotseq f(x + \Delta x, y + \Delta y, z + \Delta z) - f(x, y, z) \\
& \Leftrightarrow f(x + \Delta x, y + \Delta y, z + \Delta z) \fallingdotseq f(x, y, z) + df \\
& \qquad\qquad\qquad\qquad\qquad\qquad = f(x, y, z) + \frac{\partial f}{\partial x}\Delta x + \frac{\partial f}{\partial y}\Delta y + \frac{\partial f}{\partial z}\Delta z
\end{aligned}$$

となります．x_i $(i = 1, 2, \cdots, n)$ が変数なら，

$$f(x_i + \Delta x_i) \fallingdotseq f(x_i) + \sum_{i=1}^{n} \frac{\partial f}{\partial x_i}\Delta x_i$$

です．これは第2章で現れた

$$f(x + \Delta x) \fallingdotseq f(x) + f'(x)\Delta x$$

を多変数に拡張したものです．

結果をまとめる

偏微分と全微分という新たな道具が揃いましたので，3次元極座標での線素を求める準備が整いました．式 (4.24) を再び見てください．一つ目の式

$$dx = \sin\theta\cos\phi\, dr + r\cos\theta\cos\phi\, d\theta - r\sin\theta\sin\phi\, d\phi \qquad \cdots\cdots \ (4.44)$$

---

*1　和の記号を使えば $dg(x_1, x_2, \cdots, x_n) = \sum_{i=1}^{n} \frac{\partial g}{\partial x_i}dx_i$ となります．

は，左辺の dx からわかるように x の全微分です．x は極座標の r，θ，ϕ と

$$x = r\sin\theta\cos\phi \qquad \cdots\cdots \ (4.45)$$

という関係にあるので，r，θ，ϕ の関数と見ることができます．r，θ，ϕ が変化すると，x も変化するからです．これを明示するために

$$x = x(r, \theta, \phi) \qquad \cdots\cdots \ (4.46)$$

と書きましょう．すると x の全微分 dx をつくるには r，θ，ϕ の偏微分が必要であることがわかりやすくなります．実際やってみると，

$$dx = dx(r, \theta, \phi) = \frac{\partial x}{\partial r}dr + \frac{\partial x}{\partial \theta}d\theta + \frac{\partial x}{\partial \phi}d\phi \qquad \cdots\cdots \ (4.47)$$

となります．この計算を実行したものが式 (4.44) です．計算の詳細は，$x = r\sin\theta\cos\phi$ から，

$$\frac{\partial x}{\partial r} = \frac{\partial}{\partial r}(r\sin\theta\cos\phi) = \left(\frac{d(r)}{dr}\right)\sin\theta\cos\phi = \sin\theta\cos\phi \qquad \cdots\cdots \ (4.48)$$

$$\frac{\partial x}{\partial \theta} = \frac{\partial}{\partial \theta}(r\sin\theta\cos\phi) = r\left(\frac{d(\sin\theta)}{d\theta}\right)\cos\phi = r\cos\theta\cos\phi \qquad \cdots\cdots \ (4.49)$$

$$\frac{\partial x}{\partial \phi} = \frac{\partial}{\partial \phi}(r\sin\theta\cos\phi) = r\sin\theta\left(\frac{d(\cos\phi)}{d\phi}\right) = -r\sin\theta\sin\phi \qquad \cdots\cdots \ (4.50)$$

となります．この結果を式 (4.47) へ代入すれば式 (4.44) が得られます．同様に dy，dz も計算すれば，式 (4.24) の結果をすべて導くことができます [*1]．

これらより，あとは線素 $ds^2 = dx^2 + dy^2 + dz^2$ へ代入するだけで式 (4.25) の結果，

$$ds^2 = dr^2 + r^2(d\theta^2 + \sin^2\theta\, d\phi^2) \qquad \cdots\cdots \ (4.51)$$

が求まります．これでこの章の目的は達成することができました．なお，計算の過程では，三角比の性質である

$$\sin^2\theta + \cos^2\theta = 1, \quad \sin^2\phi + \cos^2\phi = 1 \qquad \cdots\cdots \ (4.52)$$

を何度か使います．面倒な計算ですが，複数の項が綺麗にまとまると結構嬉しいものですので，ぜひご自身で確かめてみてください．

*1　計算には三角関数の微分を使います．詳しくは付録 C をご覧ください．

4.3 線素の使い道：球面上の距離

この章の締めくくりとして，線素の使い道を紹介します．3 次元極座標の線素を使って，半径が一定の球面上での，2 点間の距離を求める方法について考えてみましょう．東京と大阪でも，ニューヨークと北京でも何でもよいのですが，地球を半径一定の球としたときの 2 都市間の距離を求める計算をしてみようというわけです．

計算に必要なデータは都市の緯度と経度の差，それから地球の半径です．まさにそれらが極座標で現れる (r, θ, ϕ) という三つの量に対応します．

地球の半径はおよそ 6400 km ですが，これを一定値 a とすれば，地上の点は，どこでも地球の中心からの距離は a です．というわけで，どちらの都市でも $r = a$ で同じなので，2 都市間で半径（動径）の変化 Δr はゼロです．無限小の変化もゼロですから，$dr = 0$ です．これを 3 次元極座標での線素の式に代入すると，

$$ds^2 = 0^2 + a^2 d\theta^2 + a^2 \sin^2\theta\, d\phi^2 = a^2(d\theta^2 + \sin^2\theta\, d\phi^2) = a^2 d\Omega^2 \quad \cdots\cdots \ (4.53)$$

が得られます．これが地球の表面上での線素，すなわち地上の 2 点間の距離を求めるための線素です．あとは 2 点間の角度の違い $\Delta\theta$，$\Delta\phi$ を代入して積分すれば，2 点間の距離が求まります．

ここで

$$d\Omega^2 = d\theta^2 + \sin^2\theta\, d\phi^2 \quad \cdots\cdots \ (4.54)$$

と書きました．$d\Omega^2$ は，上の式で半径を $a = 1$ としたものなので，**半径が 1 の球面上の線素**に相当します．この本の主題である，ブラックホールを表す数式にもよく使われる記号なのでここで導入しておきました．

さて，この線素は，球面という「曲がった 2 次元面」の上での，2 点間の距離を表すものです．同じ 2 次元面でも，平坦な空間を表す 2 次元デカルト座標の線素とこれを見比べてみると，平らな面と曲がった面との違いがわかります．

平らな面上での線素と，半径が $a = 1$ の球面上での線素を比較すると，

$$ds^2 = dx^2 + dy^2 \quad \text{（平坦な 2 次元空間，2 次元平面）} \quad \cdots\cdots \ (4.55)$$

$$d\Omega^2 = d\theta^2 + \sin^2\theta\, d\phi^2 \quad \text{（2 次元球面）} \quad \cdots\cdots \ (4.56)$$

となっています．両者の違いは $d\Omega^2$ のほうに $\sin^2\theta$ がつくかつかないかというだけ

です．もちろん，θ と ϕ は角度という物理的意味をもっていて，x，y とは違いますが，2次元の表面に書いた座標軸のラベルを表すという意味では本質的な差がありません．事実，半径1の2次元球面上の線素を $d\Omega^2 = dx^2 + \sin^2 x\, dy^2$ と書いても間違いではありません *1.

第2項に sin の2乗がつくかつかないかだけの違いではありますが，この sin の存在が，球面であることを表しています．なぜなら，これがあることで，θ の値に応じて ϕ 方向への変化が $\sin^2\theta$ 倍だけ小さくなるからです．一番極端なのは $\theta = 0$，すなわち z 軸上のときで，このときは $d\phi^2$ の値がいくらであっても $\sin^2 0 = 0$ であるために $d\phi^2$ の項はゼロになってしまいます．$\theta = 0$ とは北極点のことですから，これは北極点上で地軸周りに何度回転しても，その場で回っているだけで，進んだ距離はゼロだということを表しています．

平らな紙を筒状にクルッと丸め，さらに上下の部分を北極と南極になるようキュッとつまむと球面ができますが *2，この「キュッとつまむ」ということが $\sin^2\theta$ の効果で，北極点や南極点では ϕ がいくら増加しても距離が増えるわけではないことに対応します．

ところで，北極とか南極とか言っても，そこを $\theta = 0^\circ$ や $\theta = 180^\circ$ にとったのはあくまで便宜上のことです．角度の原点，すなわち角度をどこから測るかを変えれば，便宜上「北極」「南極」と呼ばれる場所は変わることに注意してください．

もっと言うと，そもそも球面上のどの点でも，その点の近くだけを見ている限りでは，そこは平らな面に見えます．実際私たちは普段，地球が球体であることを意識できず，平らな地面だと感じます．それは，私たちが地球に比べてとても小さく，地球表面のごくごく小さな領域しか見ていないからです．

これは第2章で説明した微分の話と本質的に同じです．曲線もどんどんクローズアップしていけばやがて曲がりが感じられなくなり，直線に見えてくるのでした．逆に，直線の集合体として曲線（包絡線と言いました）を書くこともできました．同じように，地球の表面のどの点にも，そこに接する平面を考えることができます．これができるのは，地球の表面を非常に滑らかだと考えているからです．もし地球をクローズアップしていったとき，尖った山が現れたり，実は空間がスカスカで離散的な点の集合でできているようなことがあれば，接する平面を定義することはできません．私たちの住む宇宙はそのどちらなのか，これは重要な問題なのですが，一

*1 もちろん，この場合はデカルト座標に同じ x，y という文字を使ってはいけません．混乱の原因になります．
*2 皺をつくらずに，現実にこれを紙でやってみるのは難しいですが．

般相対論ではどこまでも滑らかな空間を仮定します．

このように，本当は曲がった空間であっても，その空間中の1点と，その周囲の極めて小さな領域だけを見ている限りでは，その空間が本当に曲がっているのかどうかはわかりません．例としてあげた2次元球面上の線素と，2次元平面上の線素も，形は違っているものの，うまく座標を変換してあげれば，実は一致するかもしれません．実際，ごく小さな領域（無限小領域）であれば，2次元球面上の線素は適当な座標変換によって2次元平面上の線素に一致させることができます[*1]．

大航海時代に，地球が丸いことの証明として実際に1周してみせた人たちがいたように，本当に曲がっているかどうかをはっきりさせたいなら，1点の上だけで考えているのではなく，その空間をウロウロと歩き回って，様子を探ってくる必要があります．ウロウロと歩き回ること，これを数学的に表すと，ベクトルをある経路に沿ってぐるっと1周させ，もとのベクトルとのズレを見るという操作になります．これは第6，7章の一般相対論で中心的な役割を果たす**曲率**という量を計算する方法です．すぐにもその話に行きたいところなのですが，一般相対論に入る前に特殊相対論から順に説明しましょう．今度は3次元空間に時間の要素が入り，4次元**時空**が現れます．

コラム——3次元空間である証拠？

相対性理論に興味のある方は，「この世は4次元である」という言葉を聞いたことがあるでしょう．「4次元とは，時間1次元と空間3次元のことだ」とも聞いたことがあるかもしれません．たしかにそのとおりで，この世界は時間1次元と空間3次元を合わせた4次元時空であると考えられています．素粒子論の一つである超弦理論からは，世界が10次元時空や11次元時空である可能性も示唆されており，それを実証するための実験や観測が考案されていますが，少なくとも現時点ではその証拠は見つかっておらず，私たちが観測できている範囲においては世の中は4次元時空と考えて差し支えありません．なぜ時間までセットで考える必要があるのか，それは次章のテーマですが，それ以前に私たちが住んでいるこの空間が3次元である証拠は何なのでしょう．

たしかに，実感としては縦・横・高さの3次元空間に住んでいると感じます．「この世界にあるものはすべて立体じゃないか．薄っぺらいものだって拡大すれば必ず厚みがあるし」と思うのが当然ではないでしょうか．では質問の角度を変えましょ

*1　大局的には一致させられません．

う．この空間が3次元であって，4次元以上でない証拠はあるのでしょうか．これはなかなか難しい問題です．先に述べた超弦理論が示唆する高次元空間の存在の検証ともまさに関連する問題です．

私たちの住んでいるこの空間，これが3次元だと今のところ考えられている理由は，実は電気の力や磁石の力の性質にあります．子どもの頃，誰しも遊んで知っているように，磁石にはN極とS極があり，同じ極同士だと反発し，異なる極同士だと引きつけ合います．その反発力（斥力）と引きつけ合う力（引力）ですが，離せば離すほど弱くなり，近づければ近づけるほど強くなることも知っているのではないでしょうか．実験によりこの磁力は，磁極（磁石の先端部）同士の距離の2乗に反比例することがわかっています．磁極同士の距離を r と書くと，数式では

$$F \propto \frac{1}{r^2} \qquad \cdots\cdots (4.57)$$

と表すことができます．このように，距離の2乗に力が反比例することを「**逆2乗則**」と言いますが，面白いことに静電気の引きつけ合う力や，すべての質量をもつ物体同士に働く万有引力も，同じ逆2乗則に従っています．そしてこの逆2乗則の成立こそ，この空間が3次元である証拠なのです．

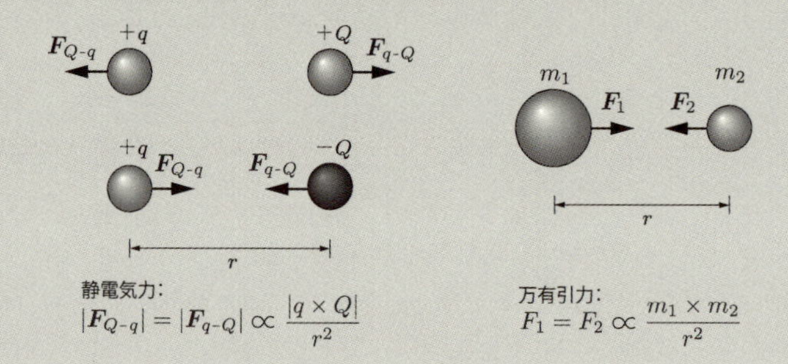

磁力や電気の力，そして万有引力は目に見えませんので，図で表すために物理では「力線」を用います．磁力を表すのは磁力線と言いますが，磁石の周りにまかれた砂鉄が描くスジが磁力線の方向を表しています．頭に下敷きをこすりつけてから持ち上げると髪の毛が下敷きにくっついて逆立ちますが，このときに髪の毛が描く線が電気力を表す電気力線です．電子やイオンのような電気を帯びた物質がたくさんあれば電気力線の本数も増えます．ちなみに，電気量 Q に電気力線の本数は比例します．細かく説明しませんが，数式では

$$\int_S \boldsymbol{E} \cdot d\boldsymbol{S} = \frac{Q}{\varepsilon} \qquad \cdots\cdots (4.58)$$

と書け，これを**ガウスの法則**と言います．電気力や磁力の強さは電気力線や磁力線が単位面積あたりに何本生えているか，すなわち力線の本数密度に比例します．直感的にも，力線が立て込んでいるところは力が強く，力線がスカスカであるところは力が弱いというのは理解しやすいと思います．

すると，電気力や磁力が電荷（電気を帯びた物質）や磁荷から離れるほど弱くなることは下図のように明らかです．どのくらい弱くなるかも簡単に計算できます．本数密度とは，単位面積あたりに力線が何本生えているかですから，電荷や磁荷から距離 r のところでは半径 r の球面を考えると表面積は $4\pi r^2$ ですので，本数密度は

$$\frac{\text{力線の総本数}}{4\pi r^2} \qquad \cdots\cdots \ (4.59)$$

となります．この式の分母に現れる r^2，これが電気力や磁力の強さが逆 2 乗則に従う理由なのです．

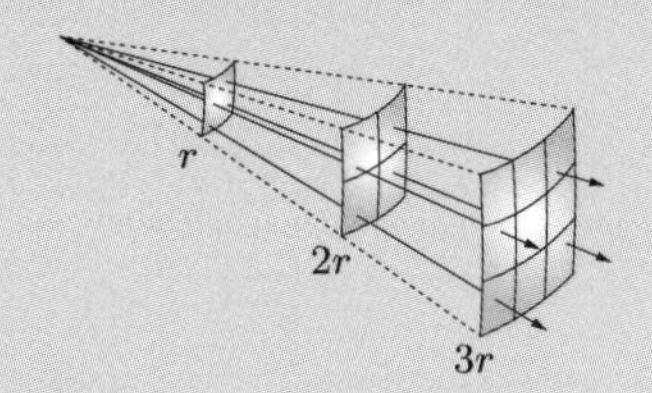

ここで，単位 (unit) とは 1 のことです．つまり単位面積あたりとは面積 1 に対して，という意味です．本書では MKSA 単位系を採用しますので，長さを [m]，質量を [kg]，時間を [s]，電流を [A] で測ります．これに伴って，面積は [m^2] で測ることになりますので，単位面積 $= 1\,\mathrm{m}^2$ です．

つまり，

逆 2 乗則の出どころは，空間中に球面を考えると，
その表面積が $4\pi r^2$ になること

であるわけです．ということは，もしこの世が 2 次元平面であれば「2 次元空間中の球＝円」ですから，本数密度は円の「表面積」に相当する円周の長さである，$2\pi r$ で割って得られることになります．よって

$$F \propto \frac{\text{力線の総本数}}{2\pi r} \qquad \cdots\cdots \ (4.60)$$

となり，「逆 1 乗則」になるはずなのです．

これとは逆に，もし私たちの住んでいる空間が高次元，たとえば 4 次元だとしたら，4 次元空間中の球の表面積は，r^3 に比例するでしょうから，

$$F \propto \frac{\text{力線の総本数}}{r^3} \quad \cdots\cdots (4.61)$$

となり，「逆 3 乗則」になるはずです．なお，一般に n 次元球の表面積はガンマ関数を用いて

$$\frac{2\pi^{\frac{n+1}{2}} r^n}{\Gamma\left(\frac{n+1}{2}\right)} \quad \cdots\cdots (4.62)$$

で与えられます．$n=1$ のとき $2\pi r$，$n=2$ のとき $4\pi r^2$，$n=3$ のとき $2\pi^2 r^3$ です．ガンマ関数は自然数 n に対して考えられる階乗 $n! = n(n-1)(n-2)\cdots 2\cdot 1$ を拡張したもので，複素数 z に対して $\Gamma(z+1) = z\Gamma(z)$ を満たします．

さて，こうした理由から，実験で電気力や磁力が逆 2 乗則に従っているということは私たちの空間が 3 次元であることを意味するわけです．これが物理的に説明される，私たちの住んでいる空間が 3 次元であると考えられる理由です．ただし，実験には精度の問題があります．現在の実験精度で検証できないくらい超ミクロの世界でも逆 2 乗則は成り立っているのか，そこに超弦理論が示唆する高次元空間の存在可能性があるのです．

第 5 章 「時間と空間」から「時空」へ
特殊相対論

◆ ◆ ◆

本章からいよいよ相対性理論（相対論）について説明します．まずは特殊相対論からです．第2章ではニュートン力学について説明しましたが，物体の運動のエッセンスは慣性の法則・運動の法則（運動方程式）・作用反作用の法則の三つにまとめられていました．これら三つの法則は，私たちが日常生活で見かける物体の運動の様子を詳細に観察することで得られたものです．

では，私たちが普段見かけないものについてはどうなのでしょう．たとえば宇宙の始まりやブラックホールの中は誰も見たことがありません．ミクロの世界もそうで，細胞くらいなら理科の授業で顕微鏡を使って見たことがあるかと思いますが，専門の研究者でもない限り，原子や原子核が現れる極微の世界を目にする機会はほとんどないと思います．そんな世界でも私たちの常識は通用するのでしょうか．

「方言」としてのニュートン力学

自分の国では当たり前のことでも，他の国では当たり前でないことはたくさんあります．同じ日本のなかですら，他の県に住んだときに「えっ，これって方言だったの !?」と驚いたことはないでしょうか．私は長野県長野市，善光寺のすぐ近くで生まれましたが，地元では舌のことを「へら」と言っていました．靴べらの形は舌に似ていますからさして不思議にも思わなかったのですが，別の県出身の友人たちと話していて「へら」が方言だとわかったときには驚いたのを覚えています．

実は科学法則も同じで，私たちが「常識」だと思っていたことが，ある「地方」でしか通用しない「ローカルなルール」ということがあるのです [*1]．リンゴの落下運動と月が地球の周りを回る運動とが，どちらも地球からの万有引力が原因だと鋭く

---

*1　というより，「地方限定ルール」が存在することが，科学の本質の一つなのです．万物に通じる理論，それ一本ですべてを記述できる方程式，そういったものを追い求めるのが物理学だと勘違いされることも多いのですが，物理学者をやっていると自然はあまりそうなっていないことが身に沁みます．私たちが観察し，記述できる範囲はそんなに大きくはなく，ほとんどの理論は「ある範囲でのみ有効な近似理論」なのです．

見抜いたのはニュートンですが，月とリンゴという全然異なるものに同じ力が働いていることが驚きだったように，ありとあらゆる系に共通する「無敵の」法則が存在するほうがむしろ不思議だと言えないでしょうか．特殊相対論はまさにそうした意味で，普段私たちがいかに限られた範囲で生活しているかを明らかにするものです．

特殊相対論は，光の速さ，もしくはそれに近い極めて高速で運動する物体の様子を記述するために必要となります．「記述できる」とは，「現象をその理論の枠組みで定式化でき，何が起きるかについて検証可能な予言ができる」という意味です．逆に言うと，第 2 章で扱ったニュートン力学では，極めて速く動く物体の動き方を説明できないのです．

特殊相対論のあらまし

ニュートン力学と特殊相対論の差が最も顕著になるのは，光そのものの運動を扱うときです．すでに述べたように，真空中での光の速さは秒速 30 万 km で，これは 1 秒間で地球を 7 周半もできる凄まじい速さです．実はこの光の速さ，私たちが**一定の速度で動く運動（等速度運動）をする限り**，光源の運動によらず，真空中であれば秒速 30 万 km であることが実験から確かめられています．

これは私たちの日常的な感覚からするとおかしくはないでしょうか．なぜなら，あなたが誰かと同じ速さで走ったら，あなたからはその人の速さがゼロに見えるはずだからです．同じ速さで走っている以上，あなたとその人との距離は広がりも縮みもしないのですから，当然でしょう．ところが光を追いかけた場合は，たとえあなたの速度が秒速 30 万 km でも，相変わらず光は秒速 30 万 km で飛んでいるように見えると言っているのです．

奇妙な話ですが，もしどうしてもこの主張を認めなければいけないなら，変位と時間について私たちの常識を改めるしかありません[*1]．というのも，速度とは変位をかかった時間で割ったものだからです[*2]．どう改めなければならないのか，先に結果を述べてしまうと，これまで考えてきた線素

$$ds^2 = dx^2 + dy^2 + dz^2 = dr^2 + r^2\,d\theta^2 + r^2 \sin^2\theta\,d\phi^2$$

は，**誰がどんな風に測るか（どんな座標系を使うか）によって，変わってしまう量**であることがわかります．その代わり，これに $-d(ct)^2$ という項を付け加えた

---

*1 位置の変化を変位と言いました．変位は距離と違って向きも考えたものなので，値には正と負の両方があり得ます．

*2 正確には変位を時間で微分したもの，つまり無限小時間での変位が速度でした．

$$
\begin{aligned}
ds^2 &= -d(ct)^2 + dx^2 + dy^2 + dz^2 \\
&= -d(ct)^2 + dr^2 + r^2 d\theta^2 + r^2 \sin^2\theta \, d\phi^2 \qquad \cdots\cdots \ (5.1)
\end{aligned}
$$

という量，これならば互いに一定の速度で動く誰が測っても同じ値になることがわかります．ここで c は真空中の光の速さ，t は時間を表す座標です．なお，c が定数であることから $d(ct)$ と cdt は同じ値になるため，$-d(ct)^2$ は $-c^2dt^2$ と書いても構いません．ds は**世界間隔**と言い，特殊相対論だけでなく，一般相対論でも重要な役割を果たします．

この式 (5.1) を見ると，時間間隔 dt と位置の変化（変位）dx，dy，dz の両方が入っています．ということは，

光速 c を通じて，時間と空間が混ざり合っている式

です．空間と時間をまとめて考えたものを**時空**（英語では spacetime）と呼びますが，空間 3 次元と時間 1 次元とをセットにした **4 次元時空**における物理学が特殊相対論の世界です [*1]．

この章ではまず，なぜ特殊相対論というものを考えることになったのかという点から話を始めます．特殊相対論のキーワードを難しく言うと「特殊相対性原理」と「光速の不変性」になるのですが，その根っこにあるのは，「一定に保たれる量に注目する」という視点にあります．観測者によらず，一定に保たれる量のことを**不変量**と言いますが，世界間隔は相対論に現れる不変量の代表例です．

相対性理論というと「3 次元空間と時間を合わせて 4 次元」というフレーズが有名ですが，肝心なことは「なぜ相対論では時間を一緒に考えなければいけないのか」，「空間と時間を合わせるというのはどういう意味なのか」，「なぜ世界間隔が重要なのか」といった理由を理解することです．ぜひこうした点に注意してこの章をお読みください．

なお，ニュートン力学と特殊相対論の違いを浮き彫りにする意味では空間の次元が何次元であっても構いませんので，この章では空間を 1 次元に単純化して考えます．それに伴って，線素も

$$
dx^2 + dy^2 + dz^2
$$

ではなく，その 1 次元部分である

---

*1　さらに重力まで含めて扱える理論が一般相対論です．

$$dx^2$$

だけを考えます．次章以降では，再び空間を 3 次元に戻して考えたいと思います．

○ この章の目的 ○

1 次元空間の線素　$ds^2 = dx^2$　を

2 次元時空の世界間隔　$ds^2 = -d(ct)^2 + dx^2$　に拡張すること

◆キーワード：電磁波と光／相対性原理／慣性系／ガリレイ変換／光速度の不変性／ローレンツ変換／ベクトルと行列／世界間隔

5.1 光速の謎：物理法則と不変性の関係

アインシュタイン，若き日の疑問

相対性理論に限らず，光は科学全般において極めて重要な研究対象ですが，アインシュタインは高校生のときにその光について，「鏡をもって光の速さで飛んだら，鏡に自分の顔は映るのだろうか？」という疑問をもったそうです．なぜ光の速さで飛んだら，鏡に自分の顔が映らない可能性があるのでしょう．

普段，鏡に私たちの顔が映るのは，太陽や蛍光灯の光が顔に当たり，その光が反射して鏡に届くからです．その光はさらに鏡で反射して私たちの目に飛び込んできます．そこでアインシュタインは，「顔から鏡に向かって飛ぶ光と同じ速さで飛んだら，鏡が光の速さで逃げることになるので，いつまで経っても光は鏡に届かないのではないか？」と考えたわけです．太陽の光でも蛍光灯の光でも何でもよいのですが，光の速さと同じ速さで鏡が逃げていけば，たしかに光は鏡に到達できそうもありません．

ところがアインシュタインは，「それでも鏡に自分の顔は映るだろう」と結論したそうです．つまり，たとえ光の速さで鏡を逃しても，鏡にとって光は相変わらず秒速 30 万 km で追いかけてきて，ちゃんと鏡に届くだろうと考えたというのです．前にも述べたように，光の速さはどんな風に観測しても秒速 30 万 km のままであることがこれまでに数えきれない数の実験で検証されていますので，アインシュタインの出した結論は当たっているのですが，これは私たちの日常的な感覚とは相容れない結論ではないでしょうか？

◆ポイント解説：背景がわからないと何もわからない

私は高校時代にこのエピソードを知ったとき，正直言って落ち込みました．というのも，自分にはアインシュタインのように正しい答えを導き出せそうにはなかったし，何より，「光の速さで動いたらどう見えるか」という問題意識そのものに共感できなかったからです．「こういう疑問を思いつける人でないと，物理学者には向かないのかなあ」と思ってヘコみました．

幸か不幸か私は図々しかったので，これごとき（?）で物理屋になることを諦めなかったのですが，後になって相対性理論を学ぶうちに，「光の速度について疑問を呈すること」が自然なことだとわかりました（同時に，高校生の自分がそんな疑問をもたなかったのは無理のないことだということもわかって少しだけホッとしました）．

どんな理論でも，それが生まれた背景や問題意識を共有できないと極めてわかりにくくなるものです．以前の私のように無駄にガッカリする人が出ないよう，まずは光の速度について，問題意識の共有を図りましょう．

光の正体は電磁波だった：マクスウェルの発見

光についての研究は古くからあるのですが，その正体が電磁波という，電場と磁場が織りなす波であるとわかったのは19世紀後半のことです．電場とは電気の力が及ぶ領域，磁場とは磁力が及ぶ領域のようなものだとひとまず考えてください[*1]．電場も磁場も目には見えませんが，4.3節のコラムでも書いたように，磁石の周りに砂鉄をばら撒くと，磁石から離れたところでも砂鉄が模様を描いて並ぶことから，磁石の周りに磁場が広がっていることがわかります．電場と磁場には互いに影響し，生み出し合う性質があり，それらが波となって進んでいくものが電磁波です（図5.1）．

波というだけであって，電磁波は同じパターンの形を繰り返しますが，そのパターン一つ分の長さを波長と言います．山から山，谷から谷までの長さです．電磁波の性質はその波長によって違ってくるのですが，なかでもおよそ400〜800 nm（1 nmは10億分の1 m）の波長の電磁波が私たちの目に見える光（可視光）です．この範囲以外の波長をもつ電磁波は私たちの目に見えません．たとえば赤外線や紫外線，X線などがそうした電磁波なのですが，それらはすべて波長が異なるだけで，いずれも電場と磁場が織りなす波です．

電磁波の存在を予言したのは電磁気学を大成したマクスウェルです．彼は電場や磁場が従う物理法則を今では「マクスウェル方程式」と呼ばれている4本の数式にまとめあげ，それらを組み合わせることで，電場や磁場が波として速さ

*1　正しくは，電場も磁場も単なる「力の働く領域」ではなく，一つの物理的実在です．

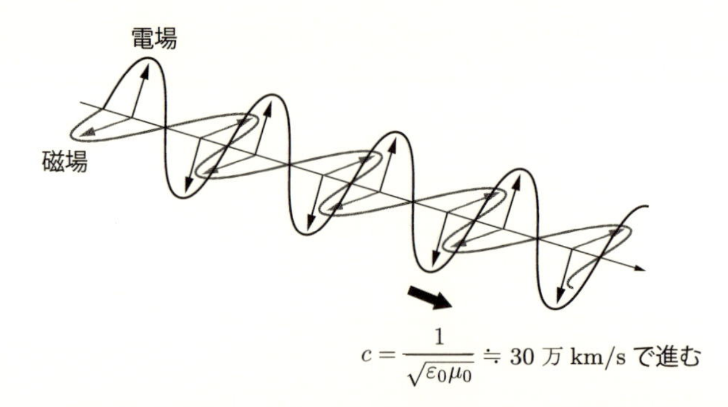

図 5.1 電磁波は電場と磁場が互いを生み出しながら進む波である．真空中では速さ $c = 30$ 万 km/s で伝わる．

$$\frac{1}{\sqrt{\varepsilon_0 \mu_0}} \qquad \cdots\cdots \ (5.2)$$

で進むことを見出しました．ここで，ε_0 は真空の誘電率，μ_0 は真空の透磁率と呼ばれる量です．どちらも真空中，すなわち空気などの物質が一切ない状況で，電気の力や磁石の力がどれだけ伝わるかを表す目安となる量です．マクスウェルが自分の理論から導かれた式 (5.2) に，実験からわかっていた ε_0 と μ_0 の数値を代入してみたところ，およそ秒速 30 万 km という値が得られました．この値が当時すでに測定されていた光の速さとほとんど同じであることから，マクスウェルは「光とは電磁波の一種である」と見抜いたと言われています．

こうして，光の正体が少しずつ理解され始めたのですが，新たな疑問，すなわち「秒速 30 万 km というのは，誰から見た速さなのか？」が生じました．というのも，地球は動いているからです．私たちは地球に乗って動きながら光を観測しているのですから，止まって測定することができれば違う値になるのではないかと考えられるからです．となると，マクスウェルが求めた秒速 30 万 km という数値，これは誰から見た数値なのでしょう．

ここで，光を伝える媒質として考えられたエーテルの話に入り，エーテルは存在しないことを明らかにしたマイケルソン－モーリーの実験の話に展開するのが歴史的な流れなのですが，本書ではその前に「**誰から見たときの速さなのか？**」という問題意識についてもうちょっと突っ込んでみたいと思います．なぜならそれが現代物理学には欠かせない視点だからです．高校までの物理と大学以降で学ぶ物理のギャップに苦しむ人は多いのですが（何を隠そう，私もその一人でしたが），その理由の一つが，高校ではこの視点を教わらないことにあります．

法則はどこまで普遍的か？――ガリレイの説明

光の速さが秒速 30 万 km に見えるのは，地球上に住んでいる私たちだけの話なのか，それとも宇宙の果てでも同じように秒速 30 万 km なのでしょうか．もし異なるのなら，動かずに観測した場合の「本当の」光の速さとはいくらなのでしょうか．こういうことを最初に議論したのはアインシュタインではなくガリレイです．ガリレイは著書『天文対話』のなかで，

等速で動く船の上で，マストからボールを落としたらどう落ちるか？

という問題について考えています．

船が止まっているときにマストからボールを落とせば，落とした位置の真下にボールは落ちますが，等速で動く船の上ではどうでしょう．ボールが落ちている間に船だけ先に行ってしまうことがあるでしょうか．答えは，「船が等速で動いているならマストから落とした位置の真下に同じように落ちる」です．つまり，船が止まっていても等速で動いていても，結果は変わらないのです（図 5.2）．これは，どちらの場合でも，ボールに横方向からの力が働いていないため，ボールが横方向には加速しないことが本質です．すなわち，慣性の法則が成り立っているのです．このような，慣性の法則が成り立つ系を**慣性系**と呼びます．慣性系に対し，一定の速度で動く系でも慣性の法則が成り立つため，それもまた慣性系です*1．

これを理解するには，電車やバスに乗ったときの経験を思い出すのがよいでしょう．電車に乗っていると，動きはじめや止まるときに体が大きく揺すられます．しかし，ひとたび電車の速度が一定になれば，私たちは電車のなかを楽に歩くことができます．楽に歩けるのは，地面を歩くのと同じ状態が実現しているからです．これは慣性の法則に限った話ではなく，**一定の速度で動く乗り物のなかにいるとき**，そこでのボールの落ち方や飛び方，私たちの足や体で感じる地面からの力など，ニュートン力学で扱う法則は何も変わりません．これを**ガリレイの相対性原理**と言います．物体が動く様子が一切変わらないということは，一定の速度で動く電車の窓がもし真っ黒なカーテンで覆われていたら，私たちは電車が動いていることに気づくことすらできないということです．電車が動いているときと，止まっているときとで違うことが起きるのなら気づくことができますが，止まっているときとまったく同じ

*1 詳しくは付録 A をご覧ください．

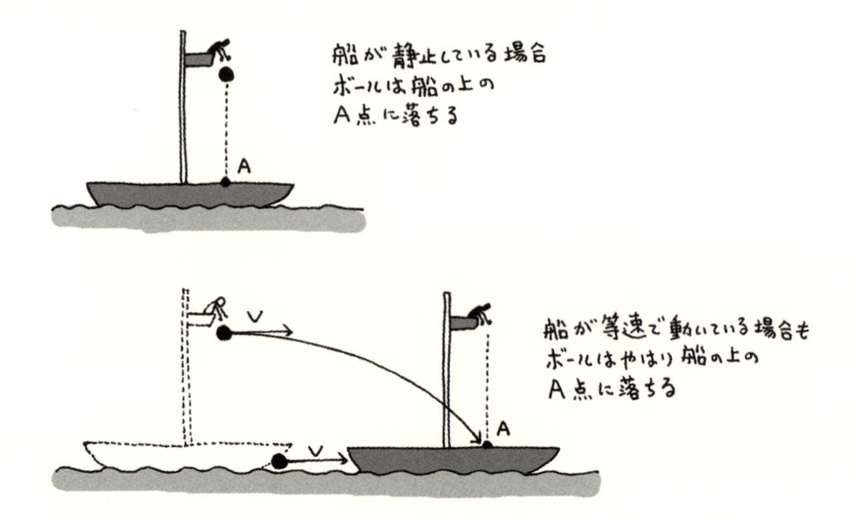

図 5.2 船のマストからボールを落とす．船が等速で動いているとき，ボールも落とされたときに同じ水平方向の速度をもっているため，船が静止している場合と同じ船上の地点 A に落ちる．

ことしか起きないのなら，自分がどっちの状況にいるのか判断する手立てがないからです．

このことは，ニュートンの運動方程式を使って数学的に理解することもできます．式 (2.38) にあるように，ニュートンの運動方程式は

$$a = \frac{F}{m} \quad \Leftrightarrow \quad ma = F \qquad \cdots\cdots \ (5.3)$$

と表されます．ここで加速度 a が速度 v の時間微分，つまり $a = dv/dt$ であることを思い出すと，運動方程式は

$$m\frac{dv}{dt} = F \qquad \cdots\cdots \ (5.4)$$

と書くこともできます．

さて特殊相対論と異なり，私たちはこれまで「常識的な」発想で「時速 60 km で走っている車を時速 40 km で追いかけるなら，差し引き時速 20 km に見えるはずだ」と考えてきました．これを文字式で少しだけ一般化して書くと，速度 v で走っている車を，速度 V で追いかけながら見たときの速度は

$$v' = v - V \qquad \cdots\cdots (5.5)$$

と表せます．これを使って運動方程式がどうなるかも考えてみましょう．

加速度は速度の時間微分ですから，v' を時間で微分して

$$\frac{dv'}{dt'} = \frac{dv'}{dt} = \frac{d(v-V)}{dt} = \frac{dv}{dt} - \frac{dV}{dt} = \frac{dv}{dt} - 0 = \frac{dv}{dt} \qquad \cdots\cdots (5.6)$$

となります．左から一つ目と二つ目の項で，時間を表す文字として t と t' の二つを使っていることに注意してください．t は地上のある地点で止まって車を観察している人が計る時間で，t' は時速 40 km で追いかけながら車を観察する人が計る時間です．私たちの「常識」では，止まって観測しようが動きながら観測しようが，自分が使っているストップウォッチの進み方が変わる経験はありませんから，$t' = t$ ですので，式の途中で t' を t と書き換えました．

もう一点，計算の途中で「一定の速度で追いかけている」ことを使いました．つまり，V が一定であることから [*1]，V は時間で微分すればゼロになるので

$$a' = \frac{dv'}{dt'} = \frac{dv}{dt} = a \qquad \cdots\cdots (5.7)$$

という結論が得られます．$a' = a$ ということは，地上のある地点で止まったまま車を観察している人にも，一定の速度 V で追いかけながら車を観察している人にも，車の加速度は同じ値に見えるということを表しています．

加速度だけでなく，物体の質量 m や物体に加わる力 F も変化せず，$m = m'$ および $F = F'$ が成り立つなら，式 (5.4) から

$$m' \frac{dv'}{dt} = F' \qquad \cdots\cdots (5.8)$$

が成り立ちます [*2]．つまり，止まって観察した場合に成り立つ運動方程式と，一定の速さで動きながら観察した場合の運動方程式がそっくり同じ形をしています．これは，どちらで観測しても，運動の法則が変わらないという意味です．

さて，ここで使った**速度の合成**のルール，すなわち

止まって観測したときの車の速度 v は，一定の速度 V で

---

*1　追いかける人の速度 V は一定ですが，車の速度 v は変化しても構いません．

*2　止まって観察したときと，一定の速度で観察したときとで m や F が変わらないのかは自明ではありません．ニュートン力学では同じだと仮定しています．相対論を考えるとこれが正しくないとわかるのですが，今はニュートン力学という「常識」の範囲で話を進めていますので $m = m'$，$F = F'$ としておきます．

動きながら観測すれば $v' = v - V$ に見える

という合成則を導くような変換を**ガリレイ変換**と呼びます．変換と言ったのは，この計算では止まって観測している人と，動きながら観測している人との間でどのように見えるかという視点の切り替えをしており，視点を切り替えることは座標変換に相当するからです．

ところで，ニュートンの運動方程式はニュートン力学の基礎方程式ですから，

ニュートン力学はガリレイ変換に対して同じ形を保つ

と言えます．ガリレイ変換に対してニュートンの運動方程式が形を変えなかったように，ある変換に対して方程式が形を変えないことを「**共変** (covariant) である」と言います．「不変」とは少し違う言葉なので気をつけてください．

◆ポイント解説：対称性と不変性・普遍性

「誰から見たときの速さなのか？」という問題意識は，「見方を変えても，変わらないものは何か」という問題と直結しています．もし何かしらの現象が，誰か特別な人から見たときにのみ起きることなら，それは普遍な現象ではありません．いわゆる「法則」と呼ばれるものは，さまざまなサンプルを集めてきて，それらに共通する普遍的な規則を抜き出したものです．自然現象の根本に何か法則性があるのなら，それは普遍性のあるものになっているはずで，ある特別な場合にのみ起こることではないでしょう．この点から力学を再定式化したのが解析力学であり，さらにそうした普遍性の背後にある幾何学的な性質と重力の物理とを結びつけたのが一般相対論です．この考え方はゲージ原理へと発展し，素粒子論や宇宙論のさまざまな分野でこの「対称性と不変性・普遍性」という概念は中心的な役割を果たしています．

光速は不変であるべきか

さて，一定の速度で動いている限り，それがどんな大きさの速度であっても私たちの周りで起きる現象は変わらないこと，言い換えれば，ニュートン力学はガリレイ変換に対して共変であることがわかりました．これは私たちの日常経験ともよく合致するわけですが，このガリレイ変換が正しいのであれば，私たちがどんな速度で動いているかによって，光の速度も変化するはずです．

ところが，先に述べたようにこれは実験で否定されました．地球が秒速 30 km という速さで公転していることを利用して，地球の進む向きによって光の速さが変化

する様子を測定しようとしたのですが，変化は見出せなかったのです*1．

秒速30万kmで光を追いかけても，光の速さは秒速30万kmにしか見えないということを式で書くなら

$$30\text{万 km/s} - 30\text{万 km/s} = 30\text{万 km/s} \quad (!?)$$

となってしまいますし，逆に，秒速30万kmで動く台から光を打ち出す様子を止まった状態で見ても，やはり光の速さは秒速30万kmにしか見えないのであれば，こちらは

$$30\text{万 km/s} + 30\text{万 km/s} = 30\text{万 km/s} \quad (!?)$$

という奇妙なことになってしまいます．いくら「実験からそうだとわかった」と言われても，これはどう納得したらよいのでしょう．ここに「自分たちの常識がすべてとは限らない」という落とし穴があります．解決する鍵は，足し方と引き方の変更にあります．「足し算」にもいろいろあったのです．

5.2 特殊相対論における速度の加法則

加え方にもいろいろある

私たちがもっている常識の枠組みを少し広げるために，ちょっと変わった足し算が定義された世界を考えてみましょう．その世界での足し算 $\tilde{+}$ は

$$x \mathbin{\tilde{+}} y = \frac{x+y}{1+\dfrac{xy}{100}} \qquad \cdots\cdots \ (5.9)$$

と定められています．ここで x，y はどちらも0以上で10以下の数としておきます．普通の足し算と区別するために $\tilde{+}$ と書きました．名前も「だし算」とでもしましょう．普通の足し算との違いは，分母の

$$\frac{xy}{100} \qquad \cdots\cdots \ (5.10)$$

があるかないかです．この項がどんな役割を果たすのか，いくつか数字を入れて様

*1 たとえば先に触れたマイケルソンとモーリーによる実験が有名です．彼らは光速の変化を検出しようとしたのではなく，光速の変化を利用して，光が伝わるために必要だと考えられていたエーテルという物質を発見しようとしたのですが，失敗に終わりました．予想と異なりエーテルは見つからず，光の速度は観測者の速度によらずに一定という結論が導かれたのです．

子を見てみましょう．皆さんもぜひ紙と計算機を用意してちょこっと計算してみてください．

まず，1と0を「だし」てみましょう．式(5.9)の定義に従って$x=1$，$y=0$を代入してみると

$$1 \tilde{+} 0 = \frac{1+0}{1+\dfrac{1\cdot 0}{100}} = \frac{1}{1+0} = 1 \qquad \cdots\cdots (5.11)$$

なので，普通の足し算と同じ結果です．

次に，1と2を「だし」てみましょう．式(5.9)の定義に従って$x=1$，$y=2$を代入してみると

$$1 \tilde{+} 2 = \frac{1+2}{1+\dfrac{1\cdot 2}{100}} = \frac{3}{1+\dfrac{2}{100}} = \frac{3}{1.02} \fallingdotseq 2.94 \qquad \cdots\cdots (5.12)$$

となります．普通の足し算ならもちろん$1+2=3$ですが，だし算の場合は$xy/100$という項がついているので，3よりもわずかに小さい値になりました．

では5と5ではどうでしょうか．同じようにしてやってみると

$$5 \tilde{+} 5 = \frac{5+5}{1+\dfrac{5\cdot 5}{100}} = \frac{10}{1.25} = 8 \qquad \cdots\cdots (5.13)$$

となります．5と5を足せば10になるわけですが，5と5を「だす」と8でした．またも10より小さい値になりました．同様に，6と6，7と7などでやってみても

$$6 \tilde{+} 6 \fallingdotseq 8.8 \qquad \cdots\cdots (5.14)$$

$$7 \tilde{+} 7 \fallingdotseq 9.4 \qquad \cdots\cdots (5.15)$$

$$8 \tilde{+} 8 \fallingdotseq 9.8 \qquad \cdots\cdots (5.16)$$

$$9 \tilde{+} 9 \fallingdotseq 9.9 \qquad \cdots\cdots (5.17)$$

$$9.9 \tilde{+} 9.9 \fallingdotseq 9.99949\cdots \qquad \cdots\cdots (5.18)$$

$$9.99 \tilde{+} 9.99 \fallingdotseq 9.99999499\cdots \qquad \cdots\cdots (5.19)$$

となります．どうやっても「だし算」の結果は10を超えないようです．

では，思い切って10と何かを「だし」たらどうなるのでしょうか．たとえば3と10を「だし」てみると

$$3 \tilde{+} 10 = \frac{3+10}{1+\dfrac{3\cdot 10}{100}} = \frac{13}{1.3} = 10 \qquad \cdots\cdots (5.20)$$

となりました．10 に何かを「だし」たのに，10 を超えないのです．ではこの際，両方とも 10 にしたらどうでしょう．

$$10 \tilde{+} 10 = \frac{10+10}{1+\dfrac{10\cdot 10}{100}} = \frac{20}{2} = 10 \qquad \cdots\cdots (5.21)$$

となります．つまり，

$$10 \tilde{+} 10 = 10 \qquad \cdots\cdots (5.22)$$

なのです．どこかでこれと同じような話を聞いた気がしませんか？　そう，光の速さの足し方と同じ話なのです！

だし算が 10 を超えないカラクリは，$xy/100$ があることによって「頭打ち」することにあります．x，y にゼロよりも大きな数字が入ると分母の $xy/100$ もゼロではなくなります．すると分母が 1 よりも大きくなるので，分子の $x+y$ が 1 よりも大きな数で割られることになり，$x+y$ よりも小さな値が出てくるのです．x や y に 10 を入れたときはさらに顕著です．たとえば $x=10$ とすると，y が何であっても

$$10 \tilde{+} y = \frac{10+y}{1+\dfrac{10y}{100}} = \frac{10+y}{1+\dfrac{y}{10}} = \frac{10+y}{\dfrac{10+y}{10}} = 10 \qquad \cdots\cdots (5.23)$$

となります．つまり，x が 10 だと，y に何を入れてもだし算の結果は常に 10 になるのです．

これを光の速度の合成に応用してみましょう．つまり，光の速度を足すときに，だし算で考えることにするのです．光の速度を「だす」ときは，だし算のキモである $xy/100 = xy/10^2$ のところを

$$\frac{xy}{100} \quad \to \quad \frac{xy}{c^2} \qquad \cdots\cdots (5.24)$$

のように，$c = 30$ 万 km/s に変えるだけです．

具体的にやってみます．速度 V で動きながら速度 v' の物体を発射したとき，静止した状態で観測した場合の速度 v をだし算で求めれば

$$v = \frac{v' + V}{1 + \dfrac{v'}{c} \cdot \dfrac{V}{c}} = \frac{v' + V}{1 + \dfrac{v'V}{c^2}} \qquad \cdots\cdots \ (5.25)$$

となります．この合成速度の大きさは光速 c を超えることはありません．この式がどうやって導かれるかは付録 A.2 に譲りますが，光速 c を超えないとか，光の速度を合成しても c のままということがあり得るのは，速度の足し算の仕方が私たちの「常識」とは異なっていたというところに本質があるのです．ただし常識と異なると言っても，その数学的なカラクリは「だし算」という簡単な算数で理解することができるわけです．

特殊相対論における速度の合成則の特徴

ここからは「だし算」的な速度の合成則

$$v = \frac{v' + V}{1 + \dfrac{v'V}{c^2}} \qquad \cdots\cdots \ (5.26)$$

を，ニュートン力学でのガリレイ変換と区別して「特殊相対論における速度の合成則」と呼ぶことにしましょう．

この特殊相対論における速度の合成則は，一見すると私たちの日常感覚とは相容れませんが，実は「常識的な合成則」，すなわちガリレイ変換における速度の合成則がなかに含まれていることがわかります．ポイントは，私たちが日常で見かける物体の速度や，私たち観測者の速度が真空中の光の速度に比べてとても小さいことにあります．

たとえば 100 m を 10 秒で走れる陸上選手でも速度は 10 m/s です．これは光速の 30 万 km/s よりも 7 桁も小さい値です．人工衛星が落下せずに地球の周りを回り続ける速度を**第 1 宇宙速度**と言いますが，その速度でも 8 km/s であり，光速より 5 桁ほど小さい値です．光の速さは圧倒的なのです．

数式でこれを表すなら，式 (5.26) の v' や V が，c より非常に小さいということなので $v', V \ll c$ と書けます．または同じことですが，比をとって

$$\frac{v'}{c} \ll 1, \quad \frac{V}{c} \ll 1 \qquad \cdots\cdots \ (5.27)$$

と書くこともできます．すると式 (5.26) は

$$v = \frac{v' + V}{1 + \dfrac{v'}{c} \cdot \dfrac{V}{c}} \fallingdotseq \frac{v' + V}{1 + 0} = v' + V \qquad \cdots\cdots \ (5.28)$$

と近似できることがわかります．こうして近似して得られた式 (5.28) は，ガリレイ変換における速度の合成則そのものです．つまり，ガリレイ変換に基づく速度の合成則は，物体の速度や観測者の速度が光速に比べてとても小さいときに成り立つ近似式だったのです．私たちの「常識」は，光の速さに比べてずっと遅い動きだけの世界でのみ通用する「ローカルルール」だったということです．

◆ポイント解説：速度の合成則における特殊相対論の効果

特殊相対論における速度の合成則 (5.26) のほうがガリレイ変換に基づく速度の合成則よりも正確であることがわかりましたが，それらのズレは実際どのくらいなのか．具体的な数字を入れて計算してみましょう．

ガリレイ変換における速度の合成則を使えば，時速 60km の車から時速 40 km の球を発射すればその合成速度は時速 100 km ということになりますが，特殊相対論における速度の合成則を使うと，合成速度は光の速度が「秒速 30 万 km= 時速 10 億 8000 万 km」であることを使って

$$v = \frac{v' + V}{1 + \dfrac{v'}{c} \cdot \dfrac{V}{c}} = \frac{60 + 40}{1 + \dfrac{60}{1080000000} \cdot \dfrac{40}{1080000000}} \fallingdotseq 99.999999999999794 \qquad \cdots\cdots \ (5.29)$$

という速さで走っているように見えることがわかります．私たちの経験からは時速 100 km に見えると予想されるけれども，特殊相対論を使って計算すると時速 99.999999999999794 km が正しい値だとわかるのです．

この違いこそ $v'V/c^2$ という項の効果なのですが，「さすが相対論，こんなことがわかるのか！」とは……，おそらくならないですよね．この違い，あまりにも小さすぎます．両者には 2×10^{-15}（500 兆分の 1）しか違いがありません．少なくとも私たち人間がこの違いを体感として感じ取るのは不可能でしょう．このように，私たちが日常で見かける物体の速さや，それを追いかける観測者の速さは真空中の光の速さに比べて十分遅いので，ガリレイ変換と特殊相対論との差は極めて小さくなります．この意味で，ニュートン力学における速度の合成則，すなわちガリレイ変換の式 $v = v' + V$ は，**正確ではないけれど，日常生活では成り立つと考えていて差し支えのない式**なのです．

速度の合成則に限らず，ニュートン力学そのものが，物体の速さが真空中の光の速さに比べて非常に小さいときにしか成り立たない近似理論なのですが，前にも述

べたように，私たちが普段の生活のなかで光に近い速さで動くことはあり得ないので，近似であってもとくに不都合を感じません．たとえば音は私たちの動く速さよりだいぶ速く，空気中では秒速 340 メートル程度ですが，人が走る速さの限界の 30 倍以上速いこの音であっても，光の速さである秒速 30 万 km の 100 万分の 1 程度です．光がいかに速いか，そして特別かということですね．

しかし，v'/c や V/c が非常にゼロに近いと言ってもゼロそのものではないので，この影響を無視するわけにはいかない場合も多々あります．光そのものは当然ですが，電子のように非常に小さい物体が，高いエネルギーをもった場合もそうです．それらは光に近い速さで動くことができるため，v'/c や V/c がそれなりに大きな値になります [*1]．まして光そのものを扱う場合にはニュートン力学は何の予言力ももたず，特殊相対論から導かれる正しい合成則を使うしかありません．

5.3 時空の新しい見方：光速の不変性とローレンツ変換

さて，特殊相対論で考えると速度の合成則がニュートン力学のそれとは異なる形になることを説明してきましたが，ここからは本章の本題，すなわち**特殊相対論における線素**について考えましょう．ヒントになるのは合成則 (5.26) の出どころです．

なぜなら線素は距離や時間に関係する量であり，この章の最初に述べたように速度もまた

$$\text{速度} = \frac{\text{変位}}{\text{時間}} = \frac{\text{空間中をどれだけ動いたか}}{\text{どれだけ時間がかかったか}} \qquad \cdots\cdots (5.30)$$

のように，時間と距離（空間）に直接関係する量だからです．このことをよく考えると，光速が不変になるような速度の合成則をつくることが可能であることがわかります．

光速だとわかりにくいので，簡単のために 10 m/s で動いている車を 4 m/s で追いかけている自転車を考えてみましょう．考えたいのは，

*1 エネルギーと質量の等価性 $E = mc^2$ についてはまだ説明していないのですが，これを使うと，電子などの小さい物体であれば光の速度程度に加速できることがわかります．$E = mc^2$ は静止エネルギーと言い，質量 m [kg] があれば，それは存在するだけでエネルギー mc^2 [J] をもつという意味なのですが，ここに $m = 1\,\mathrm{kg}$ と，真空中の光の速さ $c = 3.0 \times 10^8\,\mathrm{m/s}$ を代入すると，およそ 10^{17} J ものエネルギーになることがわかります．これに対し，体重 $m = 60\,\mathrm{kg}$ の人が $v = 10\,\mathrm{m/s}$ で走っているときの運動エネルギーは $(1/2)mv^2 = 3.0 \times 10^3$ J です．体重 60 kg の人を，光速程度まで加速するには私たちが日常で見かけるエネルギーの 100 兆倍程度のエネルギーを注入しなければいけないということです．到底それはできそうもありませんが，電子であれば質量が $m = 9.1 \times 10^{-31}$ kg と，とても軽いので，その静止エネルギーはおよそ 10^{-13} J 程度のエネルギーです．これなら話はだいぶ違ってきますね．

4 m/s で追いかけているにもかかわらず，車の速度が相変わらず
10 m/s のままに見えるようなことはあるか？

という問題です．たとえば 10 秒間なら車は

$$10\,\mathrm{m/s} \times 10\,\mathrm{s} = 100\,\mathrm{m}$$

進みますが，その間に自転車は

$$4\,\mathrm{m/s} \times 10\,\mathrm{s} = 40\,\mathrm{m}$$

進みますから，自転車から見て車は

$$100 - 40 = 60\,\mathrm{m}$$

だけ進んだことになります．この間が 10 秒**だったならば**，自転車から見た車の速度は

$$\frac{60\,\mathrm{m}}{10\,\mathrm{s}} = 6\,\mathrm{m/s} \qquad \cdots\cdots \ (5.31)$$

となってしまいます．これは，10 m/s を 4 m/s で追いかけたから $10 - 4 = 6$ m/s に見えるという，私たちがよく知っている速度の合成則です．では，どこが違っていたら 10 m/s のままに**見える**ことが起き得るのでしょう？

それにはかかった時間が 10 秒で**なければよい**のです．すなわち

自転車に乗った人が計ったところ，かかった時間が 10 秒ではなく 6 秒だった

ならば，

$$\frac{60\,\mathrm{m}}{6\,\mathrm{s}} = 10\,\mathrm{m/s} \qquad \cdots\cdots \ (5.32)$$

という結論になるのです！　抜け道はここ，すなわち

地上に静止した状態で観測している人から見ると，車や自転車の移動した時間は 10 秒だったが，動いている自転車に乗って観測するとその時間は 6 秒だった

とすれば，自転車に乗った人から見て車の速度は 10 m/s のままということになります．つまり

観測者の運動状態によって，流れる時間の間隔は異なる

ことこそが，特殊相対論的な速度の合成則の本質にあるのです．

実は，ここまでは状況を整理していなかったので，はっきりさせておきましょう．まず大事なことは，観測者は2人いるということです．1人は地上に静止したまま車の動きと自転車の動きを観測しています．もう1人は自転車に乗って動きながら車の様子を観測しています．特殊相対論とはこのように，

静止したまま観測する人と，それに対して一定の速度で動きながら
観測する人との間で，どのように見え方が違うかを明らかにする理論

なのです．

もちろん，ここで言っている「見え方」という言葉の意味は，ある観測者の計った時間が正しくて，もう片方の観測者のほうは「そのように錯覚しているだけ」ということではありません．

明言していませんでしたが，観測者に流れる時間は，それぞれが，自分と一緒に運動している時計で計ります．時間座標も，空間座標も，そのように常に自分に付随したものです．時計はどのような機構のものでもよいのですが，最も単純には，振り子をイメージしてもらえれば十分です．時間を計るためには周期的に運動を繰り返すものであれば何でもよいからです．極端な話，腹時計でも構いません（だいぶ不正確になりそうですが）．実はこの，観測者に付随したもので，周期的に運動を繰り返すものなら何でも時計になり得ることがポイントです．

もし，ある特殊な時計だけが観測に使えるとしたら，自転車で車を追いかけたとき，その時計の進み方がゆっくりになり，その他の計器（たとえばもう一つ時計を持っていたとしたらその時計）の進み方はゆっくりにならないということになります．もしこういうことが起きれば，自転車で追いかける人は，進み方がゆっくりになる特殊な時計を使って，自分が特別な運動をしているとわかることになりますが，このような「自分の運動状態がわかってしまう時計（になり得る物質）」は，少なくとも今のところ見つかっていません．すなわち，自分が地上で静止している人に対して動いているという特別な運動をしていると明らかにできるものはないのです．これを端的にまとめると，

任意の慣性系において，あらゆる物理法則は同じ形で表される

ということになります．どんな速度であっても一定の速度でありさえすれば物理法則には変化がなく，自分が何らかの基準に対して動いていることを知る手立てがないということです．これを**特殊相対性原理**と言います．さらにコンパクトに，

すべての慣性系は等価である

と言うこともできます．この特殊相対性原理と光速の不変性が，特殊相対論の基本原理です．

ガリレイの相対性原理は，あらゆる慣性系においてニュートン力学の法則が同じ形で表されることを主張するものでしたが，特殊相対性原理は，それをすべての物理法則にまで自然に拡張したものになっています．これを認めると，自転車で追いかけながら観測する人が計った時間は，この人にくっついているどんな時計で計ったと考えてもよいことがわかります．あらゆる物理法則が変わらないのですから，自転車に乗って観測する人に流れる時間は，自転車に乗って観測する人に関わるあらゆる物質に，同じペースで，ゆっくり流れます．結果として，自転車に乗って観測する人は自分に流れている時間が，地上で静止して観測している人に比べてゆっくりになっていることもわからないからです．

両者が各々に流れる時間の違いを比較するためには，自転車で追いかけている人がもとの位置まで戻り，地上で静止している人と時計の読みを比べればよいのですが，これについてはp.144のコラムをご参照ください．

位置と時間の変換則を導く

多くの本では，地上で静止している人をS，一定の速度で動きながら観測する人をS$'$と表します．同様に，ある物体を観測したときにSから見た物体の位置と時間をx，t，S$'$から見た物体の位置と時間をx'，t'のように表します．この記号を使うと，静止している観測者Sからは，車は

時間$\Delta t = 10$の間に$\Delta x = 100$だけ変位した

となり，一方，自転車に乗ったS$'$からは車は

時間$\Delta t' = 6$の間に$\Delta x' = 60$だけ変位した

となります．自転車に乗って動きながら観測する人にとっての経過時間$\Delta t'$が，地上で静止して観測する人にとっての経過時間Δtの6割だったらよいわけですが，こ

の「6」という数字，どこから来ているか目星はつくでしょうか．この値は自転車の速度である 4 m/s から来ています．すなわち 6 割とは車の速度 10 m/s と自転車の速度からつくられる

$$1-\frac{4}{10}=\frac{6}{10}=6\,割 \qquad \cdots\cdots \ (5.33)$$

のことです．つまり自転車に乗っている S′ に流れる時間が，地上で静止している S に流れる時間よりも，速度の比の分だけ小さければ，自転車に乗って追いかけても車の速度が変わって見えないことになります．

さて，そもそもこの問題を考えていたのは，光を追いかけても光の速度が変わって見えないとするなら，時間と位置について何が言えるかを明らかにするためでした．この単純な例からわかったのは，

光の速度が不変であるとするなら，静止している観測者と，
それに対して動いている観測者に流れる時間が異なる

ということです．動いている観測者に流れる時間 $\Delta t'$ が，静止している観測者に流れる時間 Δt に比べて小さくなければ，光の速さが一定ということにはならないのです．$\Delta t'$ が小さいということは，静止している観測者に比べ，運動している人にはゆっくり時間が流れるということです．これを「時間の進み方の遅れ」，または少し省略して「**時間の遅れ**」と呼ぶことにしましょう．

このことを数式を使ってもう少し一般的に見ておきましょう．特殊相対論における速度の合成則 (5.26) の式を v' について解くと

$$v'=\frac{v-V}{1-\dfrac{vV}{c^2}} \qquad \cdots\cdots \ (5.34)$$

となります．これは地上から見て速度 v で動いている物体を，一定の速度 V で追いかけながら観測した場合に得られる合成速度を特殊相対論に基づいて考えたものです．これまでと同じように，日常生活の範囲では vV/c^2 の項はとても小さいため，

$$v'=\frac{v-V}{1-\dfrac{vV}{c^2}}\fallingdotseq v-V \qquad \cdots\cdots \ (5.35)$$

のように近似すれば，「速度 v で動いている物体を速度 V で追いかけた場合には

$v-V$ に見える」という馴染みのある式が得られます．

ここで，式 (5.34) に出てくる v，v' はそれぞれ

$$v = \text{地上で静止した人が観測する物体の速度} = \frac{\Delta x}{\Delta t} \quad \cdots\cdots \ (5.36)$$

$$v' = \text{動きながら観測した場合の物体の速度} = \frac{\Delta x'}{\Delta t'} \quad \cdots\cdots \ (5.37)$$

であることに注意しましょう．すると式 (5.34) は詳しく書けば

$$v' = \frac{v-V}{1-\dfrac{vV}{c^2}} \quad \Leftrightarrow \quad \frac{\Delta x'}{\Delta t'} = \frac{\dfrac{\Delta x}{\Delta t}-V}{1-\dfrac{\Delta x}{\Delta t}\dfrac{V}{c^2}} = \frac{\Delta x - V\Delta t}{\Delta t - \dfrac{\Delta x}{c}\dfrac{V}{c}} \quad \cdots\cdots \ (5.38)$$

という式であることがわかります．最後の式変形では分母分子を Δt 倍しました．式 (5.38) の一番最後の式を見ると，分子は

$$\begin{aligned}\Delta x' &= \text{動きながら観測している人から見た物体の変位}\\ &= \Delta x - V\Delta t\\ &= \text{動きながら観測している人と物体との距離}\end{aligned}$$

であり，分母は

$$\begin{aligned}\Delta t' &= \text{動いている人が計る時間間隔}\\ &= \Delta t - \frac{\Delta x}{c}\frac{V}{c}\\ &= (\text{静止している人が計る時間}) - (\text{動いている分だけ生じる時間の流れ方のズレ})\end{aligned}$$

となっています．この分母の式に V/c という項がありますが，これは $V=4$，$c=10$ ならば $V/c=0.4$ となり，ここから先ほどの「6 割 $=0.6=1-0.4$」という数字が出てきたのです．

さらにもう少し突っ込んで考えると，式 (5.38) から

$$\Delta x' : \Delta t' = (\Delta x - V\Delta t) : \left(\Delta t - \frac{\Delta x}{c}\frac{V}{c}\right) \quad \cdots\cdots \ (5.39)$$

という比の関係がわかるので，比例定数を γ とし，少し書き直して

$$\begin{aligned}\Delta x' &= \gamma(\Delta x - V\Delta t)\\ \Delta t' &= \gamma\left(\Delta t - \frac{V}{c^2}\Delta x\right)\end{aligned} \quad \cdots\cdots \ (5.40)$$

という関係が予想できることまでわかります．このγも付録A.2にあるように導出することができ，

$$\gamma = \frac{1}{\sqrt{1-\beta^2}}, \quad \beta = \frac{V}{c} \qquad \cdots\cdots \ (5.41)$$

と決まります．γは**ローレンツ因子（ローレンツファクター）**と言い，ニュートン力学と特殊相対論との差異を表す物理量です．また，この式 (5.40) を**ローレンツ変換**と言います．これは静止した状態の人が観測する物体の位置と時間x，tと，一定の速度Vで動きながら観測した場合の物体の位置・時間x'，t'とを結びつける変換です．

ローレンツ変換の式はもう少し見やすい形に書き直すことができます．ΔxとΔtとでは単位が違うので，時間のほうをc倍して$c\Delta t$とし，両方とも長さを表す物理量に変更すると

$$\begin{aligned} \Delta x' &= \gamma(\Delta x - V\Delta t) = \gamma\left(\Delta x - \frac{V}{c}c\Delta t\right) \\ c\Delta t' &= \gamma\left(c\Delta t - \frac{V}{c}\Delta x\right) \end{aligned} \qquad \cdots\cdots \ (5.42)$$

となり，Δx，$c\Delta t$について対称性のよい形になります．さらに，5.4節で解説する行列とベクトルという数学的道具を使うと

$$\begin{pmatrix} c\Delta t' \\ \Delta x' \end{pmatrix} = \begin{pmatrix} \gamma & -\beta\gamma \\ -\beta\gamma & \gamma \end{pmatrix} \begin{pmatrix} c\Delta t \\ \Delta x \end{pmatrix} \qquad \cdots\cdots \ (5.43)$$

のようにすっきり表現することもできます．ここで，相対論の慣習で時間座標を位置座標より上に書きました．

さらに行列の性質を用いて

$$\begin{pmatrix} c\Delta t \\ \Delta x \end{pmatrix} = \begin{pmatrix} \gamma & \beta\gamma \\ \beta\gamma & \gamma \end{pmatrix} \begin{pmatrix} c\Delta t' \\ \Delta x' \end{pmatrix} \qquad \cdots\cdots \ (5.44)$$

と式変形することもできます．これもローレンツ変換の表式の一つです．

ローレンツ変換が意味するもの（その1）：ローレンツファクター

ローレンツ変換は，ニュートン力学で出てきたガリレイ変換とはどのように異なるのでしょうか．まずはローレンツ因子γから考えてみましょう．

$$\gamma = \frac{1}{\sqrt{1-\beta^2}} = \frac{1}{\sqrt{1-\left(\dfrac{V}{c}\right)^2}} \qquad \cdots\cdots \ (5.45)$$

なので，この値はどれだけの速度で動きながら物体を観察するか，つまり V に依存する量です．V が c 以下ならば

$$1 \leq \gamma \leq \infty \qquad \cdots\cdots \ (5.46)$$

です．

$V=0$ のとき，つまり静止した状態で観察した場合には $\gamma=1$ となり，ニュートン力学に完全に一致します．逆に，V が光の速さ c に近づくにつれて γ は大きくなり，$V \to c$ の極限では無限大となります．このように γ が 1 よりも大きければ大きいほど，ニュートン力学ではなく，特殊相対論で考えなければ正しい結論が得られないことになります．

ところで，$V>c$ ならばどうなるのでしょうか．その場合はルートの中身が負になり，γ が純虚数になります [*1]．そこから「純虚数は非現実的なので，$V>c$ ということはない」と言いたくなりますが，それはあくまで数式上のことですので，実際には $V>c$ だとどうなるかを物理的に考察しなくてはいけません．本書では詳細には触れませんが，$V>c$ を許すと，観測者によっては因果関係が逆転することも許してしまいます．そうしたことから，物理的な理由で $V>c$ というケースは排除すべきだと考えられています．本書でもこれ以降 V は c 以下に限って考えます．

ローレンツ変換が意味するもの（その 2）：ガリレイ変換との違い

次に，V が光速 c に比べて十分小さい極限を考えてみましょう．ローレンツ変換の式から $\Delta t'$ は

$$c\Delta t' = \gamma(c\Delta t - \beta\Delta x) \quad \Leftrightarrow \quad \Delta t' = \gamma\left(\Delta t - \frac{V}{c^2}\Delta x\right) \fallingdotseq \Delta t$$
$$\to \quad t' \fallingdotseq t \qquad \cdots\cdots \ (5.47)$$

---

*1　2 乗するとマイナスになる数のことを純虚数と言います．2 乗して -1 になる数は i と書き，i のことを虚数単位と言います．$i^2=-1$，$(2i)^2=-4$ のようになります．

自然界に存在する数は 2 乗すると 0 以上になりますが，それらは実数と言います．$2+3i$ のように，実数と純虚数を組み合わせてつくられる数を複素数と言い，物理や数学で頻繁に顔を出します．たとえば，ミクロの世界を記述する学問である量子力学では，粒子の存在状態を表す波動関数は複素数でないと書けないことがわかっています．

となります．つまり，静止している観測者に流れる時間 t と，速度 V で動きながら観測している人に流れる時間 t' とは，近似的に同じだということです[*1]．私たちの日常の感覚と一致する結果です．

次に Δx の式からは

$$\Delta x' = \gamma(-\beta c\Delta t + \Delta x) \quad \Rightarrow \quad \Delta x' = \gamma(-V\Delta t + \Delta x)$$
$$\rightarrow \quad x' = x - Vt \qquad \cdots\cdots \ (5.48)$$

が得られます[*2]．これは，速度 V で動きながら物体の位置を観測した場合に，その座標値 x' が静止した人が測った座標値 x から，動いた距離 Vt の分だけずれることを表す式であり，こちらも私たちの日常の感覚，すなわちガリレイ変換から導かれる x と x' の関係に一致しています．

先に，ニュートン力学は特殊相対論を，V が光速より十分小さいと近似したものであると述べましたが，その現れとして，ガリレイ変換はローレンツ変換で $V/c \to 0$ の極限をとったものであることがわかりました．

ローレンツ変換が意味するもの（その3）：時間と空間が混ざるということ

ガリレイ変換では，どのような速度で物体の動きを観測しようが，時間の流れ方が変わるということはありませんでした．しかしローレンツ変換 (5.44) を見ると，ある観測者が観察する物体の時間 t や位置 x が，別の観測者が観察する時間 t' と x' が混じった式で表されていることがわかります．とくに注目すべきなのは時間で，観測者がどんな速度で動きながら観察するか，つまり運動の状態に応じて流れる時間までもが変わります．運動状態に応じて流れる時間が変わるということは，人それぞれで時間の流れ方が違うということです（車を自転車で追いかける人と，それを地上で静止したまま観測する人の例を思い出してください）．

流れる時間がどのくらい違うのか，具体的に見てみましょう．ローレンツ変換の式で

$$c\Delta t = \gamma(c\Delta t' + \beta\Delta x') \qquad \cdots\cdots \ (5.49)$$

に注目してください．

---

*1 時間の経過の仕方が同じであること（つまり $\Delta t' = \Delta t$）と，時間が同じであること（つまり $t' = t$）とは必ずしも同じことではありませんが，ここでは $t = 0$ で $t' = 0$ という状況を考えることにします．すると，$\Delta t' = \Delta t$ であれば，$t' = t$ となります．

*2 t，t' と同様に，$t = t' = 0$ で $x = x' = 0$ であるという状況を考えることにします．

簡単な例として，速度 V で動く台の上に球が置いてあるとしましょう．台から見れば球は動いていないので，球の変位は $\Delta x' = 0$ です．これを式 (5.49) に代入すると

$$\Delta t = \gamma \Delta t' \qquad \cdots\cdots \quad (5.50)$$

であるとわかります．つまり，静止している人に流れる時間 Δt と，動く台の上で流れる時間 $\Delta t'$ は γ 倍だけ違うということです．γ は 1 より大きいので，常に静止している人のほうがよりたくさん時間が経過することになります．

先にも述べたように，このことを「運動している人に流れる時間は遅れる」ということがあります．この表現はちょっとわかりにくいのですが，同じ現象を観察しているのに，動いている人のほうが時計がゆっくり進む，つまりあまり時間が経たないということです．どんな球も時間の経過とともに劣化してやがて壊れるでしょうが，静止していた場合より，台に乗せて動かしていたほうが，同じ球でも劣化しにくいことになります（もちろん向かい風だの何だのの効果は無視した場合ですが）．

◆ポイント解説：人類全体としての進化

たとえば寿命は人それぞれ違いますが，ここで言っているのはもちろんそういう意味ではありません．誰にとっても，そして宇宙のどこであっても，時間は同じように時を刻んでいると思っていたのにそうではなかったということです．時間とは意外にもダイナミックに動き得るものであるということは，おそらく当時の人にとってはかなりの衝撃だったのではないでしょうか．

すでに相対性理論が誕生し，その正しさが認められている時代に生まれている私たちからすると，相対論が現れたときに衝撃を感じた人の気持ちを想像することは難しいかもしれません．これは量子力学が誕生したときの状況も同じです．私の世代からすると，iPhone や iPad なんかにはいちいち驚いてしまいますが，私の子どもたちにとっては生まれたときからそれらはあるので，何とも思わないようです．そうしたことと同じなのでしょう．そして，生まれたときから新しい理論が当たり前に存在していた新世代が，その新しい理論をさらに発展させて次の理論をつくっていくのです．人類というのはこうして全体が一つの生物であるかのように進化を遂げてきたのでしょう（それが「進歩」であるかどうかはわかりませんが……）．

観測者ごとに時間の進み方が変わることを直感的に理解するのはとても難しいことです．日常でそういったことを見かけない以上，どうしようもありません．少し

でもその感覚を「身につける」には多くの具体例に当たるしかありませんが，その例の一つを p.123 のコラムに取り上げましたので参考にしてください．

ローレンツ変換が意味するもの（その4）：ローレンツ収縮

時間と空間が混ざることによって「時間の進み方の遅れ」という現象が起きることがわかりました．これは，時間と空間は切り離して考えることができない量であることを示しています．さらに進んで考えると，「時間の流れ方が観測者ごとに異なるのなら，空間にも同様に観測者ごとの変化が起きるのでは？」という気もしてきます．これは実際にそうで，運動している物体の長さを静止した状態で測ると，運動している物体と一緒に動きながら測ったときよりも短く観測されます．この現象を**ローレンツ収縮**と言います．

具体的にどのくらいに縮むかを式で表すと，もともとの長さが L' の棒が速さ V で動く場合，棒と一緒に動く人からしたら棒は静止して見えるので，長さは L' のままですが，静止した人から見ると棒の長さが

$$L = L'\sqrt{1-\left(\frac{V}{c}\right)^2} = \frac{L'}{\gamma} \qquad \cdots\cdots \ (5.51)$$

のように $1/\gamma$ 倍に縮んで見えます．この式の出どころは付録 A.3 に譲りますが，縮むことを直感的に理解するのは難しくありません．

今，トンネルの長さがどのくらいかを測りたいとしましょう．電車でトンネルに入ったとき，なかなかトンネルから抜け出せなければ「長いトンネルだなあ」と思うでしょうし，すぐにトンネルから抜け出たら「短いトンネルだな」と思うでしょう．このとき，「動きながら観測しているあなたの時間は，静止している人に比べてゆっくり流れている」ということを思い出してください．つまり特殊相対論的効果によって，トンネル内であなたに流れる時間は止まっている人よりもゆっくりしているのです．たとえば，あなたがトンネルに入ってから出てくるまで外の人には 10 秒間に見えたとしても，あなたには 8 秒間しか経っていないといったことが起きるのです．止まっている人よりも，トンネルを抜けるまでの時間が短いということは，あなたは「短いトンネルだったな」と感じるわけですから，それはあなたにとってトンネルが縮んで観測されるということを意味します．あなたからするとトンネルは動いているわけで，その長さが縮んで見えるのです．このように長さや距離という概念までも，観測する人の運動状態によって変わってしまうことが，特殊相対論

の帰結なのです．

コラム――運動による時間の遅れ

p.120 ではローレンツ変換をもとに，運動している人と静止している人とで時間の進み方がずれることを導きましたが，ここでは光速が一定であることがどのように効いて，そんな結論が導かれるのかを見てみましょう．三平方の定理を使うだけで簡単に計算できますので，ぜひ皆さんもご自身で計算を追ってみてください．

今，高さ h の箱に入っている人と，それを外から見ている人がいるとします．この箱の底には光を発射する装置がついていて，さらに天井に鏡があり，箱の底から発射された光は天井で反射されて箱の底に跳ね返ってくるようになっています．この箱は水平に動くようになっていて，一定の速さ V で動くとしてください．さて，動く箱のなかで光が発射され，天井で反射して跳ね返ってくるこの出来事が一体何秒かかるか，2 人がそれぞれ自分の持っている時計で計ります．先ほども出てきましたが，相対論では静止している人を S，それに対して動いている人を S′ とすることが多いので，ここでも箱を外から見ている人を S，箱に乗って一緒に動いている人を S′ と呼ぶことにします．

箱に乗っている S′ の観察では光は箱のなかを往復するだけですから，

往復距離 $2h$ を，速さ c で進むだけ

ということで，光の往復時間は

$$\Delta t' = \frac{2h}{c} \qquad \cdots\cdots (5.52)$$

と計測されるでしょう．

では，静止している S がこの現象を測るとどうなるのでしょうか．まず，S から

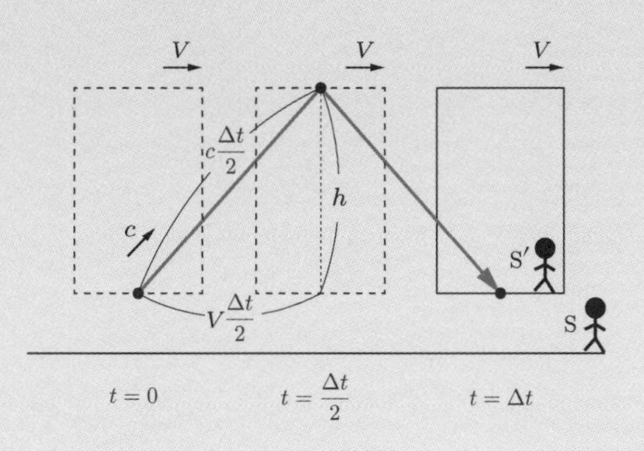

見ると光は真上に進むようには見えないことに注意します．なぜなら，光を発射したときからずっと同じ一定の速さ V で箱が図のように右へ動いているからです．

Sから見て，光が箱の底に帰ってきた時刻を Δt とすると，ちょうどその半分の時間である $\Delta t/2$ に，光は箱の天井に届くはずです．図のように，Sの視点，つまり箱の外の視点からすると光はまず右上に進み，時刻 $\Delta t/2$ で反射して，右下へ進むことになります．時刻 $\Delta t/2$ の間に，箱は右方向へ距離

$$\text{横への速さ} \times \text{かかった時間} = V \times \frac{\Delta t}{2} \qquad \cdots\cdots (5.53)$$

だけ進みます．三平方の定理を使うと，右上方向に光が進んだ距離は

$$L = \sqrt{(\text{箱の高さ})^2 + (\text{箱が横に進んだ距離})^2} = \sqrt{h^2 + \left(\frac{V\Delta t}{2}\right)^2} \qquad \cdots\cdots (5.54)$$

であるはずです．この距離を光の速さで割ればかかった時間，すなわち $\Delta t/2$ に一致するはずです．さてここが重要です．光の速さは光源の運動状態，つまりここでは箱の速さ V に関係なく c のままであると考えるのが特殊相対論の基本原理です．そのため，

$$\frac{\Delta t}{2} = \frac{L}{c} = \frac{\sqrt{h^2 + \left(\frac{V\Delta t}{2}\right)^2}}{c} \qquad \cdots\cdots (5.55)$$

のように，速さは c を使わなければいけません．

この式ですが，ルートがあるので2乗してルートを外しましょう．するとこの式の左辺と一番右の辺は

$$\frac{\Delta t^2}{4} = \frac{h^2 + \frac{V^2\Delta t^2}{4}}{c^2} \qquad \cdots\cdots (5.56)$$

となります．この後の式変形を少し丁寧に書きます．ぜひここからの式変形はご自身で確かめていただくことをお勧めします．私たちは特殊相対論が必要となるほどの速さで走ることができないので，相対論の世界に実感をもつためにはさまざまな計算を行い，数式を通じてそれを味わう以外にはうまい手があまりないからです．

さて，式 (5.56) の両辺を $4c^2$ 倍すると，

$$4c^2 \cdot \frac{\Delta t^2}{4} = 4c^2 \cdot \frac{h^2 + \frac{V^2\Delta t^2}{4}}{c^2} \quad \Leftrightarrow \quad c^2\Delta t^2 = 4\left(h^2 + \frac{V^2\Delta t^2}{4}\right)$$

$$\Leftrightarrow \quad c^2\Delta t^2 = 4h^2 + V^2\Delta t^2$$

$$\Leftrightarrow \quad (c^2 - V^2)\Delta t^2 = 4h^2 \quad \cdots\cdots (5.57)$$

となります．よって

$$\Delta t^2 = \frac{4h^2}{c^2 - V^2} \quad \cdots\cdots (5.58)$$

$$\therefore \quad \Delta t = \sqrt{\frac{4h^2}{c^2 - V^2}} = \frac{2h}{\sqrt{c^2 - V^2}} \quad \cdots\cdots (5.59)$$

が得られます．これが，この現象にかかった時間を箱の外にいる S が計った結果です．これを先ほど計算した，箱と一緒に動く S′ が計った結果と比べてみましょう．

$$\Delta t' = \frac{2h}{c} \quad \cdots\cdots (5.60)$$

$$\Delta t = \frac{2h}{\sqrt{c^2 - V^2}} \quad \cdots\cdots (5.61)$$

となっています．明らかに二つが異なりますが，どのくらい違うかをわかりやすくするため Δt を少し変形します．ルートの性質を使えば，

$$\Delta t = \frac{2h}{\sqrt{c^2 - V^2}} = \frac{2h}{\sqrt{c^2\left(1 - \dfrac{V^2}{c^2}\right)}}$$

$$= \frac{2h}{\sqrt{c^2}\sqrt{\left(1 - \dfrac{V^2}{c^2}\right)}} = \gamma\frac{2h}{c} \quad \cdots\cdots (5.62)$$

となります．この結果と式 (5.60) とを比較すると，

$$\Delta t = \gamma\,\Delta t' \quad \cdots\cdots (5.63)$$

のように，やはり γ の分だけ異なることがわかります．γ 因子は常に 1 より大きい値でしたから，

$$\Delta t' < \Delta t \quad \cdots\cdots (5.64)$$

であり，**外で静止している人に流れる時間のほうが長い**ことがわかります．これまでに得たのと同じ結果です．

文字式ばかりではわかりにくいので，具体的に数値を入れてみましょう．箱が右に動く速さを時速 36 km にしてみます．時速 36 km は秒速に直すと 10 m なのでキリがいいのです．実際，

$$1\,\text{時間} = 60\,\text{分} = 60 \times 60\,\text{秒} = 3600\,\text{秒} \qquad \cdots\cdots (5.65)$$

ですから，1 秒で 10 m 進むのなら 1 時間では

$$10\,\text{m} \times 3600\,\text{秒} = 36000\,\text{m} = 36\,\text{km} \qquad \cdots\cdots (5.66)$$

です．実はこの値，キリがよいだけではありません．秒速 10 m ということは 100 m 進むのには 10 秒かかる速さですから，陸上の 100 m 走の世界記録がこのくらいということです．人間で最も足が速い人たちは時速 36 km くらいで走っているのですね．

さて，箱の速さが $V = 10\,\text{m/s}$，光の速さが $c = 3.0 \times 10^8\,\text{m/s}$ ですから，ローレンツ因子の値は

$$\begin{aligned}\gamma &= \frac{1}{\sqrt{1-\left(\dfrac{V}{c}\right)^2}} = \frac{1}{\sqrt{1-\left(\dfrac{10}{3.0\times10^8}\right)^2}} \\ &= \frac{1}{\sqrt{1-\left(\dfrac{1}{3.0\times10^7}\right)^2}} = \frac{1}{\sqrt{1-\dfrac{1}{9.0\times10^{14}}}} \qquad \cdots\cdots (5.67)\end{aligned}$$

となります．この値ですが，計算機を使って求めてみると

$$\gamma = 1.0000000000000007\ldots \qquad \cdots\cdots (5.68)$$

となるのですが，皆さんはこの値を見てどう思われるでしょうか．ほとんど $\gamma = 1$ と言っても差し支えない値ではないでしょうか．1 とのズレが生じるのは小数第 16 位からです．そこまでは 1 とのズレはまったくなし．前に計算した「特殊相対論に基づく速度の合成」と同じく，このズレは極めて小さいのです．

とはいえ，どんなに小さなズレでも積み重なればいずれ大きくなります．「雨だれ石を穿つ」ではありませんが，見た目にはわからないほどの小さな変化でも，いずれは蓄積したその変化が現れてくるはずです．今回の例であれば，箱のなかで観測したときに往復にかかる時間が $\Delta t' = 10^{16}$ 秒だったらどうでしょう．この場合のずれは

$$\begin{aligned}\Delta t - \Delta t' &= \gamma\,\Delta t' - \Delta t' \\ &= (\gamma - 1)\Delta t' \fallingdotseq 0.0000000000000007 \times 10^{16} = 7 \qquad \cdots\cdots (5.69)\end{aligned}$$

です．つまり，10^{16} 秒ほど観測し続ければ両者の測定時間に 7 秒の差が生じるということです．7 秒のずれなら私たちの時計でも計れそうですが，もちろんこれもあまり現実味がありません．なぜなら測定時間の 10^{16} 秒とは，3 億年くらいだからです．これも実際に確認してみましょう．1 年を秒に直すと，

$$
\begin{aligned}
1\,年 &= 365\,日 = 365 \times 24\,時間 \\
&= 365 \times 24 \times 60\,分 = 365 \times 24 \times 60 \times 60\,秒 \\
&= 3.1536 \times 10^7\,秒
\end{aligned}
\qquad \cdots\cdots \quad (5.70)
$$

です．1億は 10^8 ですから，

$$
\begin{aligned}
3\,億年 &\fallingdotseq 3 \times 3 \times 10^7 \times 10^8\,秒 \\
&= 9 \times 10^{15}\,秒 \fallingdotseq 10^{16}\,秒
\end{aligned}
\qquad \cdots\cdots \quad (5.71)
$$

となることがわかります．

さて，3億年くらい計っていたらようやく両者の時計に7秒のズレが生じることがわかったのですが，「そんな差なんかどうでもいいよ」と言いたくはならないでしょうか．しかも，観測した時間が3億年だったということは，箱が異常に長いことになりますよね．何しろ光が往復するのに3億年かかるわけですから，光の速さで片道1億5000万年かかるということです．渦巻き銀河の直径が10万光年程度（光の速さで10万年かかるくらいの距離）ですから，その1500倍です．そんな背の高い箱，一体何で出来ているのでしょう．そんな箱は当然存在しません（たぶん）．

ではもう少しニュートン力学との差がはっきりするくらいの例ということで，光の30%で動く箱があるとしましょう．なかなかの速さですが，現実のテクノロジーとの折り合いはひとまず置いておきます．30%は0.3ですから，この場合のローレンツ因子は

$$
\gamma = \frac{1}{\sqrt{1 - \left(\dfrac{0.3c}{c}\right)^2}} \fallingdotseq 1.05 \qquad \cdots\cdots \quad (5.72)
$$

となります．ということは $\Delta t' = 100$ 秒ならば Δt との差は

$$
\Delta t - \Delta t' = 100 \times (1.05 - 1) \fallingdotseq 5\,秒 \qquad \cdots\cdots \quad (5.73)
$$

です．100秒に対し，5秒は5%ですので，これはあまり小さくはない値です（観測的にそうなのはもちろんですが，私たちの感覚的にもそうではないでしょうか．消費税が5%か8%か，はたまたゼロかでは大違いです）．

この結果からすると，動く箱に入っているS′の時計は外にいるSに比べて進んでいないことになるので，「S′の寿命が延びた」という言い方をすることがあります．たった5秒の差ではあまり寿命が延びたという言い方にふさわしくありませんが，運動を長く続けたり，動く速さを光の速さに近づけたりしていけば，どんどんそのズレは大きくなってきます．箱の進む速さをどんどん光速 c に近づけていけば，γ はさらに大きくなり，観測者ごとの時間のズレも大きくなっていきます．もし $V = c$

で，つまり光の速さで箱が進んだ場合は，$\gamma = \infty$ となります．運動している人の時間 $\Delta t'$ について解けば

$$\Delta t' = \frac{1}{\gamma}\Delta t \to 0 \quad (\gamma \to \infty) \qquad \cdots\cdots (5.74)$$

となります．つまり，光の速さで進む人（または光そのもの）はまったく歳をとらないということなのです．

5.4 特殊相対論の式をすっきりと表すために：行列

この節では「時間と空間が関係する様子」をすっきりと表すために，行列とベクトルを積極的に使ってみましょう．

これまで何度か，物体の位置はデカルト座標と極座標のどちらでも表すことができ，それらは座標変換によって切り替えられることを説明しました．この章で考察している「速度一定で動きながらモノを見る」という視点の変換もまた，一定の速度で動く座標に変更するという座標変換です．

座標が変換する様子は，数学的には**位置ベクトル**に**行列**という量を掛け算することで表現できます．第6章で詳しく述べますが，位置ベクトルとは，座標原点を始点とし，物体の位置を終点とするベクトルです．座標原点から物体に向かって引かれた矢印をイメージしてもらえればよいでしょう．たとえば物体の位置がデカルト座標で (x, y, z) のとき，位置ベクトル $\boldsymbol{r}$ を

$$\boldsymbol{r} = (x, y, z) \qquad \cdots\cdots (5.75)$$

と表して，x，y，z のことを位置ベクトルの成分と呼びます．位置ベクトルの成分は使う座標によって変化しますが，それについても第6章以降で詳しく述べます．

さて，行列は一見するとただ数字を並べて書いただけのものなのですが，足し算・引き算・掛け算のやり方が決められています．とくに掛け算のルールが特徴的で，行列の性質を決める中心的な役割を果たします．ただその計算ルールは少々ややこしいので，順を追って説明しましょう．すでに行列の計算に慣れている方はp.134まで読み飛ばしていただいて構いません．

行列の定義

行列とは，下の例のように長方形状にいくつかの値を並べて書いたものです．

$$\begin{pmatrix} 1 & 2 \\ 3 & 4 \end{pmatrix},\ \begin{pmatrix} 0 & -1 & 5 \\ 2 & -3 & 0 \\ 10 & -1 & 0 \end{pmatrix},\ \begin{pmatrix} 1 \\ 2 \\ 5 \end{pmatrix},\ (x\ \ y\ \ z),\ \begin{pmatrix} -1 & 0 & 0 & 0 \\ 0 & 1 & 0 & 0 \\ 0 & 0 & 1 & 0 \\ 0 & 0 & 0 & 1 \end{pmatrix} \quad \cdots\cdots \ (5.76)$$

ここで，各値のことを**成分**と言います．横の並びを行と言い，上から第 1 行，第 2 行，…，と呼びます．また，縦の並びを列と言い，左から第 1 列，第 2 列，…，と呼びます．m 個の行と n 個の列からなる行列のことを $m \times n$ 行列と言います．また，第 i 行，第 j 列にある成分は (i, j) 成分と言います．(i, j) 成分を

$$\begin{pmatrix} A_{11} & A_{12} & \cdots & A_{1j} & \cdots & A_{1n} \\ A_{21} & A_{22} & \cdots & A_{2j} & \cdots & A_{2n} \\ \vdots & \vdots & \ddots & \cdots & \cdots & \vdots \\ A_{i1} & A_{i2} & \cdots & A_{ij} & \cdots & A_{in} \\ \vdots & \vdots & \cdots & \cdots & \ddots & \vdots \\ A_{m1} & A_{m2} & \cdots & A_{mj} & \cdots & A_{mn} \end{pmatrix} \quad \cdots\cdots \ (5.77)$$

のように，A_{ij} と書くことがよくあります．たとえば式 (5.76) にあげた行列のうち，二つ目の行列の 10 は $(3, 1)$ 成分です．

さて，こうやって数を並べただけではただの表にすぎないのですが，ここに足し算や掛け算などの計算ルールを課すことで，行列が極めて役立つ数学的道具になります．前章で説明したように，物理ではベクトルでもって物体の状態を表すわけですが，行列ではその「状態の変化」を表すことができます．そうした変化は数学的には，

行列をベクトルに掛け算する

ことで表現できます．

[新しい状態] = [変化の原因] × [最初の状態]

↕

[新しいベクトル] = [行列] × [最初のベクトル]

というイメージです．

行列の計算ルール

2×2 行列を例にとって，行列の計算ルールを説明します．二つの 2×2 行列

$$\begin{pmatrix} a & b \\ c & d \end{pmatrix}, \quad \begin{pmatrix} e & f \\ g & h \end{pmatrix}$$

を考えます．まず行列の足し算と引き算ですが，これはとてもシンプルで，同じ位置にある成分同士を足したり引いたりするだけです．つまり

$$\begin{pmatrix} a & b \\ c & d \end{pmatrix} + \begin{pmatrix} e & f \\ g & h \end{pmatrix} = \begin{pmatrix} a+e & b+f \\ c+g & d+h \end{pmatrix} \qquad \cdots\cdots \ (5.78)$$

$$\begin{pmatrix} a & b \\ c & d \end{pmatrix} - \begin{pmatrix} e & f \\ g & h \end{pmatrix} = \begin{pmatrix} a-e & b-f \\ c-g & d-h \end{pmatrix} \qquad \cdots\cdots \ (5.79)$$

と定義されています．数字を使った具体例では

$$\begin{pmatrix} 1 & 2 \\ 3 & 4 \end{pmatrix} + \begin{pmatrix} -1 & 3 \\ 5 & 8 \end{pmatrix} = \begin{pmatrix} 0 & 5 \\ 8 & 12 \end{pmatrix} \qquad \cdots\cdots \ (5.80)$$

のようになります．もう少し一般的な式を $m \times n$ 行列で書くと，

$$\begin{pmatrix} A_{11} & A_{12} & \cdots & A_{1n} \\ A_{21} & A_{22} & \cdots & A_{2n} \\ \vdots & \vdots & \ddots & \vdots \\ A_{m1} & A_{m2} & \cdots & A_{mn} \end{pmatrix} \pm \begin{pmatrix} B_{11} & B_{12} & \cdots & B_{1n} \\ B_{21} & B_{22} & \cdots & B_{2n} \\ \vdots & \vdots & \ddots & \vdots \\ B_{m1} & B_{m2} & \cdots & B_{mn} \end{pmatrix}$$

$$= \begin{pmatrix} A_{11} \pm B_{11} & A_{12} \pm B_{12} & \cdots & A_{1n} \pm B_{1n} \\ A_{21} \pm B_{21} & A_{22} \pm B_{22} & \cdots & A_{2n} \pm B_{2n} \\ \vdots & \vdots & \ddots & \vdots \\ A_{m1} \pm B_{m1} & A_{m2} \pm B_{m2} & \cdots & A_{mn} \pm B_{mn} \end{pmatrix} \qquad \cdots\cdots \ (5.81)$$

のようになります．ここで $\pm$ を使い，足し算と引き算をまとめて書きました．なお，同じ位置にある成分同士を足したり引いたりするため，$m \times n$ 行列同士のような，同じタイプの行列でしか足し算・引き算は定義できません．

次に行列の掛け算ですが，これは少々複雑で，2×2 行列なら

$$\begin{pmatrix} a & b \\ c & d \end{pmatrix} \times \begin{pmatrix} e & f \\ g & h \end{pmatrix} = \begin{pmatrix} a & b \\ c & d \end{pmatrix} \begin{pmatrix} e & f \\ g & h \end{pmatrix} = \begin{pmatrix} ae+bg & af+bh \\ ce+dg & cf+dh \end{pmatrix}$$

と定義されています．たとえば掛けた結果の行列の第 $(1,1)$ 成分は $ae+bg$ ですが，

これは一つ目の行列の第1行にある各成分 a，b と，二つ目の行列の第1列にある各成分 e，g を掛けて足したものからできています．つまり，掛けた結果の行列の (i,j) 成分は，一つ目の行列の第 i 行にある

$$(A_{i1},\, A_{i2}, \cdots) \qquad \cdots\cdots \ (5.82)$$

と，二つ目の行列の第 j 列にある

$$\begin{pmatrix} B_{1j} \\ B_{2j} \\ \vdots \end{pmatrix} \qquad \cdots\cdots \ (5.83)$$

から

$$A_{i1}B_{1j} + A_{i2}B_{2j} + \cdots \qquad \cdots\cdots \ (5.84)$$

のようにつくられます．この定義から，一般に $m \times \ell$ 行列

$$A = \begin{pmatrix} A_{11} & A_{12} & \cdots & A_{1\ell} \\ A_{21} & A_{22} & \cdots & A_{2\ell} \\ \vdots & \vdots & \ddots & \vdots \\ A_{m1} & A_{m2} & \cdots & A_{m\ell} \end{pmatrix} \qquad \cdots\cdots \ (5.85)$$

と $\ell \times n$ 行列

$$B = \begin{pmatrix} B_{11} & B_{12} & \cdots & B_{1n} \\ B_{21} & B_{22} & \cdots & B_{2n} \\ \vdots & \vdots & \ddots & \vdots \\ B_{\ell 1} & B_{\ell 2} & \cdots & B_{\ell n} \end{pmatrix} \qquad \cdots\cdots \ (5.86)$$

を掛け算して得られる行列 AB は $m \times n$ 行列になり，その第 (i,j) 成分は

$$A_{i1}B_{1j} + A_{i2}B_{2j} + \cdots + A_{i\ell}B_{\ell j} = \sum_{k=1}^{\ell} A_{ik}B_{kj} \qquad \cdots\cdots \ (5.87)$$

となります．数字で具体的に計算すると，

$$\begin{pmatrix} 1 & 2 \\ 3 & 4 \end{pmatrix} \begin{pmatrix} -1 & 0 \\ 5 & 8 \end{pmatrix} = \begin{pmatrix} 1\cdot(-1) + 2\cdot 5 & 1\cdot 0 + 2\cdot 8 \\ 3\cdot(-1) + 4\cdot 5 & 3\cdot 0 + 4\cdot 8 \end{pmatrix} = \begin{pmatrix} 9 & 16 \\ 17 & 32 \end{pmatrix}$$

$$\cdots\cdots \ (5.88)$$

となります．

面白いことに，行列の掛け算は掛ける順を変えると，一般には結果が一致しません．上の例で実際にやってみると，

$$\begin{pmatrix} -1 & 0 \\ 5 & 8 \end{pmatrix}\begin{pmatrix} 1 & 2 \\ 3 & 4 \end{pmatrix} = \begin{pmatrix} (-1)\cdot 1 + 0\cdot 3 & (-1)\cdot 2 + 0\cdot 4 \\ 5\cdot 1 + 8\cdot 3 & 5\cdot 2 + 8\cdot 4 \end{pmatrix} = \begin{pmatrix} -1 & -2 \\ 29 & 42 \end{pmatrix} \quad \cdots\cdots \ (5.89)$$

であり，たしかに一致しないことがわかります[*1]．普通の数が $2\times 3 = 3\times 2$ のように，掛け算の順を入れ替えても同じ値になるのと対照的です．

行列についてもう一つ重要な概念として**逆行列**があります．ある行列 A に対し，行列 B を左から掛けても右から掛けても

$$AB = BA = \begin{pmatrix} 1 & 0 \\ 0 & 1 \end{pmatrix} \quad \cdots\cdots \ (5.90)$$

となる場合，B のことを A の逆行列と言い，A^{-1} と表します．2×2 行列の場合，逆行列は

$$\begin{pmatrix} a & b \\ c & d \end{pmatrix}^{-1} = \frac{1}{ad-bc}\begin{pmatrix} d & -b \\ -c & a \end{pmatrix} \quad \text{（ただし } ad-bc \neq 0 \text{ に限る）} \quad \cdots\cdots \ (5.91)$$

となることが容易に確認できます．ここで，

$$\begin{pmatrix} 1 & 0 \\ 0 & 1 \end{pmatrix} \quad \cdots\cdots \ (5.92)$$

を**単位行列**と呼び，E や I などと書きます．この行列は数字で言うところの1に当たるもので，実際，どんな行列に掛けても

$$AI = \begin{pmatrix} a & b \\ c & d \end{pmatrix}\begin{pmatrix} 1 & 0 \\ 0 & 1 \end{pmatrix} = \begin{pmatrix} a & b \\ c & d \end{pmatrix} = \begin{pmatrix} 1 & 0 \\ 0 & 1 \end{pmatrix}\begin{pmatrix} a & b \\ c & d \end{pmatrix} = IA = A \quad \cdots\cdots \ (5.93)$$

*1 行列のこの特徴こそが，量子力学の世界を表現する際に重要になります．

のように，もとの行列 A には何も起こりません [*1]．また，数字の 0 に当たる行列は**零行列**と呼ばれ，それは

$$O = \begin{pmatrix} 0 & 0 \\ 0 & 0 \end{pmatrix} \quad \cdots\cdots \ (5.94)$$

のように，すべての成分が 0 であるような行列です．

さて，この節の最初に述べたように，行列を使うと状態の変化を表すことができます．$\boldsymbol{r}$ をはじめの状態を表すベクトル，$\boldsymbol{r}'$ を新しい状態を表すベクトルとするとき，行列 M を掛けて

$$M\boldsymbol{r} = \begin{pmatrix} a & b \\ c & d \end{pmatrix} \begin{pmatrix} x \\ y \end{pmatrix} = \begin{pmatrix} ax + by \\ cx + dy \end{pmatrix} = \begin{pmatrix} x' \\ y' \end{pmatrix} = \boldsymbol{r}' \quad \cdots\cdots \ (5.95)$$

のようになります．3 次元ベクトルや 4 次元ベクトルの場合も同様で，

$$\begin{pmatrix} A_{11} & A_{12} & A_{13} \\ A_{21} & A_{22} & A_{23} \\ A_{31} & A_{32} & A_{33} \end{pmatrix} \begin{pmatrix} x^1 \\ x^2 \\ x^3 \end{pmatrix} = \begin{pmatrix} A_{11}x^1 + A_{12}x^2 + A_{13}x^3 \\ A_{21}x^1 + A_{22}x^2 + A_{23}x^3 \\ A_{31}x^1 + A_{32}x^2 + A_{33}x^3 \end{pmatrix} \quad \cdots\cdots \ (5.96)$$

$$\begin{pmatrix} A_{11} & A_{12} & A_{13} & A_{14} \\ A_{21} & A_{22} & A_{23} & A_{24} \\ A_{31} & A_{32} & A_{33} & A_{34} \\ A_{41} & A_{42} & A_{43} & A_{44} \end{pmatrix} \begin{pmatrix} x^1 \\ x^2 \\ x^3 \\ x^4 \end{pmatrix} = \begin{pmatrix} A_{11}x^1 + A_{12}x^2 + A_{13}x^3 + A_{14}x^4 \\ A_{21}x^1 + A_{22}x^2 + A_{23}x^3 + A_{24}x^4 \\ A_{31}x^1 + A_{32}x^2 + A_{33}x^3 + A_{34}x^4 \\ A_{41}x^1 + A_{42}x^2 + A_{43}x^3 + A_{44}x^4 \end{pmatrix} \quad \cdots\cdots \ (5.97)$$

となります．

一つ具体例をやってみましょう．たとえば

$$\begin{pmatrix} x' \\ y' \end{pmatrix} = \begin{pmatrix} 1 & 0 \\ 0 & -1 \end{pmatrix} \begin{pmatrix} x \\ y \end{pmatrix} = \begin{pmatrix} 1 \cdot x + 0 \cdot y \\ 0 \cdot x + (-1) \cdot y \end{pmatrix} = \begin{pmatrix} x \\ -y \end{pmatrix} \quad \cdots\cdots \ (5.98)$$

という計算を見てください．この計算の結果，x は x のままですが，y が $-y$ に変

---

*1　ここでは 2×2 行列を書きましたが，一般に $n \times n$ の単位行列は

$$I_n = \begin{pmatrix} 1 & 0 & \cdots & 0 \\ 0 & 1 & \cdots & 0 \\ \vdots & \vdots & \ddots & \vdots \\ 0 & 0 & \cdots & 1 \end{pmatrix}$$

のように，左上から右下に向かって一直線に並んだ成分（対角成分と言います）に 1 が並び，その他の成分は 0 になります．

化しています．(x, y) を物体の位置だと思うと，それが $(x, -y)$ に移ったということは，図 5.3 のように物体の位置を 2 次元平面で x 軸に対して反転させた位置に物体が移ったということになります．このことから，行列

$$\begin{pmatrix} 1 & 0 \\ 0 & -1 \end{pmatrix} \qquad \cdots\cdots \quad (5.99)$$

は x 軸に関する反転を引き起こす物理的操作を表すということになります．ほかにも行列を使うと，物体の位置が回転したり，平行移動したりする様子など，さまざまな変化を表すことができます [*1]．

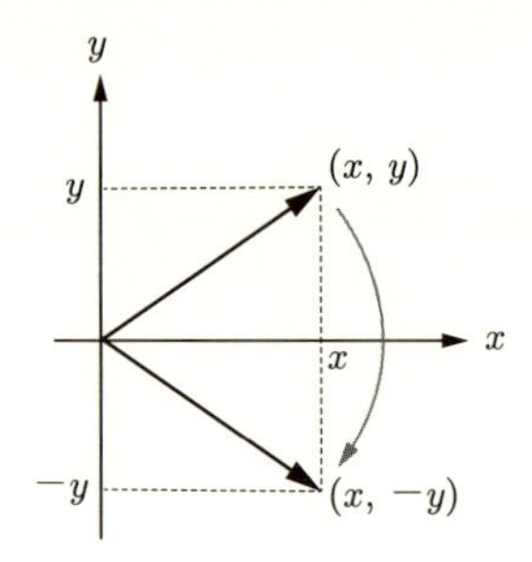

図 5.3 $\begin{pmatrix} 1 & 0 \\ 0 & -1 \end{pmatrix}$ という行列によって，点 (x, y) から点 $(x, -y)$ へ，x 軸に対して物体の位置が反転する．

回転を表す行列

実際に，行列を使うと物体の位置の変化などが表せる様子を見てみましょう．簡単な例として，半径が 1 の円の上に乗っている質点を考えてください．今，質点は x 軸上の点 $\mathrm{A}(1,0)$ にいたとします．位置ベクトルで書くなら

$$\boldsymbol{r} = \begin{pmatrix} 1 \\ 0 \end{pmatrix} \qquad \cdots\cdots \quad (5.100)$$

です．この質点が x 軸から測って角度 θ のところに移動したとしましょう．相変わらず同じ円の上にいる場合，半径は変わりませんので，質点の位置は点 $\mathrm{B}(\cos\theta, \sin\theta)$ に移ったことになります（図 5.4）．これも位置ベクトルで表現すれば

*1 位置の変化のように目に見えるものに限らず，粒子の種類の変化といった抽象的な変化もベクトルと行列で表すことができます．

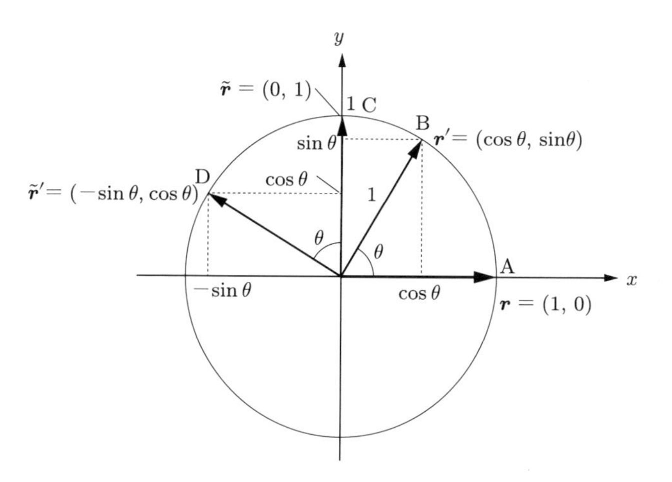

図 5.4　回転行列による回転の様子.

$$\boldsymbol{r}' = \begin{pmatrix} \cos\theta \\ \sin\theta \end{pmatrix} \qquad \cdots\cdots \ (5.101)$$

です．さて，この点 A から点 B への変化を行列と物体の位置ベクトルとで表現すると，回転を表す行列を R として

$$\begin{aligned} R\boldsymbol{r} &= \begin{pmatrix} \cos\theta & -\sin\theta \\ \sin\theta & \cos\theta \end{pmatrix} \begin{pmatrix} 1 \\ 0 \end{pmatrix} \\ &= \begin{pmatrix} \cos\theta \times 1 - \sin\theta \times 0 \\ \sin\theta \times 1 + \cos\theta \times 0 \end{pmatrix} = \begin{pmatrix} \cos\theta \\ \sin\theta \end{pmatrix} = \boldsymbol{r}' \end{aligned} \qquad \cdots\cdots \ (5.102)$$

となります．ここで突然，回転行列

$$R(\theta) = \begin{pmatrix} \cos\theta & -\sin\theta \\ \sin\theta & \cos\theta \end{pmatrix} \qquad \cdots\cdots \ (5.103)$$

を導入しました．

◆ポイント解説：active な変換・passive な変換

実は回転には，例のように質点のほうを反時計回りに角 θ だけ回す変換（active = 能動的なもの）と，座標軸のほうを逆方向に同じ角だけ回す変換（passive = 受動的なもの）とがあります．両者は互いに逆回転であり，どちらの変換でも物体の位置座標は等しくなります．もし座標軸のほうも質点と同じ方向に回転させるのであれば，座標軸が「進んで」しまう

ことになるので質点の位置はマイナス θ だけ回ることになり，回転行列は

$$R(\theta) = \begin{pmatrix} \cos(-\theta) & -\sin(-\theta) \\ \sin(-\theta) & \cos(-\theta) \end{pmatrix} = \begin{pmatrix} \cos\theta & \sin\theta \\ -\sin\theta & \cos\theta \end{pmatrix} \quad \cdots\cdots \ (5.104)$$

となります．「回転」と言うとき，どちらを指すかは状況や文献によって異なりますが，物体が移動していく様子を考えるほうがまずは想像しやすいかと思いますので，ここでは式 (5.103) の $R(\theta)$ のほうを考えています．

回転行列 $R(\theta)$ について理解を深めるため，y 軸上の点 $\mathrm{C}(0,1)$ の回転も考えてみましょう．点 C に物体がいたとして，角度 θ だけ回転すれば，点 $\mathrm{D}(-\sin\theta, \cos\theta)$ に移動することがわかります．ベクトルと行列では，

$$\tilde{\boldsymbol{r}} = \begin{pmatrix} 0 \\ 1 \end{pmatrix}, \quad \tilde{\boldsymbol{r}}' = \begin{pmatrix} -\sin\theta \\ \cos\theta \end{pmatrix} \quad \cdots\cdots \ (5.105)$$

に対し，同じ R で

$$\begin{aligned} R\tilde{\boldsymbol{r}} &= \begin{pmatrix} \cos\theta & -\sin\theta \\ \sin\theta & \cos\theta \end{pmatrix} \begin{pmatrix} 0 \\ 1 \end{pmatrix} \\ &= \begin{pmatrix} \cos\theta \times 0 - \sin\theta \times 1 \\ \sin\theta \times 0 + \cos\theta \times 1 \end{pmatrix} = \begin{pmatrix} -\sin\theta \\ \cos\theta \end{pmatrix} = \tilde{\boldsymbol{r}}' \quad \cdots\cdots \ (5.106) \end{aligned}$$

のように，たしかに点 D へ移動していることがわかります．

回転行列はもちろん任意の位置ベクトル

$$\begin{pmatrix} x \\ y \end{pmatrix} \quad \cdots\cdots \ (5.107)$$

を回転させることもできます．それは

$$\begin{pmatrix} x \\ y \end{pmatrix} = x \begin{pmatrix} 1 \\ 0 \end{pmatrix} + y \begin{pmatrix} 0 \\ 1 \end{pmatrix} = x\boldsymbol{e}_x + y\boldsymbol{e}_y \quad \cdots\cdots \ (5.108)$$

のように，x，y 軸方向の基底ベクトル

$$\boldsymbol{e}_x = \begin{pmatrix} 1 \\ 0 \end{pmatrix}, \quad \boldsymbol{e}_y = \begin{pmatrix} 0 \\ 1 \end{pmatrix}$$

でもって分解することができることからもわかります [*1]．実際にやってみると，回

*1 基底ベクトルについては 6.1 節で詳しく説明します．

転した先を

$$\boldsymbol{r}' = \begin{pmatrix} x' \\ y' \end{pmatrix} \qquad \cdots\cdots \ (5.109)$$

と書くと，

$$\begin{aligned} R\boldsymbol{r} &= \begin{pmatrix} \cos\theta & -\sin\theta \\ \sin\theta & \cos\theta \end{pmatrix} \begin{pmatrix} x \\ y \end{pmatrix} \\ &= \begin{pmatrix} \cos\theta \times x - \sin\theta \times y \\ \sin\theta \times x + \cos\theta \times y \end{pmatrix} = \begin{pmatrix} x\cos\theta - y\sin\theta \\ x\sin\theta + y\cos\theta \end{pmatrix} = \boldsymbol{r}' \qquad \cdots\cdots \ (5.110) \end{aligned}$$

となります．こうして，

$$\begin{pmatrix} x' \\ y' \end{pmatrix} = \begin{pmatrix} x\cos\theta - y\sin\theta \\ x\sin\theta + y\cos\theta \end{pmatrix} \qquad \cdots\cdots \ (5.111)$$

であることがわかりました．ベクトルの回転は図でも表せますので，式 (5.111) の結果は作図で求めることもできます．また (x, y) と (x', y') は互いに回転で結びついているので，その長さは変わっていないはずです．実際，位置ベクトルの長さの 2 乗を比べてみると

$$\begin{aligned} |\boldsymbol{r}'|^2 &= x'^2 + y'^2 \\ &= (x\cos\theta - y\sin\theta)^2 + (x\sin\theta + y\cos\theta)^2 \\ &= x^2(\cos^2\theta + \sin^2\theta) + y^2(\cos^2\theta + \sin^2\theta) \\ &= x^2 + y^2 = |\boldsymbol{r}|^2 \qquad \cdots\cdots \ (5.112) \end{aligned}$$

となっています．

ここで式 (5.111) の一つ，

$$x' = x\cos\theta - y\sin\theta \qquad \cdots\cdots \ (5.113)$$

に注目してください．x' を表す式のなかに x と y の両方が入っています．y' も同様です．つまり，

回転した後の新しい座標は，もとの x 座標と y 座標の両方に依存する

ということです．作図によって回転後の座標を求めれば当たり前なのですが，行列とベクトルという数学的道具を使ってみると

行列によって，ベクトルの x 成分と y 成分が混ざり合った

ように見えるのです．これと同じことが4次元時空，すなわち時間と空間を同時に考える変換でも起きます．すなわちローレンツ変換で時間座標と空間座標が混じるのです．

その4次元に行く前に空間3次元への拡張をしておきましょう．この例の2次元平面とは x 軸と y 軸とで張られる平面ですから，それに直交する z 軸があります．xy 平面での回転とは，z 軸を回転軸とする回転です．ということは，3次元空間内で物体の位置を考えたとしても，その z 成分は変化しないので，先ほどの点Aと点Bをきちんと3次元空間内で書けば

$$\boldsymbol{r} = \begin{pmatrix} 1 \\ 0 \\ z_0 \end{pmatrix}, \quad \boldsymbol{r}' = \begin{pmatrix} \cos\theta \\ \sin\theta \\ z_0 \end{pmatrix} \qquad \cdots\cdots \ (5.114)$$

となります．$z_0 = 0$ の場合がいわゆる xy 平面ですが，質点の位置の z 座標は今はとくに何でも構わないので一般的に z_0 としておきました．大事なことは，回転の前後で z 座標は変化しないということです．この $\boldsymbol{r}$ から $\boldsymbol{r}'$ への変化を表す回転行列は，ベクトルが3成分をもったことに伴って 3×3 行列になり

$$\begin{aligned} R_3\boldsymbol{r} &= \begin{pmatrix} \cos\theta & -\sin\theta & 0 \\ \sin\theta & \cos\theta & 0 \\ 0 & 0 & 1 \end{pmatrix} \begin{pmatrix} 1 \\ 0 \\ z_0 \end{pmatrix} \\ &= \begin{pmatrix} \cos\theta\times 1 - \sin\theta\times 0 + 0\times z_0 \\ \sin\theta\times 1 + \cos\theta\times 0 + 0\times z_0 \\ 0\times 1 + 0\times 0 + 1\times z_0 \end{pmatrix} = \begin{pmatrix} \cos\theta \\ \sin\theta \\ z_0 \end{pmatrix} = \boldsymbol{r}' \qquad \cdots\cdots \ (5.115) \end{aligned}$$

のようにして，x，y 成分についてのみ回転を表すようになります．R_3 の形を見るとわかるように，左上の 2×2 の部分に，前に出てきた2次元用の回転行列 R がはめ込まれています．残りの部分のうち，z 成分に絡むようなところは0や1になっていて，z 成分を変化させないようにうまく数字が選ばれていることがわかります．

これは z 軸を回転軸とする行列ですが，x 軸や y 軸を回転軸とする行列もつくることができます．あげた例とまったく同様に，成分の位置をずらしていくだけでつくることができ，それらは

$$R_3^x = \begin{pmatrix} 1 & 0 & 0 \\ 0 & \cos\theta & -\sin\theta \\ 0 & \sin\theta & \cos\theta \end{pmatrix}, \quad R_3^y = \begin{pmatrix} \cos\theta & 0 & \sin\theta \\ 0 & 1 & 0 \\ -\sin\theta & 0 & \cos\theta \end{pmatrix} \quad \cdots\cdots \ (5.116)$$

となります．ここで R_3^x，R_3^y が，x，y 軸周りの回転行列にそれぞれあたります．

特殊相対論を行列で表現する

さて，ようやく特殊相対論に戻る準備ができました．物体の様子を表すのにニュートン力学では，位置 (x, y, z) を時間の関数として，3 次元位置ベクトル

$$\boldsymbol{r}(t) = (x(t), y(t), z(t)) \quad \cdots\cdots \ (5.117)$$

について考えました．対して特殊相対論では，物体の 4 次元時空ベクトル

$$(x^\mu) = (x^0, x^1, x^2, x^3) = (ct, x, y, z) \quad \cdots\cdots \ (5.118)$$

について考えます．時間と空間が混ざることが本質なので，時間座標と空間座標をセットに組んだ「位置」ベクトルを考えるのです．対応するローレンツ変換も 4×4 行列になりますが，これまで同様，本質は空間 1 次元で十分語れますので y，z 方向は落としてローレンツ変換も 2×2 行列で考えます．具体的な形は式 (5.44) で紹介しましたが，改めて書くと

$$\begin{pmatrix} \gamma & \beta\gamma \\ \beta\gamma & \gamma \end{pmatrix}$$

です．

実はローレンツ変換も，一種の回転行列と考えることができます．前に出てきた回転行列は

$$x'^2 + y'^2 = x^2 + y^2$$

という性質をもっていましたが，ローレンツ変換の場合は

$$-c^2t'^2 + x'^2 = -c^2t^2 + x^2 \quad \cdots\cdots \ (5.119)$$

のように，2 乗したものを引き算すると一定に保たれるという性質をもっています [*1]．

---

*1　この性質は，三角関数 $\sin\theta$，$\cos\theta$ を使う代わりに，双曲線関数 $\sinh\zeta$，$\cosh\zeta$ というものを使った「回転」と考えることができます．$\cos^2\theta + \sin^2\theta = 1$ に対応して，双曲線関数には $\cosh^2\zeta - \sinh^2\zeta = 1$ という性質があります．

実際に確かめてみると，

$$
\begin{aligned}
-c^2t'^2 + x'^2 &= -\gamma^2(ct-\beta x)^2 + \gamma^2(-\beta ct + x)^2 \\
&= \gamma^2(-1+\beta^2)(ct)^2 + \gamma^2(1-\beta^2)x^2 \\
&= -c^2t^2 + x^2 \qquad \cdots\cdots \ (5.120)
\end{aligned}
$$

となることがわかります．ここで，γ の定義

$$
\gamma = \frac{1}{\sqrt{1-\beta^2}} = \frac{1}{\sqrt{1-\left(\dfrac{V}{c}\right)^2}}
$$

を使いました．y，z 方向も復活させて空間3次元で考えれば

$$
-c^2t'^2 + x'^2 + y'^2 + z'^2 = -c^2t^2 + x^2 + y^2 + z^2 \qquad \cdots\cdots \ (5.121)
$$

が成り立つことがわかります．実際の計算は付録の式 (A.33) を用いれば確かめることができます．これでようやく，この章の目的である世界間隔を求める準備が整いました．

5.5 線素から世界間隔へ

なぜそんなものを考えるのか：不変量と対称性という視点

運動方程式を始め物理学にはさまざまな法則がありますが，なかでも重要なものに「**保存則**」があります．保存則とは，物体が移動したり，速度を変えたり，または衝突や分裂など，いろいろに状態が変わっても，一定に保たれる量があることを指します．たとえば**力学的エネルギー保存則**とは，運動エネルギーと位置エネルギーの和が，摩擦などでエネルギーが使われてしまわなければ一定に保たれるという法則です．高いところからボールを落とすと，高いところにあったことで潜在的にもっていた位置エネルギーを解放し，落下速度が大きくなります．その結果，運動エネルギーが増加します．この増加分は位置エネルギーの減少分に相当し，運動エネルギーと位置エネルギーの和は一定に保たれるのです．これは「無い袖は振れない」という常識とも合致します．このように当たり前に思える保存則もあれば，運動量保存則とか角運動量保存則のように，直感的に理解するのが少し難しいものもあり

ます[*1].

いずれにしても保存則が重要なのは，私たちは変化するたくさんのものを一度に理解することができないからです．たとえば，2人から一斉にボールを投げられて，両手で二つともキャッチできる人はあまり多くないでしょう．人間が一度に集中できるのは普通は一つだけで，マルチタスクは苦手なのです．物体の運動を解析するときも同じで，保存則という「何か変わらないもの」を手掛かりにして進むのがうまいやり方です．しかも，保存則は自然のもつ「美しさ」と関係していることがわかっています．もちろん，美しさの定義は個人によって異なりますし，一般的に数値化できるようなものではありません．第1章の繰り返しになりますが，ここで言う「美しさ」とは，**対称性**と呼ばれているもののことです．

たとえば正三角形は，二等辺三角形に比べると何となく「きれい」に見えます．バランスがよいと言ってもいいかもしれません．その理由は，正三角形は二等辺三角形に比べて多くの対称性をもっているからです．120度，または240度回転しても同じ形に戻りますし，頂点と向かいの辺の中点を結ぶ線に対して線対称にもなっています．一般の二等辺三角形では，線対称になる線は1本しかありませんが，正三角形は3本あります．正方形なら，正三角形よりさらに増えて，90度，180度，270度の回転や，4本の線に対して線対称になっています（図5.5）．正多角形の角を増やせば増やすほど，回転させたときにもとの図形に一致する角度は増えますし，線対称となる線の本数も増えます．角を無限に増やしたものが円ですが，それに至っては任意の角度で回転させても同じ形のままですし，線対称になる線も無限に引けます．円はとても対称性が高い図形なのです．

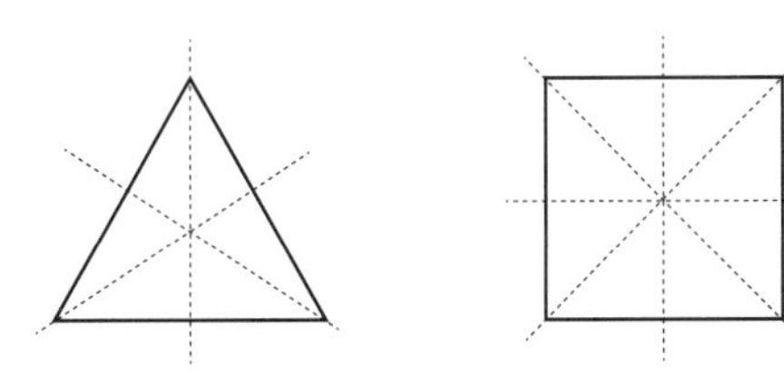

図5.5　三角形よりも四角形のほうが，線対称となる線の本数が多い．

---

*1　運動量とは物体の速度 $\boldsymbol{v}$ に質量を掛けた量 $\boldsymbol{p} = m\boldsymbol{v}$ のことで，衝突するときの激しさなど，物体の運動の勢いを表す量です．また，角運動量とは，正確には物体の位置ベクトル $\boldsymbol{r}$ と運動量 $\boldsymbol{p}$（これもベクトルです）から，ベクトル積と呼ばれる演算によってつくられる量 $\boldsymbol{L} = \boldsymbol{r} \times \boldsymbol{p}$ です（本書では詳細を割愛しますが，ここでは記号「×」はベクトル積を表しており，これは通常の数の掛け算を表す記号ではありません）．角運動量のほうは，円運動など，何らかの回転運動をしている物体の回転の勢いを表します．たとえば，質量 m の物体が半径 r，速さ v で等速円運動しているとき，角運動量の大きさは mrv になります．

こうした「対称性」と「保存則」には密接な関係があることが知られています．対称性が一つあると，必ずそれに付随して保存量も一つ存在するのです．これを「ネーターの定理」と言います [*1]．

たとえば，地球は太陽の周りを公転していますが，その運動では**角運動量保存則**が成り立っています．地球が太陽の周りを回れるのは，太陽から万有引力を受けているからです [*2]．万有引力の大きさは，地球と太陽の距離だけで決まり，角度にはよりません [*3]．公転運動が角度によらないということは，軌道の周りに沿って，私たちがどの角度から眺めても状況が変わらないということです．地球の公転運動にはそうした「角度の選び方によらない」という対称性があります．この対称性に付随して角運動量保存則が成り立ち，それと等価なのがケプラーの惑星運動の第2法則である**面積速度一定の法則**です [*4]．

変わらないものを考える：世界間隔は「頼りになる量」

保存量という，「見方を変えても変わらない，頼りになる量」を見つけることは，その背後にある自然の本質を見抜くために欠かせません．この視点からすると，ローレンツ収縮のところで述べたように，観測者に応じて長さが変化してしまう空間座標同士の間隔 Δx や，それを無限小化した dx は「頼りにはならない」量です．ニュートン力学におけるガリレイ変換ならローレンツ収縮は起きませんから，dx は不変量として考えることができるのですが，ローレンツ変換のもとでは不変量になっていないのです．しかし，すでに私たちは特殊相対論における不変量，つまりローレンツ変換のもとで不変になる「頼りになる量」を知っています．それは

$$-c^2t'^2 + x'^2 = -c^2t^2 + x^2 \qquad \cdots\cdots \ (5.122)$$

です．$x^0 = ct$，$x^1 = x$ という書き方を使えば

$$-(x'^0)^2 + (x'^1)^2 = -(x^0)^2 + (x^1)^2 = \text{一定}$$

---

*1 もう少し正確には「ある変数を微小変化させても作用が不変であるとき，それに付随したモーメント関数という量が一定に保たれる」という定理です．

*2 万有引力というより「時空の歪み」であると捉えるほうが正確であることを主張するのが一般相対論です．これについては後の章で説明するとして，今はニュートン力学的に万有引力を考えることにします．

*3 万有引力が角度に依存するとしたら，あなたとこの本の間に働く引力が，本との距離を一定に保っていても，あなたがどんな角度で本に体を向けているかによって変わってくるということになります．多くの方は，仮に万有引力がそのような性質をもっていたら不自然だと感じるのではないでしょうか．

*4 ケプラーは太陽系の惑星の運動について，どの惑星でも「面積速度一定の法則」が成り立っていることを発見しました．面積速度という量に惑星の質量の2倍を掛ければ惑星の角運動量になります．

です．これをこれまでと同様，無限小化して考えると

$$-(dx'^0)^2 + (dx'^1)^2 = -(dx^0)^2 + (dx^1)^2 = 一定$$

ということになります[*1]．ここから先の章では相対論を考えますから，これからは空間部分だけの線素ではなく，ローレンツ変換のもとで不変な線素

$$\begin{aligned} ds^2 &= -(dx^0)^2 + (dx^1)^2 \\ &= -d(ct)^2 + dx^2 \end{aligned} \qquad \cdots\cdots \; (5.123)$$

を考えることにしましょう．4 次元時空なら

$$\begin{aligned} ds^2 &= -(dx^0)^2 + (dx^1)^2 + (dx^2)^2 + (dx^3)^2 \\ &= -d(ct)^2 + dx^2 + dy^2 + dz^2 \\ &(= -c^2dt^2 + dx^2 + dy^2 + dz^2) \end{aligned} \qquad \cdots\cdots \; (5.124)$$

となります．本章のはじめに述べたように，この量は**世界間隔**と呼ばれています．この線素で表される時空を**ミンコフスキー時空**と言います．こうしてこの章の目的が達成されました．

◆ポイント解説：世界一有名な方程式 $E = mc^2$

特殊相対論から導かれた結果のなかで，一番有名なのはこの $E = mc^2$ という方程式ではないでしょうか（どのように導かれるかについて興味のある方は付録 A.4 を参照してください）．見かけはとてもシンプル，それでいて内容が非常に深く人々を惹きつけることから，T シャツの図柄などにも使われていますね．ちなみに，理工系の大学では $E = mc^2$ や，電磁気学のマクスウェル方程式などが図柄の T シャツがよく売られています．式だけでなく，さまざまな図柄など，そうしたサイエンスアートはレオナルド・ダヴィンチの仕事をはじめ，歴史的にも数多くあります．これからは物理と芸術の融合から面白い作品がますます生まれていくだろうと思います．

さて，この式が言っているのは，

質量とエネルギーとは等価である

---

*1 理論が $-(x^0)^2 + (x^1)^2 = 一定$ という性質をもつことと，$-(dx^0)^2 + (dx^1)^2 = 一定$ という性質をもつこととは正確には同じではありません．$-(dx^0)^2 + (dx^1)^2$ という量は，ローレンツ変換のもとでの不変性に加えて，座標の原点を定数分だけ平行移動するような座標変換のもとでも不変に保たれます．ローレンツ変換に加えて，定数分の平行移動した場合にも不変に保たれる対称性のことをポアンカレ対称性と呼び，ローレンツ変換よりも大きな変換を考えていることになります．

または

質量 m の物質があるだけで，そこには mc^2 ものエネルギーが存在している

ということです．

中学で学ぶエネルギーには運動エネルギーと位置エネルギーの2種類がありますが，mc^2 というエネルギーはこのどちらとも少し異なるものです．保存則のところで少し触れたように，運動エネルギーとは，動いている物体がもつエネルギーで，物体が動いていることからいかにもそうしたエネルギーをもっていることは納得がいきます．もう一つの位置エネルギーのほうは，運動エネルギーのように見た目にはよくわからないものの，高い位置に物体が置かれているとか，ばねがグッと縮められていたり伸ばされていたりと，「不自然な状態に無理矢理セットされている」ことから，「たしかにこの状態にはエネルギーが秘められていそうだ」と感じられるものです．

これらと比べると，物質が「ただそこにあるだけ」でエネルギーを秘めていると言われてもなかなか納得できないのではないでしょうか．しかもそのエネルギーの値に光速の2乗が含まれています．光速は私達が日常で経験する速さに比べて圧倒的に大きいのでした．ということは，たとえば車は，高速道路を走っているときにもつ運動エネルギーよりはるかに大きなエネルギーを，ただそこに「ある」というだけでもっているということです．にわかには信じ難い話ですが，実際にこれを利用しているのが原子力発電であり，わずかな量の物質から莫大なエネルギーを取り出しています．何を原料としているか，そして核分裂か核融合かの違いもありますが，太陽もこうした「質量エネルギー」を発して光っています．電子や陽子を加速して高エネルギーをもたせ，それらをぶつけてさまざまな粒子をつくったり，粒子の内部構造を調べるための装置を加速器と言いますが，世界中にあるこれらの実験装置で相対論の予言が正しいことが日夜確認されています．

コラム——ウラシマ効果

物体は運動しているとその速度に応じて時間の進み方がゆっくりになり，寿命が伸びることはすでに説明しましたが，これは**ウラシマ効果**と呼ばれ，以下の双子のたとえ話がよく用いられます．

> あるところに双子がいて，兄は地球に残り，弟はロケットに乗って宇宙を旅することになった．10年後，弟が長い旅を経て地球に帰ってきたとき，弟は4歳程度しか歳をとっていなかった……

地球上で待っていた兄と，ロケットに乗って旅をしてきた弟に流れる時間が異なり，二人の歳のとり方が変わってしまうという現象です．

ちなみに双子のたとえ話は，時間の進み方の遅れの例というより，「**双子のパラドックス**」として，**実際に歳をとるのはどちらか？**や，**互いの主張は矛盾していないか？**というパラドックス（矛盾）の例としてあげられることも多くあります．これは実際にはパラドックスではなく，きちんとその物理を説明できるのですが，本書では深く言及しません（実は，このパラドックスには一般相対論が関係しています．ロケットに乗っていた弟は，途中で向きを変え加速度運動をするため，非慣性系に乗っており，ローレンツ変換だけでは互いの様子を比較できないのです）．

さて，ここで

地球上で静止していた兄に流れる時間間隔：Δt

ロケットに乗って運動していた弟に流れる時間間隔：$\Delta t'$

とするとき，弟のロケットの速さを一定値 V とすれば，このシチュエーションは前節でローレンツ変換を導いたときに考えた，動く箱のなかで時間がどう流れるかという問題とまったく同じです．Δt と $\Delta t'$ がどれだけ異なるかはすでに式 (5.50) で求めてあり，それを t' について書くと

$$\Delta t' = \sqrt{1 - \left(\frac{V}{c}\right)^2}\,\Delta t \qquad \cdots\cdots \ (5.125)$$

が成り立ちます．ここで c はこれまでどおり，真空中の光の速さです．たとえば $\Delta t = 10$ 年として，ロケットの速さが光の速さの 90% もの超高速で飛べたとすると，

$$\Delta t' = \sqrt{1 - \left(\frac{0.9c}{c}\right)^2} \times 10 \fallingdotseq 4.4\ 年 \qquad \cdots\cdots \ (5.126)$$

となります．つまり，兄に 10 年もの時間が流れたとき，弟には約 4 年しか時間が流れていない（歳をとっていない）ということになるのです．

一方，私たちが日常生活で経験する程度の速さだと，すでに述べたように式 (5.125) 中の V/c という項はほぼゼロになるため，式 (5.125) は

$$\Delta t' = \Delta t \qquad \cdots\cdots \ (5.127)$$

となって，双子の兄，弟に流れる時間は一致するように見えます．私たちは誰にも時間の進み方は一定だと思っているわけですが，それはこのように日常で経験する速さが光速に比べると非常に遅いので，運動している物体にも止まっている物体にも同じように時間が経過するようにしか感じられないためです．

5.6 科学には適用範囲がある

本章では特殊相対論の概要を見てきました．最後に，一つコメントをしておきます．「特殊相対論によって，ニュートン力学が正しくないことがわかった」といった言葉が聞かれることがままありますが，この言葉の使い方には注意しなければいけません．なぜなら，光速より十分遅い物体の運動については，ニュートン力学は見事にそのメカニズムを説明し，どんな運動になるか，予言することもできるからです．「そうは言っても，それは近似的にであって，正確じゃないんだったらニュートン力学は間違っていると言っていいんじゃないの？」と思われるかもしれませんが，それは科学というものを誤解しています．何らかの科学理論が適用されるとき，そこには必ず適用範囲があります．その範囲のなかで有効かどうか，それが科学理論の価値を決めるのです．

この章の最初にニュートン力学と特殊相対論に「方言と標準語のような関係がある」と言いました．たしかに，特殊相対論はニュートン力学に比べればより普遍的で，原理的には広く使える理論です．ローレンツ変換に対する不変性という，自然界の根本原理を体現するものでもあります．しかし，私たちが日常生活で見かける現象について計算する際，特殊相対論を使って，いちいち4次元で運動方程式を立てるのはうまい手ではありません．正しく，より正確な値は求まりますが，必要とされる精度の範囲では，ニュートン力学で十分です．もっと言うと，ニュートン力学で計算するほうが，より早く，しかも満足のいく値まで求めることができます．その意味では，ニュートン力学のほうがより「有効」ということもあるのです．「方言」のほうが「標準語」よりも便利なことだってあるわけです．何にでも通用し，しかもいつでも使い勝手のよい「無敵の理論」はどこにもなく，むしろ「自分が何を見たいか」によって，ベストな理論は変わるものです．科学とは「モノの見方」のことなのです（「科学的なモノの見方」と混同しないでください．「モノの見方＝科学」という意味です）．

たとえば「身長は何センチですか？」と質問されたとき，「170.345センチです．」と答えるようなことがあるでしょうか．おそらく答えないですよね．「170センチです．」と言うのではないでしょうか．なぜなら，「1センチ以下の細かい差は，必要とされていないから」です．

同じように，「今何時？」と聞かれたとき，正確には3時1分だったとしても，「3時だよ」と答えるか，「3時1分だよ」と答えるかは，状況によりますよね．「3時」

だけで十分なときもあれば，電車に間に合うかどうかを気にしているときのように，1分の差が大事なこともあります．どこまで気にしなければいけないかは，求めているものに応じて変わるのです．極端な話，「3時1分15.923秒」まで必要なこともあるかもしれません．

このことは，科学でも同じなのです．科学では，「何を見たいのか」がまず最初にあります．見たいもの以外の細かい情報がいくら集っても嬉しくありません．むしろ邪魔なこともあります．そこで，何を見るかによって見る方法も変えます．たとえば，目で観察するだけでなく，温度を見たければ赤外線をキャッチする装置を使いますし，内部の構造を見たければX線を使うこともあります．それと同様に，私たちが日常的な生活を送る範囲で最も役に立ち，必要とされるのはニュートン力学なのです*1．このように，考えたい範囲のなかで，最も自然な説明を与えるものを科学理論と呼ぶのです．ですから，特殊相対論にしても，ニュートン力学にしても，どんなときに有効で，どんなときに必要となるのか，逆にどんなときは考える必要がないのかをはっきりさせておくことが，その理論を理解する近道になります．

*1 GPS衛星に搭載された時計の進み方の補正など，私たちが日常生活で用いている道具に相対論が使われているのは確かですが，その話をされても「へえ，相対論って役に立ってるんだ」と思うより，GPSってそういう仕組みだったんだ，という印象を受けるのではないでしょうか．「東京ドーム何個分」と同じで，あまりピンとこないたとえなんじゃないかと個人的には感じます．

第 **6** 章

空間の曲がりを表現する

ベクトルと曲率

◆ ◆ ◆

第１章で触れたように，ブラックホールが存在する時空では，三平方の定理が通常の形から大きく変化します．それは，三平方の定理が離れた２点間の距離を求めるための式であり，ブラックホールがあるような空間では，「時空の曲がり」のために式が変形されるからでした．

実は，ここまで扱ってきた空間や時空はこの曲がりのない，**平坦な**空間や時空です．第５章で扱った特殊相対論の時空も，$-c^2dt^2$ という，相対論特有の要素こそ入っていますが，曲がってはいないのです [*1]．

「あれ？極座標では曲がった座標軸が出てきたのでは？」と思った方もいるかもしれませんが，座標軸が曲がっていることと，空間や時空そのものが曲がっていることは**別物**であることに注意してください．たとえば，２次元の極座標は平面に放射状の線と同心円でもって座標軸を張ったもので，線素は

$$ds^2 = dr^2 + r^2d\theta^2$$

でしたが，これは２次元デカルト座標の線素

$$ds^2 = dx^2 + dy^2$$

を**座標変換しただけで，考えているのは相変わらず同じ平面**です．これに対し，たとえば地球の表面のようなところは「本当に」曲がっています．

空間が曲がっている $\neq$ 平坦な空間に曲がった座標が張られている

なのです．

この章では空間や時空が本当に曲がっているとはどういうことなのかを説明しま

*1　第７章で説明するように，重力の効果が入っていないからです．

すが，そのためには空間成分について考えるだけで十分なので，前章の特殊相対論で重要な役割を果たした時間成分 $-c^2 dt^2$ は一旦落として，この章では空間の線素だけで考えることにします．さらに設定を単純にするため，3 次元空間ではなく，2 次元空間（曲面）で考えます．

一般に 2 次元の線素は計量 $g_{\mu\nu}$ を使って

$$ds^2 = g_{11}dx^1dx^1 + 2g_{12}dx^1dx^2 + g_{22}dx^2dx^2 = g_{\mu\nu}dx^\mu dx^\nu \quad \cdots\cdots (6.1)$$

のように表されます．平坦な空間を極座標で表した場合がそうであるように，線素の見かけがいくらデカルト座標と異なっていても，考えている空間が本当に曲がっているのか，それとも曲がっているように見えるだけなのかはわかりません．しかし，**曲率**という量を使えば，本当に曲がっているのかどうかがわかります．曲率は，ある場所の周囲に沿ってベクトルを 1 周させたとき，ベクトルがどう変化するかを計算したものです．図で描くととても単純なのですが，計算は少々骨が折れます．しかし，この部分は「座標によらない物理」という相対性理論のキモとも言えるところなので，手法をマスターしたい方はじっくり腰を据えて，一緒に計算しながら進んでいただくとよいかと思います．計算にこだわらず，物理的な帰結や相対論のイメージをまずは知りたいという方は，計算の詳細は読み飛ばしていただいたり，先に第 7 章を読んでいただいても大丈夫です．

○ この章の目的 ○

平坦な空間の線素：$ds^2 = dx^2 + dy^2 = dr^2 + r^2 d\theta^2$

を一般の空間の線素：$ds^2 = g_{\mu\nu}dx^\mu dx^\nu$

に拡張し，曲率を計算すること

◆**キーワード：**一般座標変換／スカラー・ベクトル・テンソル／反変ベクトル・共変ベクトル／計量／共変微分／接続／クリストッフェル記号／曲率／リーマンテンソル／リッチテンソル・リッチスカラー

6.1 一般座標変換とベクトル・テンソル

計量を見ただけで空間が曲がっているのか，曲がっているように見えるだけなのかわからない理由の一つは，計量の値が座標変換でいくらでも変わってしまうことにあります．座標を変換すると基底ベクトルの向きや大きさが変わってしまい，その基底ベクトルで分解したベクトルの成分が変わってしまうからです．

任意の座標への変換を**一般座標変換**と言いますが，ベクトルの成分のようなものはそうした座標変換に伴って変化してしまいます．そこで，空間の曲がり方など，「座標変換にとらわれないもの」を表すには，ベクトルおよびその一般化であるテンソルという**幾何学的実在**を使う必要があります．座標に依存する**ベクトルの成分**と，座標に依存しない**ベクトルそのもの**，これらをきちんと区別することが相対性理論では非常に重要になります．

高校数学では，ベクトルとは大きさと方向をもった量として導入され，矢印で表します．ベクトルはその定義から，平行移動して一致するものは同じものとみなします．そこで，どこに原点をとって書いてもよいのですが，たとえば2次元平面上のベクトルで，原点に始点を一致させたベクトル $\vec{a}$ の終点が点 $(1,1)$ を指していたとき，

$$\vec{a} = (1,1) \qquad \cdots\cdots \ (6.2)$$

のように書きます（図6.1）．

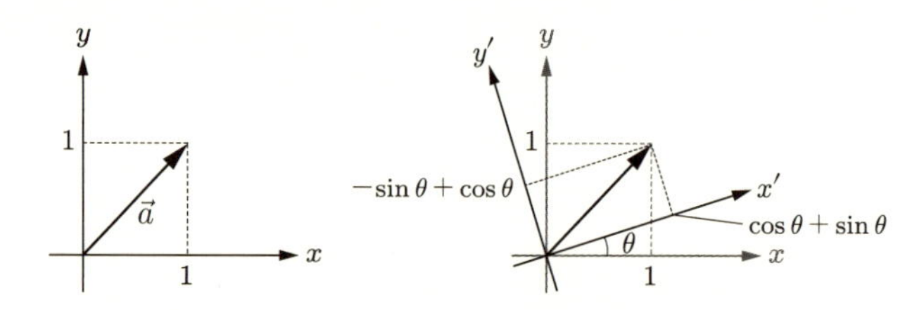

図6.1　ベクトルと成分．

実はこの書き方が相対性理論を学ぶ上でちょっとした障害になります．というのは，ベクトルはあくまで矢印そのものであって，$(1,1)$ ではないからです．幾何学的実在はベクトル，すなわち矢印そのものであって，$(1,1)$ というのはそのベクトルを定量的に表すために導入された数字にすぎないのですが，それらをイコールで結んでしまうと，あたかも $(1,1)$ がベクトル本体と同じであるかのようにイメージされてしまうからです．この式では，$(1,1)$ **という数字をベクトルに対応させているだけであって，数字自体はベクトルでも何でもない**のです．だからこそ，$(1,1)$ という値は使う座標によって変わってしまいます．実際，図6.1の右の図のように，x 軸と y 軸をそれぞれ反時計回りに θ だけ傾けた (x', y') 座標を使えば，$\vec{a} = (\cos\theta + \sin\theta, -\sin\theta + \cos\theta)$ となります．

$(1,1)$ や $(\cos\theta + \sin\theta, -\sin\theta + \cos\theta)$ をベクトルの成分と言いますが，これらは使っている座標に応じて変わってしまう「頼りない」量であり，幾何学的実在で

はないのです．

長さは尺貫法でもメートル法でも表すことができますが，これも座標を変えてしまうことにより成分が変化したものです[*1]．本のことを英語ではbookと言いますが，それと同じで，「本そのもの」がまず実在として存在していて，それを日本語という基底で表現すれば本，英語という基底で表現すればbookとなるわけです．

さて，一般相対論が仮定する基本原理は二つあるのですが，その一つが

すべての物理法則は，任意の系において同じ形をとる

というものです．これを**一般相対性原理**と言います．特殊相対論では，慣性系のみに話を限っていましたが，それが任意の系に一般化されています．なぜこの一般化が必要になるかは，次の第7章で説明します．

さて，「任意の系で」ということは，少し言い方を変えると

すべての物理法則は座標系にかかわらず同じ形をとる

となります．「同じ形である」ことを

物理法則は一般座標変換に対して共変である

と言います．これは，自然現象は，私たちがどんな座標系を使うかにかかわらず存在しているものである，ということを端的に表した原理です．デカルト座標や極座標をはじめ，さまざまな座標を私たちは使っていますが，それらはあくまで計算の便宜上導入しているものであって，たとえば緯線や経線が地球にはじめから書かれているわけではありません．物理現象がそうした人工的な座標系に依存しないだろうというのは自然な仮定だと思われます．

だとすると，あらゆる物理現象は曲率「本体」やベクトルそのものといった幾何学的な実在で記述できるのではないかという発想も自然ではないでしょうか．すなわち物質や空間がもともともっている幾何学的な量，簡単に言えば図形的に「絵で描ける量」を用意しておいて，そうした座標変換に左右されないもので物理を記述すれば，本質に迫れるのではないかという気がしてきます．これを実現するために必要だったのが**リーマン幾何学**です．ブラックホールの存在する空間は平面とは違い歪んでいるため，曲率が大事であることは明らかですが，その理由だけからではなく，相対性理論を構築する上でも曲率のような幾何学量は不可欠だったのです．

---

*1　尺貫法とメートル法の切り替えも，物差しの1目盛りの大きさを変えるという，1次元の座標変換です．

ベクトルと幾何学的実在

幾何学的実在の重要性が見えてきたところで，その代表であるベクトルについて詳しく見ていきましょう．すでに前章の行列のところでもベクトルは出てきましたが，改めて高校数学で現れるベクトルから確認しておきます．高校ではベクトルのことを

大きさ（長さ）と方向をもつ量

として定義し，矢印で表します．図6.2のように，ベクトルの出発点を始点，矢印の先端を終点と言います．ベクトルには

平行移動して一致したものは，同じベクトルとみなす

という性質があるので，ベクトルの始点もどこにとっても構いません．そのような絵で描けるベクトルを幾何ベクトルと言います[*1]．

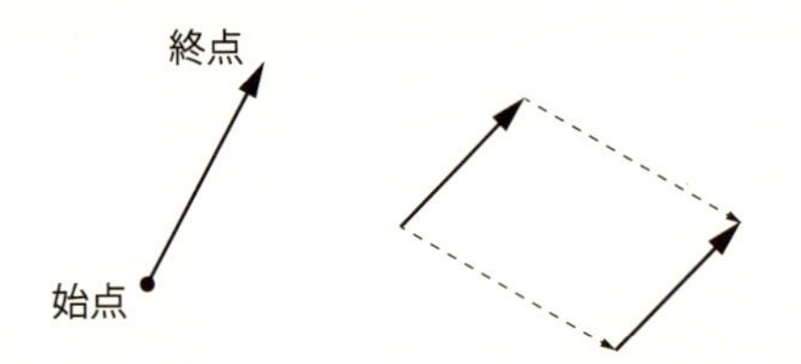

図6.2　平行移動をして重なるベクトルは同じものとみる．

ベクトルの足し算・引き算の定義

ベクトルには足し算と引き算も定義されています．幾何ベクトルを例に説明しましょう．始点がO，終点がAのベクトル $\overrightarrow{\mathrm{OA}}$ と，始点がO，終点がBのベクトル $\overrightarrow{\mathrm{OB}}$ があるとき，これらを加えたベクトル $\overrightarrow{\mathrm{OA}}+\overrightarrow{\mathrm{OB}}$ は，$\overrightarrow{\mathrm{OA}}$ と $\overrightarrow{\mathrm{OB}}$ によって張られる平行四辺形をOACBとして，$\overrightarrow{\mathrm{OC}}$ となります（図6.3）．

ベクトルには平行移動して一致したものは同じものとみなすという性質があることから，ベクトル $\overrightarrow{\mathrm{OB}}$ の始点を点Aまで移動すると，

$$\overrightarrow{\mathrm{OB}}=\overrightarrow{\mathrm{AC}} \qquad \cdots\cdots \ (6.3)$$

であることがわかります．これより，

---

*1　ベクトルにはより抽象的で，図には書けないものもあります．ベクトル空間の元として定義するほうがより一般的ですが，ここでは直感的に理解しやすい幾何ベクトルに話を限ります．

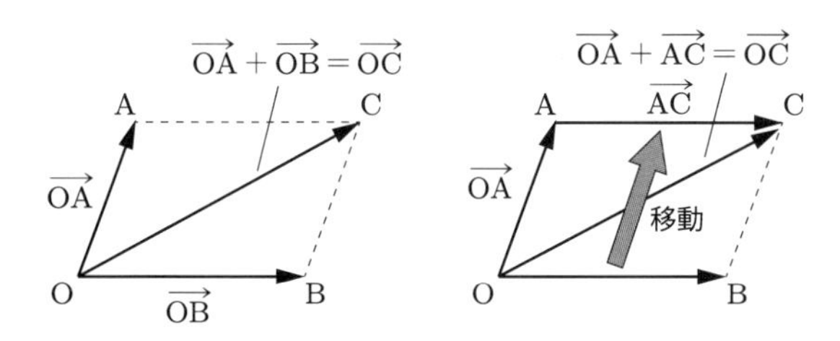

図 6.3 ベクトルの足し算.

$$\overrightarrow{OA}+\overrightarrow{OB}=\overrightarrow{OA}+\overrightarrow{AC}=\overrightarrow{OC} \qquad \cdots\cdots (6.4)$$

であることも言えます．図 6.3 からわかるように，$\overrightarrow{OA}$ と $\overrightarrow{AC}$ を足したものは，点 O から点 C に行くときに，途中で点 A を経由するイメージです．これは途中の点を増やしても同様です．

ベクトルの引き算は，式 (6.4) から

$$\overrightarrow{AC}=\overrightarrow{OC}-\overrightarrow{OA} \qquad \cdots\cdots (6.5)$$

となり，これを図で表すと図 6.4 のようになります．始点が点 O に揃っている $\overrightarrow{OA}$, $\overrightarrow{OB}$ の引き算の場合，この定義に従うと

$$\overrightarrow{OA}-\overrightarrow{OB}=\overrightarrow{BA} \qquad \cdots\cdots (6.6)$$

となります．

引き算した結果が $\overrightarrow{BA}$ になるのか，$\overrightarrow{AB}$ になるのか，慣れるまでは混乱することがよくあります．わかりにくいときは引くほうのベクトルを移項して

$\overrightarrow{OA}=\overrightarrow{OB}+\overrightarrow{BA}$ （途中で B を経由している）

$\overrightarrow{OA}\neq\overrightarrow{OB}+\overrightarrow{AB}$ （途中で B を経由したわけではないので $\overrightarrow{OA}$ にならない）

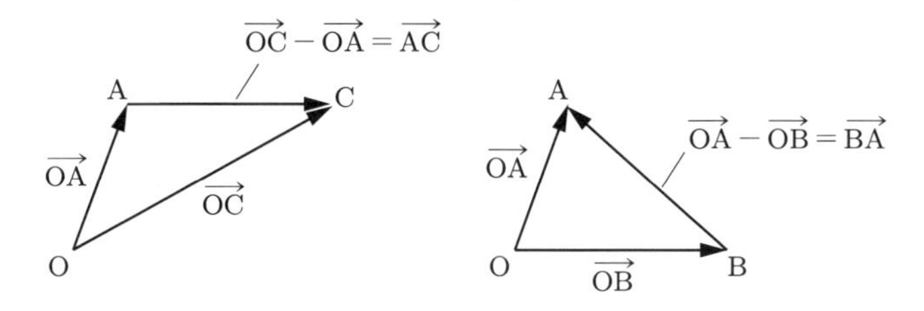

図 6.4 ベクトルの引き算.

のように，確かめてみるとすぐにわかります．

物理におけるベクトル場

物理でもベクトルを頻繁に利用しますが，それは大きさと向きの二つをもつ量が物理ではたくさん現れるからです．力学分野では位置・速度・加速度・力・運動量などがそうですし，電磁気学分野なら電場や磁場などがそうです．とくに，矢印で物体の位置を表す**位置ベクトル**は重要で便利な道具です．位置ベクトルは座標原点から伸びた矢印であり，その先端で物体の位置を指し示します．記号としては$\vec{r}$のように文字の上に矢印をつけて表すか，図 6.5 にあるような，太字 $\boldsymbol{r}$ で表す方法がよくとられますが，ここからは第 5 章と同様に後者の $\boldsymbol{r}$ を用いることにします．

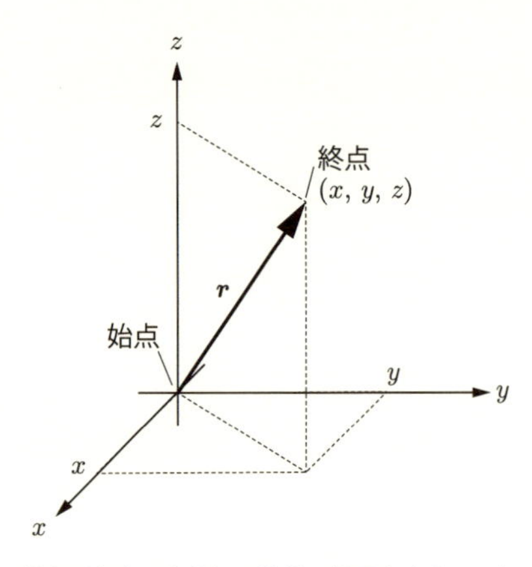

図 6.5　位置ベクトルの終点（矢印の先端）で物体の位置を表す．これは指先で場所を「ここです」と指し示すのと同じ発想である．

また，電場もベクトル量なので太字で $\boldsymbol{E}(x,y,z)$ と書くことにします．3 次元空間における電場は，E_x，E_y，E_z の 3 成分をもっています．つまり

$$\boldsymbol{E}(x,y,z)=(E_x(x,y,z),E_y(x,y,z),E_z(x,y,z)) \qquad \cdots\cdots \text{(6.7)}$$

です．ここで，電場には位置ベクトルと異なり，(x,y,z) という**引数**がついていることに注意してください．これは，電場の様子が場所ごとに異なるからです．つまり，電場は位置の関数になっています．

電場の例として，電子やイオンのような，粒子状の電荷（電気を帯びた小物体）がつくる電場を考えてみましょう．そうした電荷の周囲に発生する電場を矢印で表示

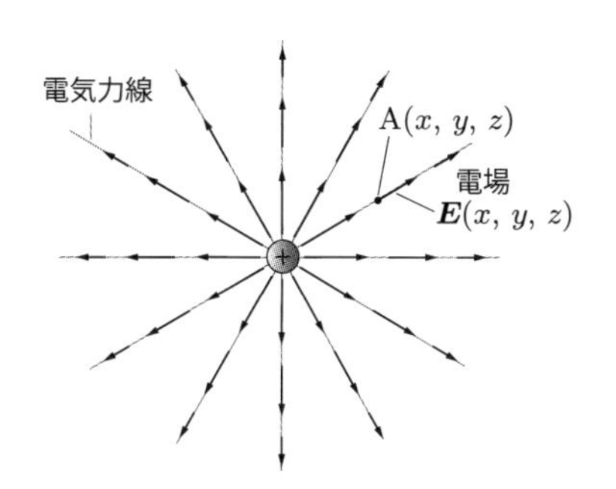

図 6.6　粒子上の電荷のつくる電場.

すると図6.6のようになります．向きは放射状で，大きさは電荷からの距離の2乗に反比例しています（第4章p.93のコラムも参考にしてください）.

電場に限らず，一般に位置 (x, y, z) の関数であるベクトル $\boldsymbol{A}(x, y, z)$ を，**ベクトル場**と言います．磁場もベクトル場ですし，川の水の流れの速度について考えた速度場というものもあります．川の水の流れの速度は場所ごとに速さも向きも異なるため，$\boldsymbol{v}(x, y, z)$ のように，一般に位置の関数になっているからです．なお，時間に依存するベクトル量であれば時間も引数に入り，$\boldsymbol{A}(t, x, y, z)$ のように表します．これもベクトル場です.

物理では位置（と時間）の関数である量を「場」と呼びます．第4章では位置と時間に依存する多変数関数として気温 $T(t, x, y, z)$ を取り上げましたが，これは向きをもたない関数なので，**スカラー場**と言います[*1].

ベクトルとベクトルの成分

位置ベクトル，つまり矢印で物体の位置を表すのは，ちょうど他人に「物体はここにいるよ」と指差しながら示すようなもので，物体の位置の「直接的な」表示法です．これに対し，座標で物体の位置を表す方法は，空間に座標を張ってそれに目盛りを打って「$(x, y, z) = (1, 2, 3)$ という場所だよ」と説明しているわけで，「2次的な」表示法です.

このように，位置ベクトル本体とそれが指し示す物体の座標とは**別物**ですが，通常はこれらを等価なものとみなし，位置ベクトルの先端が指す点の座標が (x, y, z) であるとき

*1　「場」の代わりに，「関数」と呼んでも差し支えありません．スカラー場はスカラー関数，ベクトル場はベクトル値関数とも呼ばれます.

$$\boldsymbol{r} = (x, y, z) \qquad \cdots\cdots \ (6.8)$$

と書いて，

位置ベクトル $\boldsymbol{r}$ の成分は (x, y, z) である

という言い方をします．位置ベクトル（矢印そのもの）のほうがより直接的に「目に見えるもの」であるという意味で幾何的（図形的）であり，座標による表示は解析的（計量的）です．位置ベクトルを使うと，(x, y, z) をまとめて $\boldsymbol{r}$ と表せるため，ベクトル場を $\boldsymbol{A}(\boldsymbol{r})$ と表すこともよくあります．

「ベクトルらしさ」とは何か？

ベクトル本体と，ベクトルの成分との違いについて，もう少し掘り下げましょう．そのために第5章（p.136）でも少し触れた**基底ベクトル**を導入します．ベクトルは，互いに**1次独立**なベクトルを使って分解できます．1次独立とは，大きさが0でなく，かつ互いに平行でないという意味です．平面上の任意の2次元ベクトルは，図6.7のように1次独立な2本のベクトルで分解することができます．同様に，空間中の任意の3次元ベクトルであれば，1次独立な3本のベクトルで分解することができます．分解に使うベクトルの組は1次独立でありさえすれば何でもよいですが，この分解に使われるベクトルの組を基底ベクトルと言います．

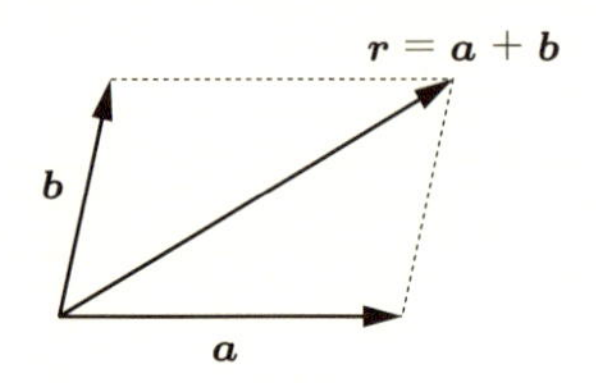

図6.7　任意の2次元ベクトル $\boldsymbol{r}$ は互いに平行でなく，0ベクトルでもない2本のベクトル $\boldsymbol{a}$，$\boldsymbol{b}$ によって分解できる．

基底ベクトルとしてよく使われるものが，大きさが1で，互いに直交するベクトルの組です[*1]．とくに，座標軸に平行なものを使うことが多く，2次元デカルト座標系なら，x，y 軸に沿う長さ1のベクトルの組

$$\boldsymbol{e}_x, \ \boldsymbol{e}_y$$

*1　正規直交基底と言います．

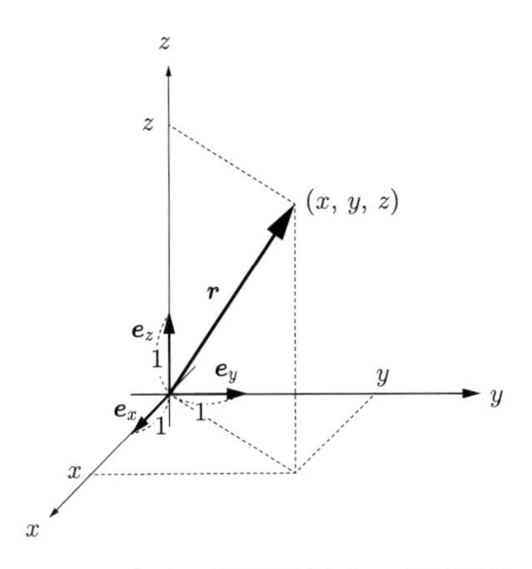

図 6.8 基底ベクトル $\boldsymbol{e}_x$, $\boldsymbol{e}_y$, $\boldsymbol{e}_z$ によって位置ベクトル $\boldsymbol{r}$ を分解する．$\boldsymbol{e}_x$, $\boldsymbol{e}_y$, $\boldsymbol{e}_z$ はすべて大きさが 1 なので，$x\boldsymbol{e}_x$ は x 方向に伸びた，長さ x のベクトルである（$y\boldsymbol{e}_y$, $z\boldsymbol{e}_z$ も同様）．よって $x\boldsymbol{e}_x$, $y\boldsymbol{e}_y$, $z\boldsymbol{e}_z$ を加えれば $\boldsymbol{r}$ になる．

がそれに当たります．3 次元デカルト座標なら，x, y, z 軸に沿う長さ 1 のベクトル

$$\boldsymbol{e}_x,\ \boldsymbol{e}_y,\ \boldsymbol{e}_z$$

を使うのが標準的です．これを使うと，成分を (x, y, z) にもつ位置ベクトル $\boldsymbol{r}$ を

$$\boldsymbol{r} = x\boldsymbol{e}_x + y\boldsymbol{e}_y + z\boldsymbol{e}_z \qquad \cdots\cdots \ (6.9)$$

と分解することができます（図 6.8）[*1]．これからわかるように，座標 (x, y, z) とは，

$\boldsymbol{r}$ を基底ベクトル $\boldsymbol{e}_x$, $\boldsymbol{e}_y$, $\boldsymbol{e}_z$ によって分解したときの，展開係数

のことです．

ということは，基底ベクトルとして異なるものを用いると，展開係数も変わってしまうことになります．基底ベクトルのとり方は座標軸の向きや目盛り付けを決めているため，言うなれば「私たちがどんな見方をするか」を表しています．このことからも，座標とはものの見方によって変わってしまう「頼りない」量であって，幾

*1 図よりも成分表示のほうがわかりやすいということもあるかと思います．3 次元デカルト座標では，$\boldsymbol{e}_x$, $\boldsymbol{e}_y$, $\boldsymbol{e}_z$ のそれぞれが x, y, z 軸に沿う大きさ 1 のベクトルであるということから，その成分は

$$\boldsymbol{e}_x = (1, 0, 0), \quad \boldsymbol{e}_y = (0, 1, 0), \quad \boldsymbol{e}_z = (0, 0, 1)$$

です．これを用いると，

$$\boldsymbol{r} = (x, y, z) = x(1, 0, 0) + y(0, 1, 0) + z(0, 0, 1) = x\boldsymbol{e}_x + y\boldsymbol{e}_y + z\boldsymbol{e}_z$$

が成り立つことがわかります．

何学的実在ではないことがわかります．

逆に，ベクトルそのものは幾何学的な量です．位置ベクトルは，物体が存在しているという事実がまずあって，適当な原点からその物体に向かって引いた矢印が位置ベクトルです．矢印もあくまで仮想的な存在ですが，イメージとして空間中に矢印を描くことはできると思います．イメージとはいえ，「見ることができる」という意味で，ベクトルそのものは幾何学的実在なのです．

6.2 ベクトルと曲率

ベクトルで曲がりを表す

ベクトル本体が幾何学的実在であることを利用すると，「本当に曲がった空間」なのか，「曲がったように見えるだけの空間」なのかも判別することができます．曲がり具合を表すのが**曲率**です．曲率がゼロなら平坦な空間，それ以外なら何らかの曲がりをもった空間です．

曲率とベクトルの関係をイメージするために，第1章でも説明した，地球の表面に沿ってぐるっと1周する話をもう一度考えてみましょう．

再びあなたが北極点にいるとします．そこで，北極点に接する1本のベクトル（矢印）を想像してください[*1]．北極点に接するベクトルですから，ベクトルの指す方向は経線に沿っています．その経線に沿い，**地球の表面に接したまま**ベクトルを平行移動させていきましょう．赤道に向かって平行移動させていくと，図6.9のようにベクトルはだんだん下へ向いていき，あなたが赤道に達したとき，ベクトルの始点が赤道上，ベクトルはその点で接して下を向いています[*2]．

次に，赤道に沿ってベクトルを平行移動させましょう．始点は赤道にくっついたまま，移動することになります．経度にして90°だけ移動させ，再び経線に沿って北極へと戻るとします．

北極点に戻ったとき，ベクトルは今あなたが移動してきた経線に沿った方向を向いています．ということは，図6.9のように当初出発した際にベクトルが北極点で

---

*1　地球の表面は2次元球面 S^2 です．表面はどこも滑らかで無限回微分可能であるとしています（可微分多様体と言います）．北極点で接するベクトルは，北極点に接する平面（接平面と言います）を考えたとき，その接平面のなかに住んでいるベクトルです．

*2　地球の表面に接したベクトルは，それぞれが異なる接平面中のベクトルです．つまり，地球の表面の各点ごとに接平面をまず考え，その平面上のベクトルとして接ベクトルは定義されています．すぐ後で説明するように，「平行移動」と言っても，実際には1本のベクトルを移動させているのではなく，平行移動させたものと考えられる2本のベクトルを対応させているのです．

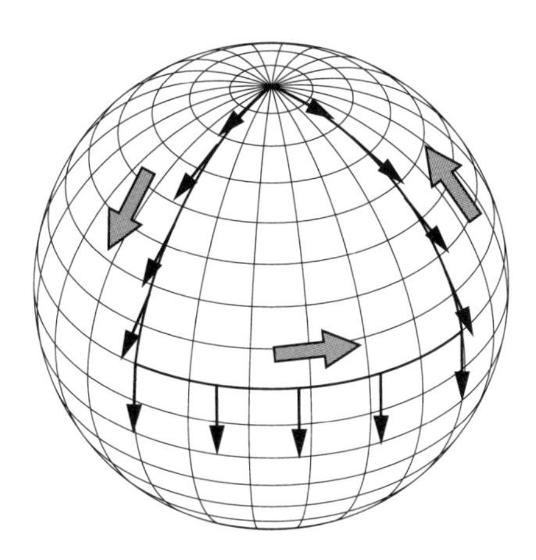

図 6.9 北極点で接するベクトルを平行移動させ，1 周させて戻ってくると，ベクトルの指す向きがずれている．このズレが，曲率の幾何学的表現である．

向いていた方向とは 90° だけずれていることになります．このように，ある領域の周りでベクトルを 1 周させたときにもとのベクトルに一致しないことこそが，空間が曲がっていることの幾何学的な表現です．

では今度は，平面に書いた三角形に沿ってベクトルを平行移動させてみましょう．図 6.10 のような平行移動になりますが，この場合には 1 周した後のベクトルがもとのベクトルと一致します．最初のベクトルとズレがないということで，たしかにこの面は平らな面であって，曲率がないことがわかります．

このように，ベクトルを考えている空間において平行移動させながら 1 周するこ

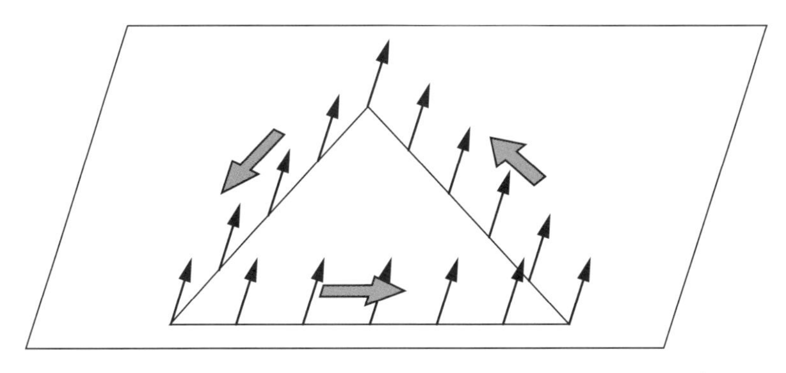

図 6.10 平面上の三角形の周に沿ってベクトルを平行移動させ，1 周させて戻ってくると，もとのベクトルに一致する．ズレがないことは，三角形が書かれている空間が平面，すなわち曲率のない空間であることを表す．

とで，空間に曲率があるかどうかがわかることが明らかになりました．これは図で書けるので直感的な理解は可能ですが，同じ「曲がっている」,「曲率がある」というときにも，どのくらい曲がっているのか，場所ごとに違いがあるのか，空間ごとに具体的に曲がり方がどのくらい違うのかといったことを詳しく知らなければ，物理現象を詳細に解析することはできません．そのためには，ベクトルを成分で表すのと同様，平行移動と曲率も適当な座標を導入して，数字で定量的に表す必要があります．

平面上でのベクトルの平行移動の作図について

ベクトルの平行移動を定量的に表す前に，作図の仕方を考えておきましょう．ベクトルの平行移動を作図するには次のようにします．まず平面上の平行移動について考えます．平面上に曲線 C があり，それに沿ってベクトル $\overrightarrow{\mathrm{OA}}$ を平行移動します．C は curve（曲線）の頭文字です．ここでは図 6.11 の点 O′ に移動しましょう．その点と，もとのベクトルの終点（矢印の先端，図 6.11 の点 A）を結んで線分を書きます．もとの矢印の始点（矢印のしっぽ）から線分の中点（図 6.11 の点 M）を貫くように線を書き，その長さを 2 倍した点が，新しい矢印の先端（図 6.11 の点 A′）になります．こうして書かれたものが，平行移動されたベクトル $\overrightarrow{\mathrm{O'A'}}$ です．

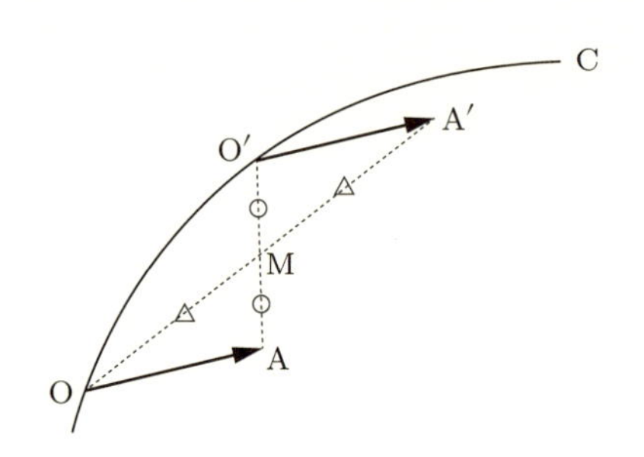

図 6.11　ベクトルの平行移動の作図法（平面上）.

本や平らな机の上に置いた紙の表面のように，2 次元平面中でベクトルを平行移動させる分には，曲線に沿って移動させても，直線に沿って移動させても，ベクトルの向きが変わることはありません．たしかに図 6.11 はそのようになっています．向きが変わるのは同じ 2 次元でも曲面，つまり 3 次元以上の空間に埋め込まれた曲がった面上での話です．地球の表面はまさにそういう曲面になっています．

では次に，曲がった空間の例として球面上でベクトルを平行移動させ，この表面が本当に曲がった場所であることを見ていきます．この球面上をウロウロと歩き回りながら様子を見るようなものです．

曲がった空間での平行移動の作図について

まず図 6.12(a) のように，曲がった空間に点 O で接する平面のなかにベクトル $\overrightarrow{\mathrm{OA}}$ があり，これを曲線 C に沿って，点 O′ の位置へ平行移動したいとします．まず，ベクトル $\overrightarrow{\mathrm{OA}}$ と $\overrightarrow{\mathrm{OO'}}$ が含まれる平面 S_1 を考えます．これは図 6.12(b) のように，球面を切る断面です．

この平面の上で，先ほどの平面上のベクトルの平行移動の要領でベクトル $\overrightarrow{\mathrm{O'A'}}$ を

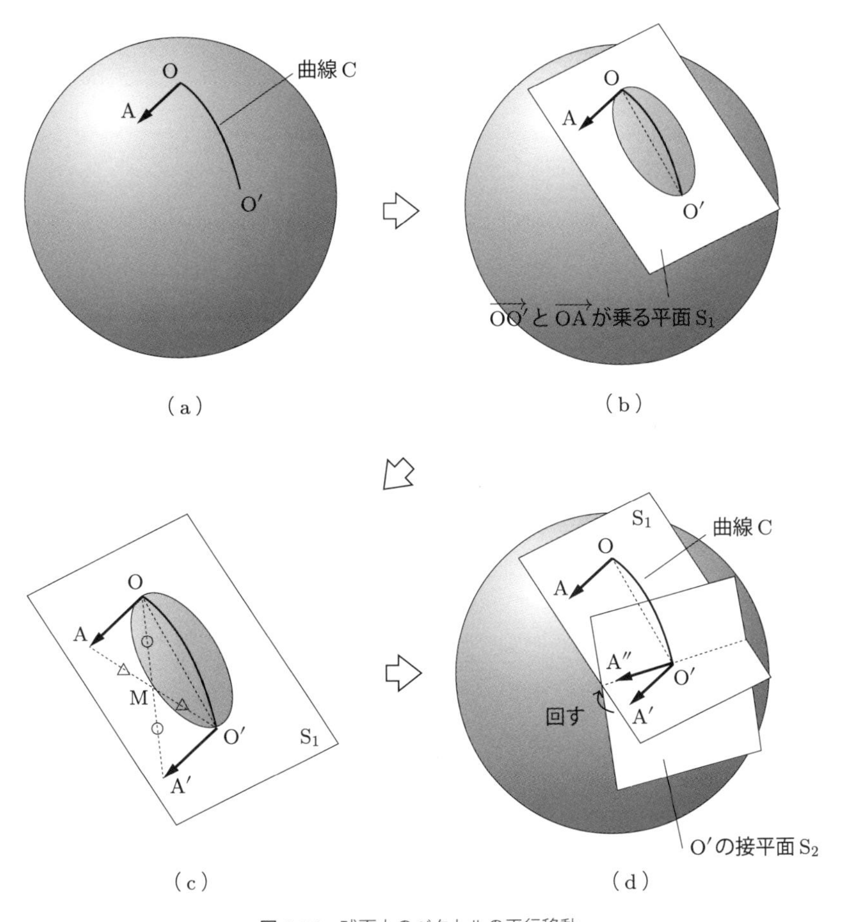

図 6.12　球面上のベクトルの平行移動．

つくります（図 6.12(c)）．球面のように，曲がった空間の場合，この $\overrightarrow{\mathrm{O'A'}}$ は，点 O′ での接平面 S_2 に乗っているとは限りません．

そこで，S_1 と S_2 の交わる線を考え，その線に乗るように，ベクトル $\overrightarrow{\mathrm{O'A'}}$ を点 O′ を中心として回転します．図 6.12(d) にあるように，交わる線に乗ったベクトル $\overrightarrow{\mathrm{O'A''}}$ が，ベクトル $\overrightarrow{\mathrm{OA}}$ を点 O′ へ平行移動したベクトルになります．

特別な例として，図 6.13 に二つの例をあげました．図 6.13(a) は，ベクトル $\overrightarrow{\mathrm{OA}}$ が，点 O で曲線 C に接するベクトルになっている場合です．曲面を地球の表面とし，点 O を北極点，点 O′ が赤道上の点で，曲線 C が経線だとすると，図のように，ベクトル $\overrightarrow{\mathrm{O'A'}}$ は地球の表面に垂直なベクトルになります．これを 90° 回転し，点 O′ での接平面に乗るようにすれば，欲しかったベクトル $\overrightarrow{\mathrm{OA''}}$ ができます．

図 6.13(b) は，曲線 C（に接するベクトル）とベクトル $\overrightarrow{\mathrm{OA}}$ が 90° をなしている

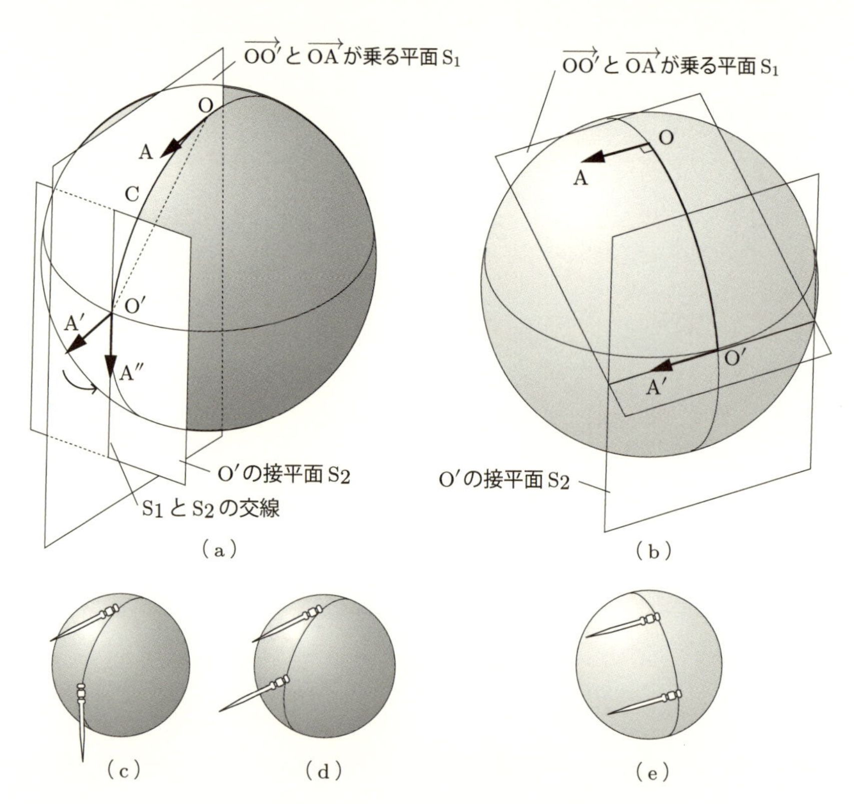

図 6.13　球面のベクトルの平行移動の二つの特別な場合．

場合です．この場合も，北極点から始めて赤道までベクトル $\overrightarrow{\mathrm{OA}}$ を平行移動していくと，平面 S_1 と点 O' の接平面 S_2 の交わる線に，ベクトル $\overrightarrow{\mathrm{O'A'}}$ が乗ります．そのため，この場合はベクトル $\overrightarrow{\mathrm{O'A'}}$ を，S_1 と S_2 の交わる線に沿うように回転する必要はありません．

このように，きちんと作図をしようとすると曲がった空間での平行移動は少し面倒なのですが，面白いことに，自分の指をベクトルと見立て曲面に**常に接するように**移動していくと，平行移動したベクトルがどのようになるか，簡単に知ることができます*1．図 6.13(c) (d) (e) は指の代わりに爪楊枝で様子を示したものです．(c) は球面に沿って平行移動になっていますが，(d) のほうでは球面に沿っていないので，平行移動になっていません．ボールに垂直に突き出ている爪楊枝は，ちょうど (a) でのベクトル $\overrightarrow{\mathrm{O'A'}}$ に対応しています．

6.3 ベクトルを微分する：偏微分と共変微分

平行移動の図示ができましたので，次にそれを数式で表現しましょう．ある線に沿うベクトルの平行移動は，**共変微分**という，一般相対論では極めて重要な微分と関係しています．なぜ微分と移動が関係するのかというと，微分が物事の変化の仕方を表すものであり，ベクトルの変化を見るために，離れた 2 点でのベクトルの始点を揃え，引き算する必要があるからです．ベクトルの始点を揃えるためには，平行移動しなくてはいけないのです*2．

曲がった面に沿ってベクトルを平行移動させていけばベクトルが少しずつ変化していくわけですが，その変化の様子は単なる微分（偏微分）では表現しきれません．というのも，曲がった空間はもちろん，**たとえ曲がっていない空間であっても各点各点で基底ベクトルが変化している可能性があるからです**．もっと言うと，離れた 2 点 A，B があるとき，そもそも A と B で異なる座標系を使っても構わないのです*3．そのため「ベクトルの成分の変化」だけでなく，「ベクトルの成分を定義するために使っている基底ベクトルの変化」も取り入れて，ベクトル全体の変化を評価

---

*1　指を球面に接したまま移動させる代わりに，指を固定しておいて，その上で球面を逆方向に転がしてももちろん同じ結果になります．ベクトルを動かすか，ベクトルが乗っている「空間」のほうを逆方向に動かすか，この二つのやり方はそれぞれ active（能動的）な変換，passive（受動的）な変換と言います．回転行列やローレンツ変換のところでも，同じように二つの互いに逆向きな変換について触れました．

*2　移動には他の方法もあります．移動の仕方に応じて微分も異なります．

*3　もちろん，それらの座標系が重なったり接したりするところでは，物理的にも数学的にも矛盾のないように定義できなければいけません．

しなければならないのです．そのように，

ベクトルの成分の変化＋基底ベクトルの変化

を表す微分が共変微分です．

たとえばアメリカでは温度を摂氏ではなく華氏で表しますが，両者には

$$(\text{華氏温度}) = \frac{9}{5} \times (\text{摂氏温度}) + 32 \qquad \cdots\cdots \ (6.10)$$

という関係があります．したがって，たとえば摂氏25度は華氏77度に当たります．華氏だと知らずに「今日の最高気温は77度だってさ」と言われたら，日本人のように通常摂氏を使っている人は驚くでしょう．

異なる点での基底ベクトル同士の関係を知らずにベクトルの変化を比べるというのは，日本で使っている25という数値と，アメリカで使っている数値77と比べて，「今日のニューヨークの気温は東京の気温より52度高い」というようなもので，意味のない比較になってしまいます．基底ベクトルは使っている座標系を表していますから，基底ベクトルが違うということは座標系が異なること，つまり座標軸の目盛りや向きが場所ごとに異なることを意味します．温度の場合には軸は1本なので「向き」は正負しかありませんが，華氏と摂氏では目盛りの幅や，原点の振り方が違っています[*1]．

前にも述べたように，温度のような一つの数値で表せる量を**スカラー場**と言います．スカラー場は向きをもちません．これに対して，電場などは，向きをもつベクトル場でした．ベクトル場を各点ごとで異なる座標系で見比べる際には，その向きも違う可能性があります．つまり，温度の例で見た日本とアメリカでの「尺度や原点の違い」に加えて，2地点で使っている「単位ベクトルの向きの変化」も考慮する必要があります．

ベクトル場の成分と基底ベクトル

デカルト座標以外の座標系だと，各点ごとに基底ベクトルが変わり，それに応じてベクトル場の成分が変わります．この様子を，2次元平面上の電場を例に見てみましょう．2次元平面に極座標を張り，原点に正電荷が置かれた場合を考えます．正

---

*1　読書量を冊数で測るのが少々乱暴なのも似ています．同じ1冊でも子ども向け絵本と1000ページの大著とでは全然重みが（文字どおり）違ってきます．まして読書の効果はページ数で測ることもできないのですからなおさらです．この例での「座標系」とは（読書の効果を測る）「価値基準」のことですが，きちんと考えて選択しないと意味のない結論を生むという意味では物理学における座標系とも通じています．

電荷からは電場が発生しますが，図 6.6 のようにその向きは原点から放射状に伸びた電気力線に接するベクトルとして表されます．ウニのとげのような感じです．電気力線が立て込んでいるところ（密度が高いところ）が電場の強いところで，その強さはベクトルの長さで表します．電場は電荷によって空間に発生した，電気的な影響が及ぶ領域だと考えればよいと前にも言いましたが，そこに別の電荷を置くと電場から力を受けて，正の電荷は放射状外向きに反発され，負の電荷は内向きに引き寄せられます．

今の電場は放射状なので電場ベクトル $\boldsymbol{E}$ を数式で表現すると

$$\boldsymbol{E}(r,\theta) = E(r)\boldsymbol{e}_r(r,\theta) + 0 \cdot \boldsymbol{e}_\theta(r,\theta) \qquad \cdots\cdots (6.11)$$

となります．ここで $\boldsymbol{e}_r$ は r 方向の基底ベクトル，$\boldsymbol{e}_\theta$ は θ 方向の基底ベクトルです（図 6.14）．$\boldsymbol{e}_\theta$ の前の係数が 0 になっているのは，今考えている電場は放射状で θ 方向には向いていないからです．また電場の強さは原点からの距離 r のみに依存しているので（具体的には r^2 に反比例しているので）$E(r)$ と書きました．もし角度 θ にも依存するなら $E(r,\theta)$ になります．より**一般的なベクトル場**なら

$$\boldsymbol{A}(r,\theta) = A^r(r,\theta)\boldsymbol{e}_r(r,\theta) + A^\theta(r,\theta)\boldsymbol{e}_\theta(r,\theta) \qquad \cdots\cdots (6.12)$$

となります．デカルト座標での基底ベクトル $\boldsymbol{e}_x$，$\boldsymbol{e}_y$ は平面上のどこでも変わらないので引数をつけず $\boldsymbol{e}_x$，$\boldsymbol{e}_y$ としか書きませんが，極座標の基底ベクトルの場合は各点ごとに向きと大きさが変わることに注意しなければいけませんので

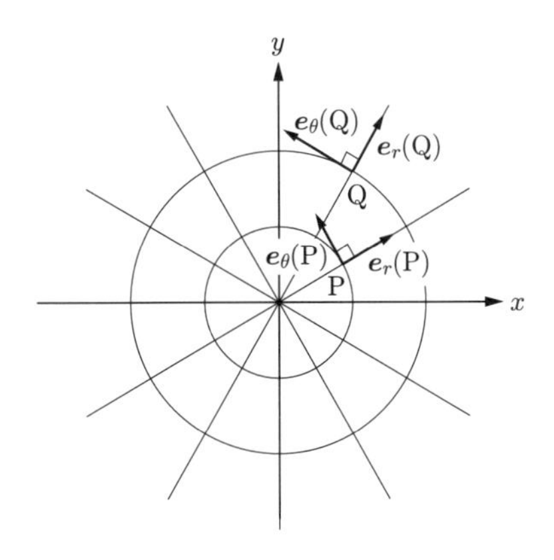

図 6.14　極座標での基底ベクトル．極座標では各点ごとに基底ベクトルの向きと大きさが異なる．

$$\boldsymbol{e}_r(r,\theta),\quad \boldsymbol{e}_\theta(r,\theta) \qquad \cdots\cdots (6.13)$$

のように場所に依存する関数であることをはっきり書きました．$\boldsymbol{e}_r$，$\boldsymbol{e}_\theta$ と $\boldsymbol{e}_x$，$\boldsymbol{e}_y$ の関係については後述します．

今，$\boldsymbol{A}$ は r と θ の2変数をもつベクトルですから，その変化を求めるために，r と θ の二つで微分することができます．r で微分するということは，自分が小さくなって2次元平面に乗り，r 方向に動いていったときに $\boldsymbol{A}$ がどう変化していくかを見るということであり，θ についても同様です．

共変微分とは？

ではいよいよ，ベクトル場の共変微分について考えていきましょう．球面など，何らかの曲面の上にベクトル場 $\boldsymbol{A}$ があるとします．曲面上に曲線Cを考え，C上に点P，Qをとります．

曲線は一つのパラメーターで表示することができるので，それを λ とします．Pから測った曲線の長さなどをイメージしてください．点Pはこのパラメーターでは λ，点Qは $\lambda+\epsilon$ に当たる点だとします．ここで ϵ は微小量を表す文字で，実際には無限小，すなわち計算の最後に $\epsilon\to 0$ とする量です．

◆ポイント解説：自由度と曲線の媒介変数表示

曲線の例として円を考えましょう．原点を中心とする半径1の円の方程式は2次元デカルト座標で

$$x^2+y^2=1 \qquad \cdots\cdots (6.14)$$

ですが，ほかにも

$$x=\cos\lambda,\quad y=\sin\lambda \qquad \cdots\cdots (6.15)$$

という表し方もあります．sin と cos は2乗して足すと1になることを用い，λ を消去すれば最初の式を導くことができますが，このようにパラメーターを使って図形を現す方法を**媒介変数表示**（パラメーター表示）と言います．今，円という曲線は λ という一つのパラメーターだけで現されています．3次元空間中の2次元曲面を現すには二つのパラメーターが必要になります．一般に n 次元物体を媒介変数表示するには n 個のパラメーターが必要です．

さて，ベクトル場 $\boldsymbol{A}$ の点 P における微分を考えてみましょう．これまでやってきた関数の微分を思い出すと，点 P から少し離れたところに点 Q をとり，点 P と点 Q でのベクトル場の差

$$\boldsymbol{A}(\mathrm{Q}) - \boldsymbol{A}(\mathrm{P})$$

を求め，それを微小量 ϵ で割って，$\epsilon \to 0$ という極限をとればよさそうです．

点 P，Q の座標がそれぞれ $\mathrm{P}(x^\mu)$，$\mathrm{Q}(x^\mu + dx^\mu)$ のように表されるとき，$\boldsymbol{A}(\mathrm{Q}) - \boldsymbol{A}(\mathrm{P})$ は，第 4 章で説明した全微分の考え方を使えば

$$\begin{aligned}\boldsymbol{A}(\mathrm{Q}) - \boldsymbol{A}(\mathrm{P}) &= [\boldsymbol{A}(x^\mu + dx^\mu) - \boldsymbol{A}(x^\mu)] \\ &= \frac{\partial \boldsymbol{A}}{\partial x^\mu} dx^\mu \end{aligned} \qquad \cdots\cdots \ (6.16)$$

となるはずです．ここではアインシュタインの縮約も使っています [*1]．

ところが，よく考えてみると $\boldsymbol{A}(\mathrm{Q}) - \boldsymbol{A}(\mathrm{P})$ という量は明確に定義された量ではないことがわかります．なぜなら，$\boldsymbol{A}(\mathrm{P})$，$\boldsymbol{A}(\mathrm{Q})$ は，それぞれ別の点である点 P と点 Q における接平面上に存在するベクトルだからです．

微分は，何らかの量の変化を表すものですので，今の場合もベクトルの変化，すなわち差を計算しているわけですが，それが意味のあるものになるためには，図 6.15 のように点 P にあるベクトル $\boldsymbol{A}(\mathrm{P})$ を平行移動して，点 Q での接平面上に二つのベクトルを集めてから差をとる必要があるのです．少しややこしいのですが，

> 点 Q の接平面上に存在するベクトルによって，$\boldsymbol{A}(\mathrm{P})$ を点 Q に平行移動したものに「ふさわしい」ベクトル $\bar{\boldsymbol{A}}(\mathrm{P} \to \mathrm{Q})$ を定義しなければならない

ということです．ここで平行移動という概念が共変微分の定義に関係することがわかります．

この事情をもう少し詳しく見てみましょう．式 (6.16) に現れた量を基底ベクトルとその成分に分解してみると，

$$\frac{\partial \boldsymbol{A}}{\partial x^\mu} dx^\mu = \frac{\partial}{\partial x^\mu}\big(A^\nu(x)\boldsymbol{e}_\nu(x)\big) dx^\mu$$

---

*1　たとえば 2 変数関数のスカラー場の全微分が

$$df = f(x+dx, y+dy) - f(x,y) \fallingdotseq \frac{\partial f}{\partial x}dx + \frac{\partial f}{\partial y}dy = \frac{\partial f}{\partial x^i}dx^i \quad (i \text{ は } x \text{ または } y)$$

となることを思い出してください．

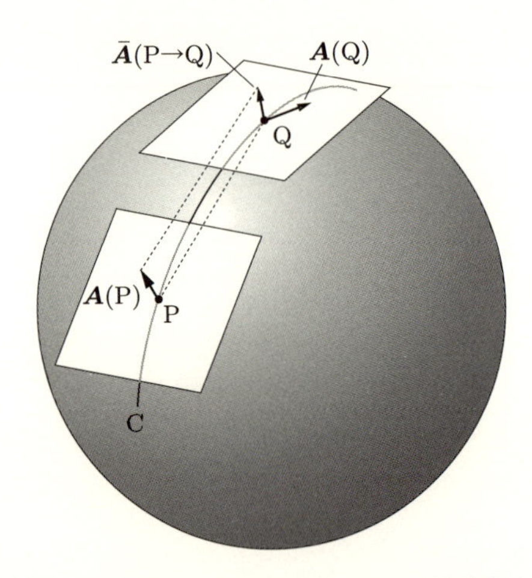

図 6.15　点 P，Q の接平面にそれぞれベクトル $\boldsymbol{A}(\mathrm{P})$，$\boldsymbol{A}(\mathrm{Q})$ が存在する．それらを比べるには同一の点で評価する必要があるため，$\boldsymbol{A}(\mathrm{P})$ を点 Q まで平行移動してできる $\bar{\boldsymbol{A}}(\mathrm{P}\to\mathrm{Q})$ を考える．

$$= \left\{ \frac{\partial A^\nu(x)}{\partial x^\mu} \boldsymbol{e}_\nu(x) + A^\nu(x) \frac{\partial \boldsymbol{e}_\nu(x)}{\partial x^\mu} \right\} dx^\mu$$

$$= \left\{ A^\nu{}_{,\mu}(x) \boldsymbol{e}_\nu(x) + A^\nu(x) \boldsymbol{e}_{\nu,\mu}(x) \right\} dx^\mu \qquad \cdots\cdots (6.17)$$

となっています．ここで積の微分公式（ライプニッツ則とも言います）

$$\frac{d}{dx}(f(x)g(x)) = \frac{df(x)}{dx} g(x) + f(x) \frac{dg(x)}{dx} \qquad \cdots\cdots (6.18)$$

が，ベクトルの成分と基底ベクトルの積 $A^\nu(x)\boldsymbol{e}_\nu(x)$ に対しても成り立つことを使いました*1．また，

$$\frac{\partial A^\nu(x)}{\partial x^\mu} = A^\nu{}_{,\mu}(x) \qquad \cdots\cdots (6.19)$$

のように，偏微分をコンマで表しました．これは相対論ではよく使われる記法です．ほかにもよく使われる表記として

$$\frac{\partial A^\nu(x)}{\partial x^\mu} = \partial_\mu A^\nu(x) \qquad \cdots\cdots (6.20)$$

*1　微分をプライムで書いた

$$(fg)' = f'g + fg'$$

のほうが覚えやすいかもしれません．

というものもあります．つまり，$\partial/\partial x^\mu = \partial_\mu$ です．

さて，式 (6.17) の第1項は，意味がはっきりしています．なぜなら，$A^\nu{}_{,\mu}(x)\boldsymbol{e}_\nu(x)$ では基底ベクトルを微分していないので，基底ベクトルの変化を考えていません．つまり，同一の接平面の，ある1点の上でスカラー量である $A^\nu(x)$ の微分を考えていることに相当するからです．これは私たちがこれまで扱ってきた，普通の微分（偏微分）と同じものです．

問題は式 (6.17) の第2項で，とくに $\boldsymbol{e}_{\nu,\mu}(x)$ の部分です．これは**基底ベクトルの変化**を計算しています．ベクトルの変化，すなわち差を計算しているわけですから，二つのベクトルの引き算を計算していることになります．$\boldsymbol{A}(\mathrm{Q}) - \boldsymbol{A}(\mathrm{P})$ という計算のなかで難しいのはここ，すなわち点 P，Q における基底ベクトルの差

$$\boldsymbol{e}_\nu(\mathrm{Q}) - \boldsymbol{e}_\nu(\mathrm{P}) \qquad \cdots\cdots \ (6.21)$$

をどう考えるかというところにあります．ここで，点 Q へ $\boldsymbol{e}_\nu(\mathrm{P})$ を平行移動したものを

$$\bar{\boldsymbol{e}}_\nu(\mathrm{P} \to \mathrm{Q}) \qquad \cdots\cdots \ (6.22)$$

と書くことにし，この量について考えていきます．

基底ベクトルの平行移動

一般のベクトルにしろ，基底ベクトルにしろ，差をとるためには始点を揃える必要があり，そのために平行移動が必要です．これをどのように考えるか，ポイントは二つありますのでそれらを分けて考えましょう．

一つは，平面上の基底ベクトルであっても，たとえば2次元極座標の基底ベクトルのように，各点ごとに基底ベクトルは異なるということです．すなわち，一般に $\boldsymbol{e}_\nu(\mathrm{Q}) \neq \boldsymbol{e}_\nu(\mathrm{P})$ です．

もう一つは，先ほどから何度か登場している2次元曲面のように，曲面では各点ごとに接平面が異なるということです[*1]．このために，平行移動する際，同じ点へ移動させたとしても，どんなルートを通るかによって結果が異なってしまうということが起きます．

これらの点をはっきりさせるため，

---

*1　正確には，平面であっても点ごとに接平面は存在しますが，平面の場合は任意の点における接平面はすべて重なってしまいますので，実質的に同一視できます．

1. 2 次元平面上で，デカルト座標を使っている場合
2. 2 次元平面上で，極座標を使っている場合
3. 2 次元曲面上で，一般の座標を使っている場合

のように，段階を踏んで基底ベクトルの平行移動について見ていくことにします．

その 1：2 次元平面上で，デカルト座標を使っている場合

この場合，平面上の任意の点で基底ベクトルは変わりません（図 6.16 参照）．すなわち

$$\boldsymbol{e}_x(x,y)=\boldsymbol{e}_x=\text{一定},\quad \boldsymbol{e}_y(x,y)=\boldsymbol{e}_y=\text{一定} \qquad \cdots\cdots (6.23)$$

です．もちろん，どう平行移動させても変化することはなく，図のように

$$\bar{\boldsymbol{e}}_\nu(\mathrm{P}\to\mathrm{Q})=\boldsymbol{e}_\nu(\mathrm{P})=\boldsymbol{e}_\nu(\mathrm{Q}) \qquad \cdots\cdots (6.24)$$

です．

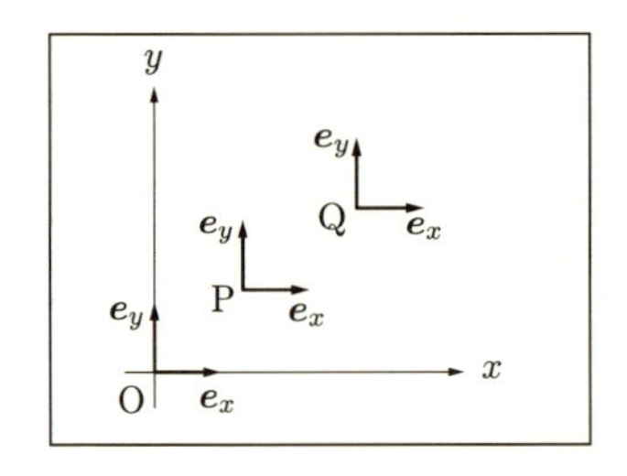

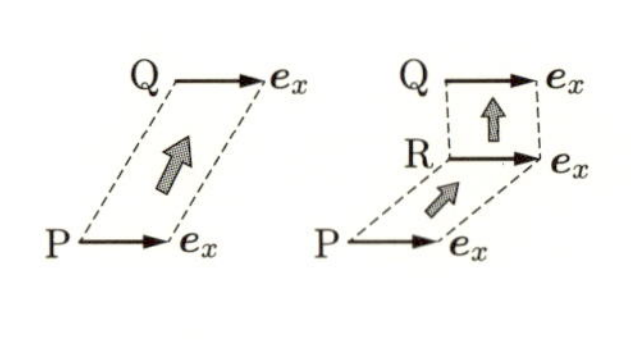

図 6.16　2 次元平面上でデカルト座標系を張った場合，基底ベクトルは任意の点で同じ．

その 2：2 次元平面上で，極座標を使っている場合

2 次元極座標の基底ベクトル $\boldsymbol{e}_r$，$\boldsymbol{e}_\theta$ は，デカルト座標とは

$$\begin{aligned}\boldsymbol{e}_r&=\cos\theta\,\boldsymbol{e}_x+\sin\theta\,\boldsymbol{e}_y\\ \boldsymbol{e}_\theta&=-r\sin\theta\,\boldsymbol{e}_x+r\cos\theta\,\boldsymbol{e}_y\end{aligned} \qquad \cdots\cdots (6.25)$$

という関係にあり，明らかに r，θ に応じて変化することがわかります [*1].

図 6.17 からわかるように，$\boldsymbol{e}_\nu(\mathrm{P}) \neq \boldsymbol{e}_\nu(\mathrm{Q})$ ですので，この二つの基底ベクトルにはズレがありますが，そのズレを同一点で比べるため，先ほど導入した $\bar{\boldsymbol{e}}_\nu(\mathrm{P} \to \mathrm{Q})$ を考えましょう．これは，点 P で定義されていた基底ベクトル $\boldsymbol{e}_\nu(\mathrm{P})$ を，点 Q まで平行移動してつくられたベクトル（正確には，点 Q におけるベクトルで，$\bar{\boldsymbol{e}}_\nu(\mathrm{P} \to \mathrm{Q})$ と同一視できるもの）ですから，これとの差

$$\boldsymbol{e}_\nu(\mathrm{Q}) - \bar{\boldsymbol{e}}_\nu(\mathrm{P} \to \mathrm{Q}) \qquad \cdots\cdots \ (6.26)$$

は意味がはっきりしています．点 Q での基底ベクトルの差だからです．

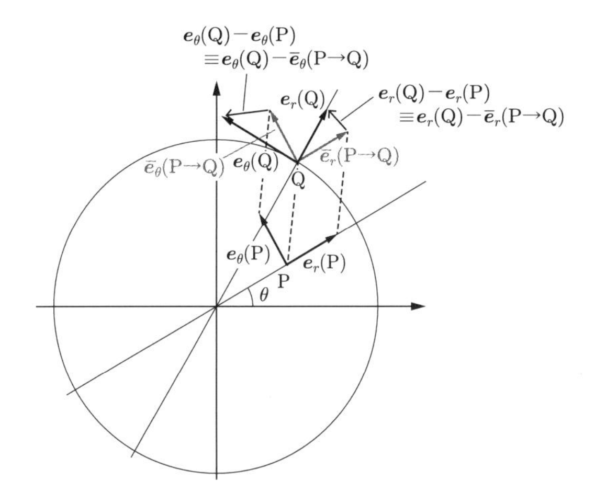

図 6.17　2 次元平面に極座標を張った場合，各点ごとに基底ベクトルは向きも大きさも異なる．

点 P と点 Q が十分近ければこの差はわずかでしょうから，微分を用いて

$$\boldsymbol{e}_\nu(\mathrm{Q}) - \bar{\boldsymbol{e}}_\nu(\mathrm{P} \to \mathrm{Q}) \fallingdotseq \frac{\partial \boldsymbol{e}_\nu}{\partial x^\mu} dx^\mu = \boldsymbol{e}_{\nu,\mu} dx^\mu \qquad \cdots\cdots \ (6.27)$$

---

*1　電磁気学などでは，極座標の場合にも正規直交基底を考えます．つまり

$$\boldsymbol{e}_\theta = -\boldsymbol{e}_x \sin\theta + \boldsymbol{e}_y \cos\theta$$

であり，ここで考えている $\boldsymbol{e}_\theta$ とは r 倍異なります．それに応じて，ベクトルの成分も変化します（本書におけるベクトルの θ 方向成分 A^θ は，電磁気学で使われるものの $1/r$ 倍です）．もちろん，どのような基底ベクトルを使っても構わないのですが，本書で用いているものは一般座標変換から決まる，

$$\boldsymbol{e}_\theta = \frac{\partial x}{\partial \theta}\boldsymbol{e}_x + \frac{\partial y}{\partial \theta}\boldsymbol{e}_y$$

によって定めたものです．基底ベクトルの変換については付録 B.1 をご覧ください．

と書けるはずです．

この式は，基底ベクトルの微分の定義だと見ることができます．式 (6.16) にも，同じようなベクトルの微分が出てきたわけですが，それは異なる 2 点でのベクトル場の差だったので，定義が明確ではありませんでした．式 (6.27) の計算は点 Q での二つのベクトルの比較ですから，こちらは意味がはっきりしていることに注意してください．

これを使うと

$$\boldsymbol{e}_r(\mathrm{Q}) - \bar{\boldsymbol{e}}_r(\mathrm{P} \to \mathrm{Q}) \fallingdotseq \frac{\partial \boldsymbol{e}_r}{\partial x^\mu} dx^\mu = \boldsymbol{e}_{r,\mu} dx^\mu \qquad \cdots\cdots (6.28)$$

$$\boldsymbol{e}_\theta(\mathrm{Q}) - \bar{\boldsymbol{e}}_\theta(\mathrm{P} \to \mathrm{Q}) \fallingdotseq \frac{\partial \boldsymbol{e}_\theta}{\partial x^\mu} dx^\mu = \boldsymbol{e}_{\theta,\mu} dx^\mu \qquad \cdots\cdots (6.29)$$

と書けます．これが図 6.17 における基底ベクトルの差に当たるものです．図 6.17 ではわかりやすくするために基底ベクトルの差を終点同士をつなぐ位置に書いてありますが，実際には点 Q に始点をもつベクトルです．このことに注意すると，

$$\frac{\partial \boldsymbol{e}_r}{\partial x^\mu} = \boldsymbol{e}_{r,\mu} = \Gamma^r{}_{r\mu}(\mathrm{Q})\boldsymbol{e}_r(\mathrm{Q}) + \Gamma^\theta{}_{r\mu}(\mathrm{Q})\boldsymbol{e}_\theta(\mathrm{Q}) = \Gamma^\rho{}_{r\mu}(\mathrm{Q})\boldsymbol{e}_\rho(\mathrm{Q}) \qquad \cdots\cdots (6.30)$$

$$\frac{\partial \boldsymbol{e}_\theta}{\partial x^\mu} = \boldsymbol{e}_{\theta,\mu} = \Gamma^r{}_{\theta\mu}(\mathrm{Q})\boldsymbol{e}_r(\mathrm{Q}) + \Gamma^\theta{}_{\theta\mu}(\mathrm{Q})\boldsymbol{e}_\theta(\mathrm{Q}) = \Gamma^\rho{}_{\theta\mu}(\mathrm{Q})\boldsymbol{e}_\rho(\mathrm{Q}) \qquad \cdots\cdots (6.31)$$

のように，$\boldsymbol{e}_{r,\mu}$，$\boldsymbol{e}_{\theta,\mu}$ もまた，点 Q における基底ベクトル $\boldsymbol{e}_\rho(\mathrm{Q})$ で展開できることがわかります．ここで，

$$\frac{\partial \boldsymbol{e}_\sigma}{\partial x^\mu} = \boldsymbol{e}_{\sigma,\mu} = \Gamma^\rho{}_{\sigma\mu}\boldsymbol{e}_\rho \qquad \cdots\cdots (6.32)$$

で定義される展開係数 $\Gamma^\rho{}_{\mu\sigma}$ には，**接続**という名前がついています [*1]．

こうして，点 P の基底ベクトル $\boldsymbol{e}_\nu(\mathrm{P})$ を点 Q へ平行移動したベクトル $\bar{\boldsymbol{e}}_\nu(\mathrm{P} \to \mathrm{Q})$ を用いれば，ベクトルの変化を各点ごとに考えることができ，その具体的な形は接続を使って

$$\bar{\boldsymbol{e}}_\nu(\mathrm{P} \to \mathrm{Q}) = \boldsymbol{e}_\nu(\mathrm{Q}) - \Gamma^\rho{}_{\nu\mu}(\mathrm{Q})\boldsymbol{e}_\rho(\mathrm{Q}) dx^\mu \qquad \cdots\cdots (6.33)$$

となることもわかりました．

これを用いれば，式 (6.17) で意味が不明瞭だった基底ベクトルの微分を明確に定義することができます．すなわち，式 (6.17) で計算した $\partial \boldsymbol{A}/\partial x^\mu$ を，改めて

*1　一般相対論の基本原理の一つである等価原理が成り立つためには，接続は $\Gamma^\rho{}_{\mu\sigma} = \Gamma^\rho{}_{\sigma\mu}$ のように，下付きの添え字について対称でなければならないことがわかります．詳しくは次章以降で説明します．

$$
\begin{aligned}
\frac{\partial \boldsymbol{A}}{\partial x^\mu} &= \frac{\partial}{\partial x^\mu}\bigl(A^\nu(x)\boldsymbol{e}_\nu(x)\bigr) \\
&= A^\nu{}_{,\mu}(x)\boldsymbol{e}_\nu(x) + A^\nu(x)\boldsymbol{e}_{\nu,\mu}(x) \\
&\equiv A^\nu{}_{,\mu}(x)\boldsymbol{e}_\nu(x) + A^\nu(x)\Gamma^\rho{}_{\nu\mu}(x)\boldsymbol{e}_\rho(x) \\
&= A^\nu{}_{,\mu}(x)\boldsymbol{e}_\nu(x) + A^\rho(x)\Gamma^\nu{}_{\rho\mu}(x)\boldsymbol{e}_\nu(x) \\
&= \bigl\{A^\nu{}_{,\mu}(x) + A^\rho(x)\Gamma^\nu{}_{\rho\mu}(x)\bigr\}\boldsymbol{e}_\nu(x) \qquad \cdots\cdots (6.34)
\end{aligned}
$$

と定義するということです（第３式から第４式に移るところで，＝ではなく，「定義」を表す ≡ を使って明示しました）．ここで，第４式から第５式に移る際に，アインシュタインの縮約をとっている二つの添え字 ρ，ν を入れ替えました．ρ と ν は和をとっていることを表すだけで，実際には

$$
\begin{aligned}
A_\rho B^\rho &= \sum_{\rho=0}^{3} A_\rho B^\rho \\
&= A_0B^0 + A_1B^1 + A_2B^2 + A_3B^3 \\
&= \sum_{\nu=0}^{3} A_\nu B^\nu = A_\nu B^\nu \qquad \cdots\cdots (6.35)
\end{aligned}
$$

のように，どんな文字を使ってもよいからです．

最後の式の $\{\}$ のなかの量が，A^ν の**共変微分**です．共変微分は $\nabla_\mu A^\nu$ または $A^\nu{}_{;\mu}$ などと書きます．つまり

$$
\nabla_\mu A^\nu = A^\nu{}_{;\mu} = A^\nu{}_{,\mu} + A^\rho\Gamma^\nu{}_{\rho\mu} \qquad \cdots\cdots (6.36)
$$

です．同じことですが，成分だけではなく，基底ベクトルをつけてベクトル量であることを強調したければ，

$$
\nabla_\mu \boldsymbol{A} = (\nabla_\mu A^\nu)\boldsymbol{e}_\nu = A^\nu{}_{;\mu}\boldsymbol{e}_\nu = \bigl(A^\nu{}_{,\mu} + A^\rho\Gamma^\nu{}_{\rho\mu}\bigr)\boldsymbol{e}_\nu \qquad \cdots\cdots (6.37)
$$

となります．なお，ここまでの話は次元を変えてもまったく同様に成り立ち，４次元時空なら，式 (6.37) の μ や ν は０から３を走ります．

共変微分を定義する際に基底ベクトルの平行移動を定義しましたので，同じように一般のベクトル場 $\boldsymbol{A}$ の平行移動も定義できます．点 P におけるベクトル $\boldsymbol{A}(\mathrm{P})$ を点 Q へ平行移動したベクトル $\bar{\boldsymbol{A}}(\mathrm{P}\to\mathrm{Q})$ は

$$
\bar{\boldsymbol{A}}(\mathrm{P}\to\mathrm{Q}) = A^\nu(\mathrm{P})\bar{\boldsymbol{e}}_\nu(\mathrm{P}\to\mathrm{Q})
$$

$$
\begin{aligned}
&= A^{\nu}(\mathrm{P})\left\{\boldsymbol{e}_{\nu}(\mathrm{Q}) - \Gamma^{\rho}{}_{\nu\mu}(\mathrm{Q})\boldsymbol{e}_{\rho}(\mathrm{Q})dx^{\mu}\right\} \\
&= \left\{A^{\nu}(\mathrm{P}) - A^{\rho}(\mathrm{P})\Gamma^{\nu}{}_{\rho\mu}(\mathrm{Q})dx^{\mu}\right\}\boldsymbol{e}_{\nu}(\mathrm{Q}) \\
&\fallingdotseq \left\{A^{\nu}(\mathrm{P}) - A^{\rho}(\mathrm{P})\Gamma^{\nu}{}_{\rho\mu}(\mathrm{P})dx^{\mu}\right\}\boldsymbol{e}_{\nu}(\mathrm{Q}) \qquad \cdots\cdots (6.38)
\end{aligned}
$$

と書けます．最後の式に変形する際，{ }のなかの第2項は，無限小量である dx^{μ} が掛かっているため，$A^{\rho}(\mathrm{Q})\Gamma^{\nu}{}_{\rho\mu}(\mathrm{Q}) \fallingdotseq A^{\rho}(\mathrm{P})\Gamma^{\nu}{}_{\rho\mu}(\mathrm{P})$ と近似できることを使いました [*1]．成分だけ抜き出して書けば，

$$
\bar{A}^{\nu}(\mathrm{P} \to \mathrm{Q}) = A^{\nu}(\mathrm{P}) - A^{\rho}(\mathrm{P})\Gamma^{\nu}{}_{\rho\mu}(\mathrm{P})dx^{\mu} \qquad \cdots\cdots (6.39)
$$

となります．この式は，後で曲率の計算に用います．

これを使って共変微分を定義することもできます．点P，Qの座標をそれぞれ $\mathrm{P}(x^{\mu})$，$\mathrm{Q}(x^{\mu} + dx^{\mu})$ とすると，

$$
A^{\nu}(\mathrm{Q}) = A^{\nu}(x + dx) \fallingdotseq A^{\nu}(x) + A^{\nu}{}_{,\mu}(x)dx^{\mu} = A^{\nu}(\mathrm{P}) + A^{\nu}{}_{,\mu}(\mathrm{P})dx^{\mu} \qquad \cdots\cdots (6.40)
$$

であることも使って，点Qと点Pの距離を無限小にする極限（つまり $\epsilon \to 0$）では，

$$
\begin{aligned}
\boldsymbol{A}(\mathrm{Q}) - \bar{\boldsymbol{A}}(\mathrm{P} \to \mathrm{Q}) &= A^{\nu}(\mathrm{Q})\boldsymbol{e}_{\nu}(\mathrm{Q}) - A^{\nu}(\mathrm{P})\bar{\boldsymbol{e}}_{\nu}(\mathrm{P} \to \mathrm{Q}) \\
&= \left\{A^{\nu}(\mathrm{Q}) - A^{\nu}(\mathrm{P})\right\}\boldsymbol{e}_{\nu}(\mathrm{Q}) + A^{\nu}(\mathrm{P})\Gamma^{\rho}{}_{\nu\mu}(\mathrm{Q})\boldsymbol{e}_{\rho}(\mathrm{Q})dx^{\mu} \\
&= \left\{A^{\nu}{}_{,\mu}(x) + A^{\rho}(x)\Gamma^{\nu}{}_{\rho\mu}(x)\right\}\boldsymbol{e}_{\nu}(x)dx^{\mu} \\
&= A^{\nu}{}_{;\mu}(x)\boldsymbol{e}_{\nu}(x)dx^{\mu} \qquad \cdots\cdots (6.41)
\end{aligned}
$$

となり，たしかに共変微分が得られました．

さて，だいぶ抽象的な話が続いてしまいましたので，ここで実際に接続を計算してみましょう．

2次元平面で極座標を張った場合，その基底ベクトルは式(6.25)のようにデカルト座標の基底ベクトルと関係していました．このことと，接続の定義(6.32)を使うと，次のように接続の各成分が決まることがわかります．

$$
\boldsymbol{e}_{r,r} = 0 \to \Gamma^{r}{}_{rr} = 0,\ \Gamma^{\theta}{}_{rr} = 0 \qquad \cdots\cdots (6.42)
$$

$$
\boldsymbol{e}_{\theta,r} = -\sin\theta\,\boldsymbol{e}_{x} + \cos\theta\,\boldsymbol{e}_{y} = \frac{1}{r}\boldsymbol{e}_{\theta} \to \Gamma^{r}{}_{\theta r} = 0,\ \Gamma^{\theta}{}_{\theta r} = \frac{1}{r} \qquad \cdots\cdots (6.43)
$$

*1　専門的に言うと，dx^{μ} の1次のオーダーで正しい式ということです．最終的にはPとQの距離を無限小にする極限 $\epsilon \to 0$ を考えるため，近似ではなく，厳密に正しい式になります．

$$\boldsymbol{e}_{r,\theta} = -\sin\theta\,\boldsymbol{e}_x + \cos\theta\,\boldsymbol{e}_y = \frac{1}{r}\boldsymbol{e}_\theta \to \Gamma^r{}_{r\theta} = 0,\ \Gamma^\theta{}_{r\theta} = \frac{1}{r} \qquad \cdots\cdots (6.44)$$

$$\boldsymbol{e}_{\theta,\theta} = -r\cos\theta\,\boldsymbol{e}_x - r\sin\theta\,\boldsymbol{e}_y = -r\boldsymbol{e}_r \to \Gamma^r{}_{\theta\theta} = -r,\ \Gamma^\theta{}_{\theta\theta} = 0 \qquad \cdots\cdots (6.45)$$

その 3：2 次元曲面上で，任意の座標を使っている場合

次に，2 次元曲面の場合について考えましょう．2 次元曲面の例として，図 6.18 のような球面を使って見ていきます．球面上に曲線 C をとり，その C 上には少し離れたところに 2 点 P，Q があるとしてください．図からわかるように，この場合は点 P，Q における接平面は一致していません．それぞれの点で使う基底ベクトル $\{\boldsymbol{e}_\nu(\mathrm{P})\}$，$\{\boldsymbol{e}_\nu(\mathrm{Q})\}$ も図のように異なっています．

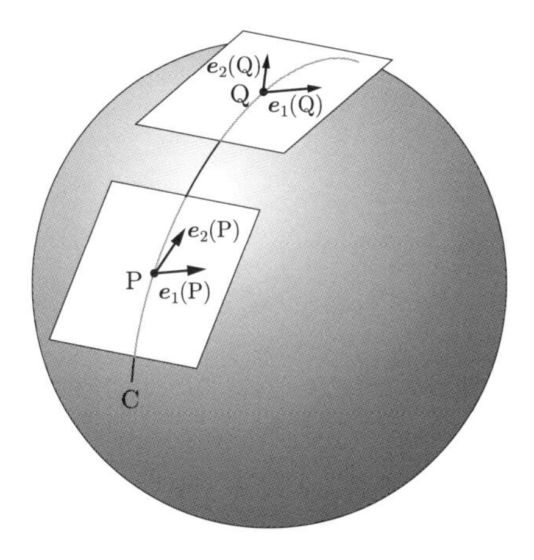

図 6.18　2 次元球面上の点 P，Q において，それぞれ異なる基底ベクトル $\boldsymbol{e}_1$，$\boldsymbol{e}_2$ が張られている．

そこで，これまでと同様にして，点 P での基底ベクトル $\{\boldsymbol{e}_\nu(\mathrm{P})\}$ を点 Q へと平行移動したベクトル $\bar{\boldsymbol{e}}_\nu(\mathrm{P} \to \mathrm{Q})$ を考えましょう．平面に極座標を張ったときと同じようにすれば，今の場合も接続を求められそうですが，実は今の場合はそう簡単ではありません．式 (6.42) から式 (6.45) が簡単にも計算できたのは，2 次元平面に極座標を張っているため，$\boldsymbol{e}_r$，$\boldsymbol{e}_\theta$ がデカルト座標の基底ベクトル $\boldsymbol{e}_x$，$\boldsymbol{e}_y$ で書けているからです．$\boldsymbol{e}_x$，$\boldsymbol{e}_y$ は一定のベクトルなので，微分すればゼロになります．このため，$\boldsymbol{e}_{r,r}$ なども簡単に計算することができたのです．

ところが，今の場合はそもそも考えている面が球面ですので，この全体をデカルト座標で覆うことはできません．半径 1 の球面ならば，その上の線素は，緯度と経

度に当たる角度を導入して，$ds^2 = d\theta^2 + \sin^2\theta\, d\phi^2$ と書けることを私たちはすでに知っています．式 (6.25) に相当する，デカルト座標での基底ベクトルで書かれる表式がないため，式 (6.32) を使って接続を計算するのは簡単ではないのです [*1]．

このことは，球面などの曲がった空間では，作図でも見たように，平行移動自体が自明でないことと関係しています．曲がった空間では点 P と点 Q とで接平面が異なるために，$\{\boldsymbol{e}_\nu(\mathrm{P})\}$ を小さな平行四辺形をいくつも書いて平行移動させていくと，$\{\boldsymbol{e}_\nu(\mathrm{P})\}$ は点 Q の接平面から飛び出してしまいます．まさにこれが，考えている空間が本当に曲がっていることの現れであり，その空間の全領域をデカルト座標で表せない理由です．

このような事情があるため，曲がった空間で平行移動を作図するときは，点 Q の接平面に乗るように「回転させる」という操作が必要でした．「回転させて，点 Q での接平面に乗ったベクトルを $\bar{\boldsymbol{e}}_\nu(\mathrm{P} \to \mathrm{Q})$ と考える」わけですが，これは平行移動によって基底ベクトルの大きさを変えないということを意味します．ベクトルの回転では，ベクトルは始点を中心に向きを変えるだけで，その大きさは変わらないからです．この，「大きさを変えない」という点に注目すると，接続を求めることができます．ベクトルの大きさ（幾何ベクトルなら長さ）は，**内積**という量によって与えられ，内積は計量と深く関係しています．

6.4 接続と計量の関係

では，曲面上の接続 ${\Gamma^\sigma}_{\mu\nu}$ が内積や計量とどうつながっているのかを考えていきましょう．接続とは，離れた 2 点でそれぞれ使っている基底ベクトル同士の関係を現す換算係数でした．一方，空間の歪みの様子は各点ごとの局所的な三平方の定理で表され，それが計量に集約されていました．ということは，接続もまた計量やその変化で書けると想像できます．

---

*1　これは，2 次元だけに限って考えればという意味です．2 次元球面は 3 次元ユークリッド空間に埋め込むことができるので，3 次元まで拡張すれば，$\boldsymbol{e}_\theta$，$\boldsymbol{e}_\phi$ も，デカルト座標の基底ベクトルで

$$\begin{aligned}
\boldsymbol{e}_r &= \sin\theta\cos\phi\,\boldsymbol{e}_x + \sin\theta\sin\phi\,\boldsymbol{e}_y + \cos\theta\,\boldsymbol{e}_z, \\
\boldsymbol{e}_\theta &= r\cos\theta\cos\phi\,\boldsymbol{e}_x + r\cos\theta\sin\phi\,\boldsymbol{e}_y - r\sin\theta\,\boldsymbol{e}_z, \\
\boldsymbol{e}_\phi &= -r\sin\theta\sin\phi\,\boldsymbol{e}_x + r\sin\theta\cos\phi\,\boldsymbol{e}_y
\end{aligned} \quad \cdots\cdots \ (6.46)$$

のように書けるからです．これを使って $\boldsymbol{e}_{\theta,\phi}$ などから ${\Gamma^\theta}_{\theta\phi}$ や ${\Gamma^\phi}_{\theta\phi}$ を計算し，半径に当たる r を 1 にすれば，2 次元曲面上での接続を求めることは可能です．

計量とはどんな量か？

大きさ（長さ）を決めるのが三平方の定理なので，その一般化を表す計量もまた，ベクトルの大きさ（長さ）に関わる量です．線素の式

$$ds^2 = g_{\mu\nu} dx^\mu dx^\nu \quad \cdots\cdots \ (6.47)$$

はまさにそれを表しています．これは無限小変位 dx^μ の大きさそのものだからです．

さて，無限小の変位は無限に小さい位置の変化ですから，ベクトルで表されます．たとえば3次元ユークリッド空間で，デカルト座標を使えば，

$$d\boldsymbol{r} = dx\,\boldsymbol{e}_x + dy\,\boldsymbol{e}_y + dz\,\boldsymbol{e}_z \quad \cdots\cdots \ (6.48)$$

のように表されます．これまで同様に $x = x^1$，$y = x^2$，$z = x^3$ のように番号を振って，アインシュタインの縮約を使って書けば

$$d\boldsymbol{r} = dx^\mu \boldsymbol{e}_\mu \quad \cdots\cdots \ (6.49)$$

となります．dx^μ は無限小変位ベクトル $d\boldsymbol{r}$ の x^μ 方向成分ということになります．

ここでベクトル $d\boldsymbol{r}$ の大きさを内積を使って計算してみます．

ベクトルの内積は，高校数学では2本のベクトルから定義される掛け算の「ような」量として教わります．

今，3次元ユークリッド空間で2本のベクトル $\boldsymbol{A}$，$\boldsymbol{B}$ を考え，それらがデカルト座標において，

$$\boldsymbol{A} = (A^x, A^y, A^z), \quad \boldsymbol{B} = (B^x, B^y, B^z) \quad \cdots\cdots \ (6.50)$$

という成分をもっているとします．このとき，$\boldsymbol{A}$ と $\boldsymbol{B}$ の内積は

$$\boldsymbol{A} \cdot \boldsymbol{B} = A^x B^x + A^y B^y + A^z B^z \quad \cdots\cdots \ (6.51)$$

のように定義されます．内積は

$$\boldsymbol{B} \cdot \boldsymbol{A} = B^x A^x + B^y A^y + B^z A^z = A^x B^x + A^y B^y + A^z B^z = \boldsymbol{A} \cdot \boldsymbol{B} \quad \cdots\cdots \ (6.52)$$

のように，順序を交換しても同じ結果になります．また，

$$(k\boldsymbol{A} + \ell\boldsymbol{B}) \cdot \boldsymbol{C} = k\boldsymbol{A} \cdot \boldsymbol{C} + \ell\boldsymbol{B} \cdot \boldsymbol{C} \quad \cdots\cdots \ (6.53)$$

という性質ももちます．これは数の掛け算がもつ分配法則に対応するものです．

$x=x^1$，$y=x^2$，$z=x^3$ という書き方を使えば，

$$\boldsymbol{A}\cdot\boldsymbol{B}=A^1B^1+A^2B^2+A^3B^3=\sum_{i=1}^{3}A^iB^i \qquad \cdots\cdots (6.54)$$

となります．とくに，基底ベクトルの内積については，3次元ユークリッド空間では

$$\boldsymbol{e}_x=(1,0,0),\quad \boldsymbol{e}_y=(0,1,0),\quad \boldsymbol{e}_z=(0,0,1) \qquad \cdots\cdots (6.55)$$

であることから，たとえば $\boldsymbol{e}_x$ 同士の内積は

$$\boldsymbol{e}_x\cdot\boldsymbol{e}_x=1\cdot1+0\cdot0+0\cdot0=1 \qquad \cdots\cdots (6.56)$$

となります．同様に計算すると，

$$\boldsymbol{e}_y\cdot\boldsymbol{e}_y=\boldsymbol{e}_z\cdot\boldsymbol{e}_z=1, \qquad \cdots\cdots (6.57)$$

$$\boldsymbol{e}_x\cdot\boldsymbol{e}_y=\boldsymbol{e}_y\cdot\boldsymbol{e}_z=\boldsymbol{e}_z\cdot\boldsymbol{e}_x=0 \qquad \cdots\cdots (6.58)$$

となることもわかります．これをまとめて表すと，

$$\boldsymbol{e}_i\cdot\boldsymbol{e}_j=\delta_{ij}=\begin{cases}1 & (i=j\text{ のとき})\\ 0 & (i\neq j\text{ のとき})\end{cases} \quad (i,\ j\text{ は }1,\ 2,\ 3\text{ のいずれか}) \qquad \cdots\cdots (6.59)$$

と書くこともできます．δ_{ij} は**クロネッカーのデルタ**と呼ばれる記号です．先にも少しだけ登場しましたが，この性質をもつ基底ベクトルの組を**正規直交基底**と言います．

同じように，一般のベクトルでも，基底ベクトルを使って内積を計算してみましょう．基底ベクトルを使えば $\boldsymbol{A}$，$\boldsymbol{B}$ は

$$\boldsymbol{A}=A^x\boldsymbol{e}_x+A^y\boldsymbol{e}_y+A^z\boldsymbol{e}_z,\quad \boldsymbol{B}=B^x\boldsymbol{e}_x+B^y\boldsymbol{e}_y+B^z\boldsymbol{e}_z \qquad \cdots\cdots (6.60)$$

となるため，内積は

$$\begin{aligned}\boldsymbol{A}\cdot\boldsymbol{B}&=(A^x\boldsymbol{e}_x+A^y\boldsymbol{e}_y+A^z\boldsymbol{e}_z)\cdot(B^x\boldsymbol{e}_x+B^y\boldsymbol{e}_y+B^z\boldsymbol{e}_z)\\&=A^xB^x\boldsymbol{e}_x\cdot\boldsymbol{e}_x+A^yB^y\boldsymbol{e}_y\cdot\boldsymbol{e}_y+A^zB^z\boldsymbol{e}_z\cdot\boldsymbol{e}_z\\&\quad+(A^xB^y+A^yB^x)\boldsymbol{e}_x\cdot\boldsymbol{e}_y+(A^yB^z+A^zB^y)\boldsymbol{e}_y\cdot\boldsymbol{e}_z\end{aligned}$$

$$+ (A^z B^x + A^x B^z)\boldsymbol{e}_z \cdot \boldsymbol{e}_x$$
$$= A^x B^x + A^y B^y + A^z B^z \qquad \cdots\cdots (6.61)$$

となります．ここで，$\boldsymbol{e}_i \cdot \boldsymbol{e}_j = \boldsymbol{e}_j \cdot \boldsymbol{e}_i$ などを使って式を整理し，さらに基底ベクトルが正規直交基底になっていることを使いました．

内積によって大きさが定まる

$\boldsymbol{A}$ 同士で内積をとると，

$$\boldsymbol{A} \cdot \boldsymbol{A} = A^x A^x + A^y A^y + A^z A^z = (A^x)^2 + (A^y)^2 + (A^z)^2 \qquad \cdots\cdots (6.62)$$

となります．これはベクトルの大きさ $|\boldsymbol{A}|$ の 2 乗です．つまり，

$$|\boldsymbol{A}| = \sqrt{(A^x)^2 + (A^y)^2 + (A^z)^2} \qquad \cdots\cdots (6.63)$$

となっています．これがベクトルの大きさであることは，位置ベクトル $\boldsymbol{r} = (x, y, z)$ について考えれば

$$|\boldsymbol{r}| = \sqrt{x^2 + y^2 + z^2} \qquad \cdots\cdots (6.64)$$

であることから理解できると思います．

実は，このように内積によってベクトルの大きさを決められることが，内積を導入する重要な理由なのです．ベクトルの「ベクトルらしい」性質は，平行移動して重なるものは同じベクトルであるとみなすとか，$\boldsymbol{A} = A^x \boldsymbol{e}_x + A^y \boldsymbol{e}_y + A^z \boldsymbol{e}_z$ のように，線形独立なベクトルで分解できる（逆に合成もできる）というところにあります[*1]．つまり，ベクトルの「大きさ」という概念は，そもそものベクトルには備わっていないのです．

内積は物差しの目盛り間隔を決める

これは考えてみれば自然なことで，「ものの大きさ」というのは何かと比較して初めて決まるものです．比較対象がなければ，大きいとか小さいとかいう概念自体がありません．ベクトルについても，そのベクトルを何らかの物差しを用意して，測ることで初めて大きさが決まるのです．基底ベクトルを選ぶことは，どの方向に伸びている物差しを使うかを指定することに当たります．さらに，その物差しにどん

---

*1　より抽象的には，ベクトルはベクトル空間の元として理解されます．ベクトル空間の元には，線形性という性質があり，これは幾何ベクトルで合成や分解ができることに対応します．

な間隔の目盛りを振るかを指定するのが，基底ベクトル同士の内積を指定することに対応しています．

3次元ユークリッド空間の場合，基底ベクトルとして x，y，z 軸方向に沿うものを用いることや，「幅が1の目盛り」を使うことが当たり前すぎて気づきにくいのですが，どんな基底ベクトルを使うか，そしてどんな内積の関係を指定するか，選択肢は無限にあるのです．

このように，内積がベクトルの成分によってどのような値をとるかという結果は，基底ベクトル同士の内積がどのような値をとるかに直接的に関係しています．今は違いますが，たとえば $\boldsymbol{e}_x \cdot \boldsymbol{e}_y \neq 0$ というようなことがあれば，$\boldsymbol{A} \cdot \boldsymbol{B}$ の計算結果に $A^x B^y$ や $A^y B^x$ の項が残ってくることになります．つまり，2本のベクトルの内積を成分で定義しているということは，暗に考えている空間と，そこで使っている基底ベクトルに対して，内積の関係，すなわち $\boldsymbol{e}_i \cdot \boldsymbol{e}_j$ というベクトルの「交わり方」を指定しているということなのです [*1]．

内積と計量の関係

その「交わり方」を直接的に表現している量こそ，線素に現れる計量なのです．それを見るために，無限小変位ベクトルの大きさを基底ベクトルの内積を使って計算してみましょう．

$$
\begin{aligned}
|d\boldsymbol{r}|^2 &= d\boldsymbol{r} \cdot d\boldsymbol{r} \\
&= (dx\,\boldsymbol{e}_x + dy\,\boldsymbol{e}_y + dz\,\boldsymbol{e}_z) \cdot (dx\,\boldsymbol{e}_x + dy\,\boldsymbol{e}_y + dz\,\boldsymbol{e}_z) \\
&= dx^2 \boldsymbol{e}_x \cdot \boldsymbol{e}_x + dy^2 \boldsymbol{e}_y \cdot \boldsymbol{e}_y + dz^2 \boldsymbol{e}_z \cdot \boldsymbol{e}_z \\
&\quad + 2dx\,dy\,\boldsymbol{e}_x \cdot \boldsymbol{e}_y + 2dy\,dz\,\boldsymbol{e}_y \cdot \boldsymbol{e}_z + 2dz\,dx\,\boldsymbol{e}_z \cdot \boldsymbol{e}_x \qquad \cdots\cdots \ (6.65)
\end{aligned}
$$

となっています．ここで内積はその性質として

$$
\boldsymbol{e}_x \cdot \boldsymbol{e}_y = \boldsymbol{e}_y \cdot \boldsymbol{e}_x \qquad \cdots\cdots \ (6.66)
$$

のように順を入れ替えても値が変わらないことを使いました．この結果と，計量を使ったベクトルの大きさの表示

*1 「交わり方」をもう少し可視化できる形で示すには，高校でベクトルの内積のもう一つの定義として登場する

$$
\boldsymbol{A} \cdot \boldsymbol{B} = |\boldsymbol{A}||\boldsymbol{B}| \cos\theta
$$

を使うほうがよいかもしれません．ここで θ は，ベクトル $\boldsymbol{A}$，$\boldsymbol{B}$ のなす角です．

$$
\begin{aligned}
|d\boldsymbol{r}|^2 &= ds^2 \\
&= g_{xx}\,dx^2 + g_{yy}\,dy^2 + g_{zz}\,dz^2 \\
&\quad + 2g_{xy}\,dx\,dy + 2g_{yz}\,dy\,dz + 2g_{zx}\,dz\,dx
\end{aligned}
\qquad \cdots\cdots \ (6.67)
$$

とを見比べると，

$$
g_{xx} = \boldsymbol{e}_x \cdot \boldsymbol{e}_x \qquad \cdots\cdots \ (6.68)
$$

などが成り立つことがわかります．他の成分についても同様，

$$
g_{\mu\nu} = \boldsymbol{e}_\mu \cdot \boldsymbol{e}_\nu = \boldsymbol{e}_\nu \cdot \boldsymbol{e}_\mu = g_{\nu\mu} \qquad \cdots\cdots \ (6.69)
$$

が言えます．つまり計量とは，各点における基底ベクトル間の内積がどうなっているか，言い換えれば各点ごとにどのような座標軸が張られていて，それがどのような角度で交わっているかを表す量だとわかります．

任意のベクトルも同様で，計量を通じて大きさが決められます．今，ベクトル $\boldsymbol{A} = A^\mu \boldsymbol{e}_\mu$ があるとすると，その大きさは

$$
|\boldsymbol{A}|^2 \equiv g_{\mu\nu} A^\mu A^\nu \qquad \cdots\cdots \ (6.70)
$$

と定義されます．この計算は高校数学でいうベクトルの内積と同じです．実際，異なる二つのベクトル $\boldsymbol{A} = A^\mu \boldsymbol{e}_\mu$，$\boldsymbol{B} = B^\nu \boldsymbol{e}_\nu$ の内積もやはり計量を使って

$$
\boldsymbol{A} \cdot \boldsymbol{B} = g_{\mu\nu} A^\mu B^\nu \qquad \cdots\cdots \ (6.71)
$$

のように与えられます．これは，3 次元ユークリッド空間における，デカルト座標での内積 $\boldsymbol{A} \cdot \boldsymbol{B} = \sum_{i=1}^{3} A^i B^i = \delta_{ij} A^i B^j$ の一般化です．

内積はベクトルからスカラーをつくる演算

このように計量を使うと内積を計算できるわけですが，見方を変えるとベクトル $\boldsymbol{A}$ と $\boldsymbol{B}$ の内積というのは，計量 $\boldsymbol{g}$ という量が二つのベクトル $\boldsymbol{A}$，$\boldsymbol{B}$ を「食べて」，一つのスカラー量（数字）を吐き出す演算だと見ることができます[*1]．または，計量 $\boldsymbol{g}$ というのは一つのベクトル $\boldsymbol{A}$ から，$\boldsymbol{A}$ と内積をとるとスカラーを出すような新しいベクトル

*1　二つのベクトルから一つのスカラーへの写像ということです．

$$\tilde{\boldsymbol{A}} = \boldsymbol{g}(\boldsymbol{A}, \cdot) \qquad \cdots\cdots (6.72)$$

をつくるものだ，と見ることができます．ここで，括弧のなかの「·」（中点）は，ここにベクトルが入ることを表します．この $\tilde{\boldsymbol{A}}$ は $\boldsymbol{A}$ の**双対ベクトル**と呼ばれます．内積の計算を成分に注目してみると，

$$\boldsymbol{A} \cdot \boldsymbol{B} = \tilde{\boldsymbol{A}}(\boldsymbol{B}) = g_{\mu\nu} A^{\mu} B^{\nu} \equiv A_{\nu} B^{\nu} \qquad \cdots\cdots (6.73)$$

のようになっています．ここで，$A_{\nu} \equiv g_{\mu\nu} A^{\mu}$ を定義しました．これは $\tilde{\boldsymbol{A}}$ の成分に相当する量ということになりますが，その見た目は，計量 $g_{\mu\nu}$ によってベクトルの成分 A^{μ} の添え字 μ を下に下げたように見えます．ここで，$g_{\mu\nu}$ の逆行列を $g^{\mu\nu}$ と書くと，

$$\begin{aligned} A^{\mu} &= g^{\mu\nu} A_{\nu} = g^{\mu\nu} g_{\nu\rho} A^{\rho} \\ &= \delta^{\mu}{}_{\rho} A^{\rho} = A^{\mu} \end{aligned} \qquad \cdots\cdots (6.74)$$

のように，$g^{\mu\nu}$ を使って添え字を上に上げることもできます．ここで前にも出てきた $\delta^{\mu}{}_{\rho}$ はクロネッカーのデルタで，今は

$$\delta^{\mu}{}_{\rho} = \begin{cases} 1 & (\mu = \rho \text{ のとき}) \\ 0 & (\mu \neq \rho \text{ のとき}) \end{cases} \qquad \cdots\cdots (6.75)$$

です．また，前章では行列の成分を A_{ij} のように下付きの添え字で表しましたが，ここでは

$$\boldsymbol{A} = \begin{pmatrix} A_1{}^1 & A_1{}^2 \\ A_2{}^1 & A_2{}^2 \end{pmatrix} = (A_{\mu}{}^{\nu}) \qquad \cdots\cdots (6.76)$$

$$I = \begin{pmatrix} 1 & 0 \\ 0 & 1 \end{pmatrix} = \begin{pmatrix} \delta_1{}^1 & \delta_1{}^2 \\ \delta_2{}^1 & \delta_2{}^2 \end{pmatrix} = (\delta_{\mu}{}^{\nu}) \qquad \cdots\cdots (6.77)$$

のように，$A_{\mu}{}^{\nu}$ に対応させました．すぐ後で述べるように，添え字の上付きと下付きには意味がありますが，ひとまずは「上下に同じ文字が現れたときは，和をとっているとみなす」という，アインシュタインの縮約とつじつまの合う形になっていることを了解してください．このように計量を通じて互いに双対なベクトルの成分を行ったり来たりすることを「添え字の上げ下げをする」とか「足の上げ下げをする」，「肩の上げ下げをする」と言うことがよくあります．

さて，その添え字の上付き，下付きについてですが，ベクトル $\boldsymbol{A}$ の成分 A^{μ} は**反**

変ベクトルと呼ばれています[*1]．一方，$\boldsymbol{A}$ の双対ベクトル $\tilde{\boldsymbol{A}}$ については，その基底ベクトルを $\tilde{d}\boldsymbol{x}^\mu$ と書いて，先ほどの A_μ と合わせ

$$\tilde{\boldsymbol{A}} = A_\mu \tilde{d}\boldsymbol{x}^\mu \qquad \cdots\cdots \ (6.78)$$

と表現することがあります．これはベクトル

$$\boldsymbol{A} = A^\mu \boldsymbol{e}_\mu \qquad \cdots\cdots \ (6.79)$$

に対応する表現です．A_μ は $\boldsymbol{A}$ の双対ベクトル $\tilde{\boldsymbol{A}}$ の成分ですが，A_μ のことを共変ベクトルと言います[*2]．

3次元ユークリッド空間で，デカルト座標を使う場合，計量が δ_{ij} になるため，反変ベクトルと共変ベクトルの成分が

$$A_i = \delta_{ij} A^j = A^i \qquad \cdots\cdots \ (6.80)$$

のように一致します．そのため，ベクトルの成分の添え字を上に書いても下に書いても計算結果が変わりません．一方，4次元ミンコフスキー時空では $g_{\mu\nu} = \eta_{\mu\nu}$ なので[*3]，時間成分は

$$A_0 = \eta_{0\mu} A^\mu = \eta_{00} A^0 = -A^0 \qquad \cdots\cdots \ (6.81)$$

のように，反変ベクトルと共変ベクトルの成分の正負が変わります．空間成分は

$$A_1 = \eta_{1\mu} A^\mu = \eta_{11} A^1 = A^1 \qquad \cdots\cdots \ (6.82)$$

のように，$A_i = A^i$ $(i = 1, 2, 3)$ が成り立ちます．

こうしてベクトルの大きさと内積や計量の関係がわかりました．ここから，平行移動においてベクトルの大きさが保たれるように要請すると，接続が計量と結びつくことを見ていきます．

平行移動によって大きさが変化しないということは，

$$g_{\nu\sigma}(\mathrm{Q}) \bar{A}^\nu(\mathrm{P} \to \mathrm{Q}) \bar{A}^\sigma(\mathrm{P} \to \mathrm{Q}) = g_{\nu\sigma}(\mathrm{P}) A^\nu(\mathrm{P}) A^\sigma(\mathrm{P}) \qquad \cdots\cdots \ (6.83)$$

が成り立つということです．ベクトルの平行移動の例で見たように，点 P から点

---

*1　正確には A^μ はベクトルの成分であって，A^μ そのものがベクトルというわけではありません．

*2　これもまた，A_μ は，双対ベクトル $\tilde{\boldsymbol{A}}$ の成分であり，A_μ そのものがベクトルというわけではありません．また，共変ベクトルのことは1形式 (1-form) と言うことがあります．

*3　ミンコフスキー時空の計量を表す $\eta_{\mu\nu}$ については付録 A.1 参照.

Q へ平行移動されたベクトルの成分は，点 P，Q の座標をこれまで同様 $\mathrm{P}(x^\mu)$，$\mathrm{Q}(x^\mu + dx^\mu)$ として

$$\bar{A}^\nu(\mathrm{P} \to \mathrm{Q}) = A^\nu(x) - A^\rho(x)\Gamma^\nu{}_{\rho\mu}(x)dx^\mu \qquad \cdots\cdots (6.84)$$

なので，式 (6.83) は

$$\begin{aligned} &g_{\nu\sigma}(x+dx)\{A^\nu(x) - A^\rho(x)\Gamma^\nu{}_{\rho\mu}(x)dx^\mu\}\{A^\sigma(x) - A^\rho(x)\Gamma^\sigma{}_{\rho\mu}(x)dx^\mu\} \\ &= g_{\nu\sigma}(x)A^\nu(x)A^\sigma(x) \end{aligned} \qquad \cdots\cdots (6.85)$$

のように書き換えられます．

$$g_{\nu\sigma}(x+dx) \fallingdotseq g_{\nu\sigma}(x) + g_{\nu\sigma,\mu}(x)dx^\mu \qquad \cdots\cdots (6.86)$$

に注意して (6.85) の左辺を展開すると，

$$\begin{aligned} &g_{\nu\sigma}A^\nu A^\sigma + \left(g_{\nu\sigma,\mu}A^\nu A^\sigma - g_{\nu\sigma}A^\nu A^\rho\Gamma^\sigma{}_{\rho\mu} - g_{\nu\sigma}A^\sigma A^\rho\Gamma^\nu{}_{\rho\mu}\right)dx^\mu + (dx^\mu \text{の2次以上の項}) \\ &\fallingdotseq g_{\nu\sigma}A^\nu A^\sigma + \left(g_{\nu\sigma,\mu} - g_{\nu\rho}\Gamma^\rho{}_{\sigma\mu} - g_{\sigma\rho}\Gamma^\rho{}_{\nu\mu}\right)A^\nu A^\sigma dx^\mu \end{aligned} \qquad \cdots\cdots (6.87)$$

となります．最後の式変形では，dx^μ について2次以上の項を無視し，さらにアインシュタインの縮約をとっている添え字を付け替えました．また，接続の性質として，**下付きの添え字について対称であること**，つまり

$$\Gamma^\rho{}_{\mu\nu} = \Gamma^\rho{}_{\nu\mu} \qquad \cdots\cdots (6.88)$$

であることを使いました．こうして

$$g_{\nu\sigma,\mu} - g_{\nu\rho}\Gamma^\rho{}_{\sigma\mu} - g_{\sigma\rho}\Gamma^\rho{}_{\nu\mu} = 0 \qquad \cdots\cdots (6.89)$$

が成り立てば，平行移動によってベクトルの大きさが変化しないことが保証されることがわかりました．

式 (6.89) を使うと，接続を計量とその微分で書くことができます．まず，式 (6.89) より

$$g_{\nu\sigma,\mu} = g_{\nu\rho}\Gamma^\rho{}_{\sigma\mu} + g_{\sigma\rho}\Gamma^\rho{}_{\nu\mu} \qquad \cdots\cdots (6.90)$$

ですが，この式の左辺の添え字 ν，σ，μ を循環的に入れ替えた式

$$g_{\sigma\mu,\nu} = g_{\sigma\rho}\Gamma^\rho{}_{\mu\nu} + g_{\mu\rho}\Gamma^\rho{}_{\sigma\nu} \qquad \cdots\cdots (6.91)$$

$$g_{\mu\nu,\sigma} = g_{\mu\rho}\Gamma^{\rho}{}_{\nu\sigma} + g_{\nu\rho}\Gamma^{\rho}{}_{\mu\sigma} \qquad \cdots\cdots \ (6.92)$$

をつくります．さらに，式 (6.90) + (6.91) − (6.92) を計算すると，

$$g_{\nu\sigma,\mu} + g_{\sigma\mu,\nu} - g_{\mu\nu,\sigma} = 2g_{\sigma\rho}\Gamma^{\rho}{}_{\mu\nu} \qquad \cdots\cdots \ (6.93)$$

が得られます．ここでも接続が下の二つの添え字について対称であることを使っています．さらに式 (6.93) の両辺に $g^{\alpha\sigma}$ を掛けると，$g^{\alpha\sigma}$ と $g_{\sigma\rho}$ は互いに逆行列の関係

$$g^{\alpha\sigma}g_{\sigma\rho} = \delta^{\alpha}{}_{\rho} \qquad \cdots\cdots \ (6.94)$$

を満たすことから，

$$\delta^{\alpha}{}_{\rho}\Gamma^{\rho}{}_{\mu\nu} = \frac{1}{2}g^{\alpha\sigma}\left(g_{\nu\sigma,\mu} + g_{\sigma\mu,\nu} - g_{\mu\nu,\sigma}\right) \qquad \cdots\cdots \ (6.95)$$

となり，最終的に

$$\Gamma^{\alpha}{}_{\mu\nu} = \frac{1}{2}g^{\alpha\sigma}\left(g_{\sigma\mu,\nu} + g_{\sigma\nu,\mu} - g_{\mu\nu,\sigma}\right) \qquad \cdots\cdots \ (6.96)$$

であることがわかります．ここでは計量が対称であることを使いました．

こうして，接続と計量の関係が式 (6.96) のように決まりました．このように，計量の形で表される接続 Γ を**クリストッフェル記号**と言います．

6.5 接続から曲率へ

ベクトルの平行移動と，それを数式で表すための共変微分が準備できましたので，いよいよそれらを使って空間の曲率を求めましょう．曲率を決めるためには，北極からベクトルを移動させてもとの位置に戻ったときに，ベクトルの向きが変わるという話を思い出してください．つまり，ベクトルを空間中の閉じたループに従ってぐるっと 1 周させたとき，どれだけずれるかによって曲率は表現できます．そこで，図 6.19 のように点 P から出発してベクトルを移動させるのですが，1 周させる代わりにそれと等価な計算として以下を考えます．2 点 A_1，A_2 というそれぞれ異なる点を通り，点 Q でベクトルが再び出会う場合に，通ってきたルートによってどれだけ二つのベクトルがずれるかで計算することにしましょう．この計算はややこしいのですが，6.6 節の具体例を見てからもう一度お読みいただくとわかりやすいかも

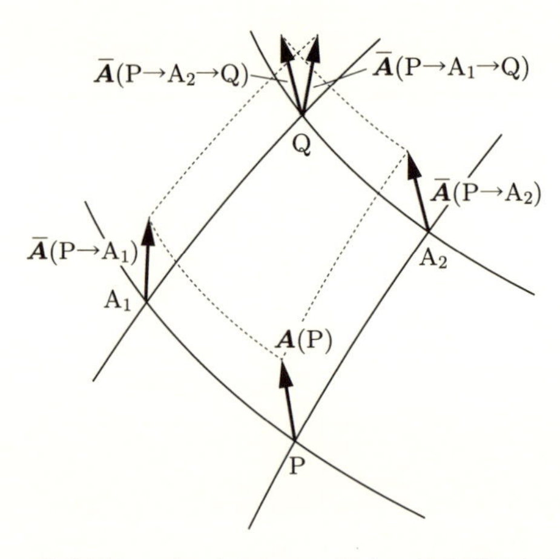

図 6.19　異なる二つの経路を通って点Pから点Qへベクトルを平行移動させる．点 A_1 と点 A_2 のそれぞれを通過して平行移動させられたベクトル $\bar{\boldsymbol{A}}(\mathrm{P} \to \mathrm{A}_1 \to \mathrm{Q})$ と $\bar{\boldsymbol{A}}(\mathrm{P} \to \mathrm{A}_2 \to \mathrm{Q})$ の違いから曲率がわかる．

しれません．

球面上でベクトルを移動する

ベクトル

$$\boldsymbol{A}(\mathrm{P}) = A^r(\mathrm{P})\boldsymbol{e}_r(\mathrm{P}) + A^\theta(\mathrm{P})\boldsymbol{e}_\theta(\mathrm{P}) \qquad \cdots\cdots (6.97)$$

を平行移動することを考えます．

地球の表面のような球面上でベクトルを移動させるわけですが，すでに何度か述べたように地球上の任意の点は緯線と経線の交点として表せることを私たちはよく知っています．もちろん地表にどんな座標軸を張るかは自由ですが，ここでは素直に緯線と経線を使って点を表すことにしましょう．ただし角度の測り方は通常の極座標のものを用いることにします．数式で書くと，地表上の点 $\mathrm{P}(x, y, z)$ と極座標との関係は地球の半径を a として

$$x = a\sin\theta\cos\phi, \quad y = a\sin\theta\sin\phi, \quad z = a\cos\theta \qquad \cdots\cdots (6.98)$$

となります[*1]．緯度が θ，経度が ϕ に相当します．ただし，緯度は赤道を 0° とします

*1　地球の表面ですから，曲がってはいますが2次元です．よってその表面上の点はすべて二つのパラメーターで表されます．一見すると地表上の点Pは x，y，z という三つの自由度をもっているように見えますが，a は定数ですから，実際には θ，ϕ という二つのパラメーターで表されています．

が，極座標では北極を $\theta = 0$ とします．赤道が $\theta = 90^\circ = \pi/2$，南極が $\theta = 180^\circ = \pi$ です．経度はイギリスのグリニッジ天文台のあるところを 0° としていますが，極座標では x 軸が $\phi = 0$ に相当します．これは xz 平面上にグリニッジ天文台があると思えばよいだけです．

さて，図 6.20 のように地表に点 $\mathrm{P}(\theta, \phi)$ をとりましょう．ここからベクトル $\boldsymbol{A}$ を点 $\mathrm{Q}(\theta + \Delta\theta, \phi + \Delta\phi)$ へ平行移動させていくのですが，一本は緯線に沿って動かすルート，もう一本は経線に沿って動かすルートにします．緯線に沿って動かすということは，地球上で赤道に平行に動かすということです．緯線に沿って $\Delta\phi$ だけ動かせば，行った先は点 $\mathrm{A}_1(\theta, \phi + \Delta\phi)$ です．同様に，もう一方の経線に沿うルートで行った先は点 $\mathrm{A}_2(\theta + \Delta\theta, \phi)$ です（図 6.20）．

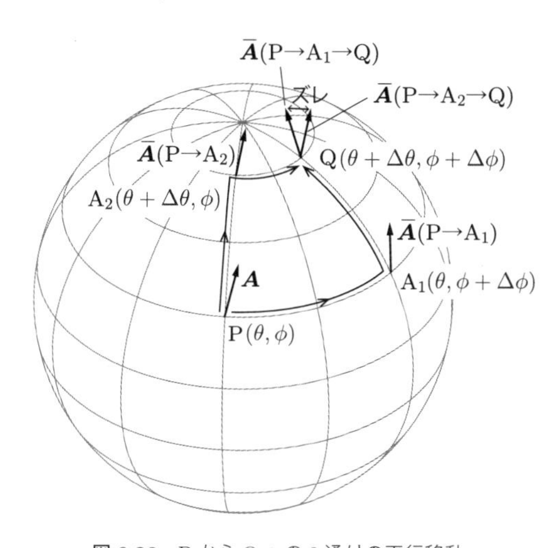

図 6.20　P から Q への 2 通りの平行移動．

点 P から点 Q までベクトルを平行移動したとき，その成分は

$$\bar{A}^{\nu}(\mathrm{P} \to \mathrm{Q}) = A^{\nu}(\mathrm{P}) - A^{\rho}(\mathrm{P}){\Gamma^{\nu}}_{\rho\mu}(\mathrm{P})dx^{\mu} \qquad \cdots\cdots (6.99)$$

と表されることをすでに見ました．今はまず，点 $\mathrm{P}(\theta, \phi)$ から点 $\mathrm{A}_1(\theta, \phi + \Delta\phi)$ まで，ベクトル $\boldsymbol{A}(\theta, \phi)$ を移動します．このとき，点 $\mathrm{P}(\theta, \phi)$ と点 $\mathrm{A}_1(\theta, \phi + \Delta\phi)$ の間の微小変位は

$$d\boldsymbol{r} = dx^{\mu}\boldsymbol{e}_{\mu} = 0 \cdot \boldsymbol{e}_{\theta} + \Delta\phi\,\boldsymbol{e}_{\phi} \qquad \cdots\cdots (6.100)$$

です．つまり，dx^μ としては ϕ 成分のみがゼロでなく，$dx^\phi = \Delta\phi$ という状況です．よって，ベクトルの引数（座標）を明記すれば

$$\begin{aligned}\bar{A}^\nu(\mathrm{P} \to \mathrm{A}_1) &= A^\nu(\mathrm{P}) - A^\rho(\mathrm{P})\Gamma^\nu{}_{\rho\phi}(\mathrm{P})\Delta\phi \\ &= A^\nu(\theta, \phi) - A^\rho(\theta, \phi)\Gamma^\nu{}_{\rho\phi}(\theta, \phi)\Delta\phi \quad \cdots\cdots \text{(6.101)}\end{aligned}$$

となります．ν や ρ には θ と ϕ が入るので，式 (6.101) を詳細に書き下すと

$$\begin{aligned}\bar{A}^\theta(\mathrm{P} \to \mathrm{A}_1) &= A^\theta(\theta, \phi) - A^\rho(\theta, \phi)\Gamma^\theta{}_{\rho\phi}(\theta, \phi)\Delta\phi \\ &= A^\theta(\theta, \phi) - \big(A^\theta(\theta, \phi)\Gamma^\theta{}_{\theta\phi}(\theta, \phi) + A^\phi(\theta, \phi)\Gamma^\theta{}_{\phi\phi}(\theta, \phi)\big)\Delta\phi \\ &\qquad \cdots\cdots \text{(6.102)}\end{aligned}$$

$$\begin{aligned}\bar{A}^\phi(\mathrm{P} \to \mathrm{A}_1) &= A^\phi(\theta, \phi) - A^\rho(\theta, \phi)\Gamma^\phi{}_{\rho\phi}(\theta, \phi)\Delta\phi \\ &= A^\phi(\theta, \phi) - \big(A^\theta(\theta, \phi)\Gamma^\phi{}_{\theta\phi}(\theta, \phi) + A^\phi(\theta, \phi)\Gamma^\phi{}_{\phi\phi}(\theta, \phi)\big)\Delta\phi \\ &\qquad \cdots\cdots \text{(6.103)}\end{aligned}$$

となります．

次に，この $\bar{A}^\nu(\mathrm{P} \to \mathrm{A}_1)$ を点 $\mathrm{Q}(\theta + \Delta\theta, \phi + \Delta\phi)$ へと平行移動します．その結果は，式 (6.101) の右辺にある $A^\nu(\mathrm{P})$ を $\bar{A}^\nu(\mathrm{P} \to \mathrm{A}_1)$ で取り替え，さらに点 A_1 と点 Q とでは，$\Delta\theta$ だけ座標の値が異なることを使って，

$$\bar{A}^\nu(\mathrm{P} \to \mathrm{A}_1 \to \mathrm{Q}) = \bar{A}^\nu(\mathrm{P} \to \mathrm{A}_1) - \bar{A}^\rho(\mathrm{P} \to \mathrm{A}_1)\Gamma^\nu{}_{\rho\theta}(\mathrm{A}_1)\Delta\theta \quad \cdots\cdots \text{(6.104)}$$

となります．ここで，式 (6.104) の右辺の項はすべて点 A_1 での値であることに注意してください．これは，式 (6.99) からわかるように，平行移動して得られるベクトルの成分は，平行移動の出発点の値ですべて書けるからです．式 (6.104) は，点 A_1 から出発して，点 Q へと至る平行移動なので，出発点である点 A_1 の値ですべて書かれているわけです．

さて，式 (6.104) の右辺ですが，$\bar{A}^\nu(\mathrm{P} \to \mathrm{A}_1)$ は式 (6.101) のように点 P での値を使って書き換えられ，$\Gamma^\nu{}_{\rho\theta}(\mathrm{A}_1)$ も

$$\Gamma^\nu{}_{\rho\theta}(\mathrm{A}_1) = \Gamma^\nu{}_{\rho\theta}(\theta, \phi + \Delta\phi) \fallingdotseq \Gamma^\nu{}_{\rho\theta}(\theta, \phi) + \Gamma^\nu{}_{\rho\theta,\phi}(\theta, \phi)\Delta\phi \quad \cdots\cdots \text{(6.105)}$$

のように，微分を使えば点 P での値で表すことができます．

これらを式 (6.104) へ代入して整理すると，$\Delta\theta$，$\Delta\phi$ の 3 次の項を無視すれば

$$
\begin{aligned}
\bar{A}^\nu(\mathrm{P}\to\mathrm{A}_1\to\mathrm{Q}) &= \left(A^\nu - A^\rho\Gamma^\nu{}_{\rho\phi}\Delta\phi\right) \\
&\quad -\left(A^\rho - A^\alpha\Gamma^\rho{}_{\alpha\phi}\Delta\phi\right)\left(\Gamma^\nu{}_{\rho\theta} + \Gamma^\nu{}_{\rho\theta,\phi}\Delta\phi\right)\Delta\theta \\
&\fallingdotseq A^\nu - A^\rho\Gamma^\nu{}_{\rho\phi}\Delta\phi - A^\rho\Gamma^\nu{}_{\rho\theta}\Delta\theta \\
&\quad - A^\rho\Gamma^\nu{}_{\rho\theta,\phi}\Delta\theta\Delta\phi + A^\alpha\Gamma^\rho{}_{\alpha\phi}\Gamma^\nu{}_{\rho\theta}\Delta\theta\Delta\phi \qquad \cdots\cdots \ (6.106)
\end{aligned}
$$

が得られます．この式では引数を省略していますが，これまでの議論からわかるように，ここに現れる項はすべて点 P での値をとっています．

これは $\mathrm{P}\to\mathrm{A}_1\to\mathrm{Q}$ という経路でベクトルを平行移動した結果なので，今度は $\mathrm{P}\to\mathrm{A}_2\to\mathrm{Q}$ という経路で平行移動させてみましょう．結果を知るのは簡単で，式 (6.106) で，θ と ϕ をすべて入れ替えるだけです．よって，

$$
\begin{aligned}
\bar{A}^\nu(\mathrm{P}\to\mathrm{A}_2\to\mathrm{Q}) &= \left(A^\nu - A^\rho\Gamma^\nu{}_{\rho\theta}\Delta\theta\right) \\
&\quad -\left(A^\rho - A^\alpha\Gamma^\rho{}_{\alpha\theta}\Delta\theta\right)\left(\Gamma^\nu{}_{\rho\phi} + \Gamma^\nu{}_{\rho\phi,\theta}\Delta\theta\right)\Delta\phi \\
&\fallingdotseq A^\nu - A^\rho\Gamma^\nu{}_{\rho\theta}\Delta\theta - A^\rho\Gamma^\nu{}_{\rho\phi}\Delta\phi \\
&\quad - A^\rho\Gamma^\nu{}_{\rho\phi,\theta}\Delta\phi\Delta\theta + A^\alpha\Gamma^\rho{}_{\alpha\theta}\Gamma^\nu{}_{\rho\phi}\Delta\phi\Delta\theta \qquad \cdots\cdots \ (6.107)
\end{aligned}
$$

となることがすぐにわかります．

リーマン曲率テンソル・リッチテンソル・リッチスカラー

ようやく曲率を計算する準備ができました．2 通りの経路で平行移動させたベクトル，$\bar{A}^\nu(\mathrm{P}\to\mathrm{A}_1\to\mathrm{Q})$ と $\bar{A}^\nu(\mathrm{P}\to\mathrm{A}_2\to\mathrm{Q})$ とを比較すれば，空間の曲がりが見えるはずです．試してみましょう．

式 (6.106) – (6.107) を計算すると，いくつかの項は消え，

$$
\begin{aligned}
&\bar{A}^\nu(\mathrm{P}\to\mathrm{A}_1\to\mathrm{Q}) - \bar{A}^\nu(\mathrm{P}\to\mathrm{A}_2\to\mathrm{Q}) \\
&= \left\{A^\rho\left(\Gamma^\nu{}_{\rho\phi,\theta} - \Gamma^\nu{}_{\rho\theta,\phi}\right) + A^\alpha\left(\Gamma^\rho{}_{\alpha\phi}\Gamma^\nu{}_{\rho\theta} - \Gamma^\rho{}_{\alpha\theta}\Gamma^\nu{}_{\rho\phi}\right)\right\}\Delta\theta\Delta\phi \\
&= \left(\Gamma^\nu{}_{\rho\phi,\theta} - \Gamma^\nu{}_{\rho\theta,\phi} + \Gamma^\nu{}_{\alpha\theta}\Gamma^\alpha{}_{\rho\phi} - \Gamma^\nu{}_{\alpha\phi}\Gamma^\alpha{}_{\rho\theta}\right)A^\rho\Delta\theta\Delta\phi \qquad \cdots\cdots \ (6.108)
\end{aligned}
$$

となります．式 (6.108) に現れた量を

$$
R^\nu{}_{\rho\theta\phi} = \Gamma^\nu{}_{\rho\phi,\theta} - \Gamma^\nu{}_{\rho\theta,\phi} + \Gamma^\nu{}_{\alpha\theta}\Gamma^\alpha{}_{\rho\phi} - \Gamma^\nu{}_{\alpha\phi}\Gamma^\alpha{}_{\rho\theta} \qquad \cdots\cdots \ (6.109)
$$

と書けば，異なる二つの経路を取って平行移動させたことによるベクトルの変化は

$$
\bar{A}^\nu(\mathrm{P}\to\mathrm{A}_1\to\mathrm{Q}) - \bar{A}^\nu(\mathrm{P}\to\mathrm{A}_2\to\mathrm{Q}) = R^\nu{}_{\rho\theta\phi}A^\rho\Delta\theta\Delta\phi \quad \cdots\cdots \ (6.110)
$$

と表せることがわかりました．ここに現れた $R^{\nu}{}_{\rho\theta\phi}$ こそが，空間が本当に曲がっているかどうかを表す量で，**リーマンテンソル**または**（リーマン）曲率テンソル**などと言います．

今は球面上で θ が一定の線（緯線）や ϕ が一定の線（経線）に沿って平行移動させましたが，任意の方向への平行移動に一般化できます．

点Pと，点 A_1，A_2 とを結ぶ微小変位ベクトルをそれぞれ

$$d\boldsymbol{r}_{(1)} = dx^{\mu}_{(1)}\boldsymbol{e}_{\mu} = dx^{1}_{(1)}\boldsymbol{e}_1 + dx^{2}_{(1)}\boldsymbol{e}_2 \qquad \cdots\cdots (6.111)$$

$$d\boldsymbol{r}_{(2)} = dx^{\sigma}_{(2)}\boldsymbol{e}_{\sigma} = dx^{1}_{(2)}\boldsymbol{e}_1 + dx^{2}_{(2)}\boldsymbol{e}_2 \qquad \cdots\cdots (6.112)$$

とします．ここで $\boldsymbol{e}_1$，$\boldsymbol{e}_2$ は，2次元球面上に張った任意の基底ベクトルです．前の例との対応は，$\boldsymbol{e}_1 = \boldsymbol{e}_{\theta}$，$\boldsymbol{e}_2 = \boldsymbol{e}_{\phi}$ として，$dx^{1}_{(1)} = 0$，$dx^{2}_{(1)} = \Delta\phi$，$dx^{1}_{(2)} = \Delta\theta$，$dx^{2}_{(2)} = 0$ となっています．

さて，一般化によって変化するのは3箇所です．一つ目の変更点は，式 (6.101) の $\Gamma^{\nu}{}_{\rho\phi}(\mathrm{P})\Delta\phi$ という項です．これは $d\boldsymbol{r} = \Delta\phi\boldsymbol{e}_{\phi}$ という微小変位を考えていたことに由来する項なので，ここには

$$\Gamma^{\nu}{}_{\rho\phi}(\mathrm{P})\Delta\phi \quad \to \quad \Gamma^{\nu}{}_{\rho\mu}(\mathrm{P})dx^{\mu}_{(1)} = \Gamma^{\nu}{}_{\rho 1}(\mathrm{P})dx^{1}_{(1)} + \Gamma^{\nu}{}_{\rho 2}(\mathrm{P})dx^{2}_{(1)} \quad \cdots\cdots (6.113)$$

のように，$\boldsymbol{e}_{\phi}$ 方向に沿った変化だけでなく，$\boldsymbol{e}_1$，$\boldsymbol{e}_2$ という二つの方向の組み合わせで表される，一般的な方向への微小変位の効果が現れます．

二つ目の変更点は，式 (6.104) の $\Gamma^{\nu}{}_{\rho\theta}(\mathrm{A}_1)\Delta\theta$ という項ですが，これは本質的には先ほどの $\Delta\phi$ を $\Delta\theta$ に置き換えただけのものなので，同じように考えて

$$\Gamma^{\nu}{}_{\rho\theta}(\mathrm{A}_1)\Delta\theta \quad \to \quad \Gamma^{\nu}{}_{\rho\sigma}(\mathrm{P})dx^{\sigma}_{(2)} = \Gamma^{\nu}{}_{\rho 1}(\mathrm{P})dx^{1}_{(2)} + \Gamma^{\nu}{}_{\rho 2}(\mathrm{P})dx^{2}_{(2)} \quad \cdots\cdots (6.114)$$

となります．

最後の三つ目は，式 (6.105) の，接続を微分を使って近似するところです．引数の変化が $\Delta\phi$ のみではなく，$dx^{1}_{(1)}$，$dx^{2}_{(1)}$ の二つがあることから，

$$\begin{aligned}\Gamma^{\nu}{}_{\rho\sigma}(\mathrm{A}_1) &= \Gamma^{\nu}{}_{\rho\sigma}(x^1 + dx^{1}_{(1)}, x^2 + dx^{2}_{(1)}) \\ &\fallingdotseq \Gamma^{\nu}{}_{\rho\sigma}(x^1, x^2) + \Gamma^{\nu}{}_{\rho\sigma,1}(x^1, x^2)dx^{1}_{(1)} + \Gamma^{\nu}{}_{\rho\sigma,2}(x^1, x^2)dx^{2}_{(1)} \\ &= \Gamma^{\nu}{}_{\rho\sigma}(\mathrm{P}) + \Gamma^{\nu}{}_{\rho\sigma,\mu}(\mathrm{P})dx^{\mu}_{(1)} \qquad \cdots\cdots (6.115)\end{aligned}$$

となります．ここで，式 (6.105) の添え字 θ を σ に置き換えました．先に述べたよ

うに一般の変位に拡張したためです．

これら三つの変更点をすべて加味すると，最終的にリーマンテンソルは

$$\begin{aligned}&\bar{A}^{\nu}(\mathrm{P}\to\mathrm{A}_1\to\mathrm{Q})-\bar{A}^{\nu}(\mathrm{P}\to\mathrm{A}_2\to\mathrm{Q})\\&=\left(\Gamma^{\nu}{}_{\rho\mu,\sigma}-\Gamma^{\nu}{}_{\rho\sigma,\mu}+\Gamma^{\nu}{}_{\alpha\sigma}\Gamma^{\alpha}{}_{\rho\mu}-\Gamma^{\nu}{}_{\alpha\mu}\Gamma^{\alpha}{}_{\rho\sigma}\right)A^{\rho}dx^{\mu}_{(1)}dx^{\sigma}_{(2)}\\&=R^{\nu}{}_{\rho\sigma\mu}A^{\rho}dx^{\mu}_{(1)}dx^{\sigma}_{(2)}\qquad\cdots\cdots\ (6.116)\end{aligned}$$

より，

$$R^{\nu}{}_{\rho\sigma\mu}=\Gamma^{\nu}{}_{\rho\mu,\sigma}-\Gamma^{\nu}{}_{\rho\sigma,\mu}+\Gamma^{\nu}{}_{\alpha\sigma}\Gamma^{\alpha}{}_{\rho\mu}-\Gamma^{\nu}{}_{\alpha\mu}\Gamma^{\alpha}{}_{\rho\sigma}\qquad\cdots\cdots\ (6.117)$$

と一般化されます．

さらに，この計算は 2 次元曲面から 4 次元時空へも拡張できます．拡張は簡単で，これまで使っていた μ，ν などの添え字が，2 次元空間を表す 1，2 ではなく，4 次元時空を表す 0 から 3 を走るものと読み替えるだけです．なぜなら，これまでの議論ではベクトルという幾何学的実在をぐるっと何らかの領域を囲むように平行移動させるということしかしていないからです．何次元のベクトルであってもこの操作に変更はありません．次元にかかわらず，同じようにして曲率を計算できるのです．

◆ポイント解説：四つの添え字の意味

この量には合計四つも添え字がついていて非常に複雑なので，ピンと来ません．直感的にはどういうことなのでしょうか．

まず，ベクトルを動かして様子を見るので，ベクトルのどの成分を見るかで成分を一つ選ぶことになります．次に，今は地球の表面という 2 次元面上で動かしたので，θ 方向に動かすか ϕ 方向に動かすかの 2 通りしかありませんでしたが，3 次元空間や 4 次元以上のようにもっと一般的な次元の空間のなかでベクトルを動かすなら，方向のうちどの 2 方向をとってくるかを決めなければいけません．これで合計三つ選んだことになります．最後に，生じたズレがもともとのベクトルとどんな関係にあったかを示すのが四つ目の添え字の意味です．これはもともとのベクトルが大きければ，ズレもまた大きいということに由来しています．こういった理由から，ベクトルを動かして発生したズレには四つの要素が含まれることになるのです [*1]．

*1　その四つの要素に，それぞれ次元の数だけ自由度があります．よって，時空の曲がりを表す曲率は，N 次元なら N^4 個の成分をもつ量となります（すべての要素が独立というわけではないので，実際には自由度はもう少し小さくなります）．

曲率に関わる量でリーマンテンソルから計算されるものがいくつかあります．一つは**リッチテンソル**と言い，リーマンの曲率テンソル $R^{\sigma}{}_{\mu\nu\lambda}$ の添え字のうち，σ と ν を等しくし，和をとったものです[*1]．すなわち

$$R_{\mu\lambda} = R^{\nu}{}_{\mu\nu\lambda} \qquad \cdots\cdots (6.118)$$

で定義される量です．アインシュタインの縮約を使わずに表せば，

$$R_{\mu\lambda} = R^{\nu}{}_{\mu\nu\lambda} = \sum_{\nu} R^{\nu}{}_{\mu\nu\lambda} \qquad \cdots\cdots (6.119)$$

となります．この量は後ほどアインシュタイン方程式をつくる際に重要な役割を果たします．

このリッチテンソルでさらに縮約をとってつくられる

$$R = g^{\mu\nu} R_{\mu\nu} = \sum_{\mu}\sum_{\nu} g^{\mu\nu} R_{\mu\nu} \qquad \cdots\cdots (6.120)$$

は**リッチスカラー**とか，**スカラー曲率**と呼ばれています．

◆ポイント解説：テンソルとは？

リーマンテンソル $R^{\nu}{}_{\rho\sigma\mu}$ やリッチテンソル $R_{\alpha\beta}$ のように，テンソルと呼ばれる量は複数の添え字をもち，行列のような形をしています（たとえば付録 A.1 で出てくるローレンツ変換を表す行列は，$\Lambda^{\nu}{}_{\mu}$ という形をしています）．ただし，μ，ν などの添え字が 0 から 3 を走るとき，リッチテンソル $R_{\alpha\beta}$ の成分は 4×4 行列で表すことができますが，リーマンテンソル $R^{\nu}{}_{\rho\sigma\mu}$ は添え字が四つあるため，成分は $4 \times 4 \times 4 \times 4$ 個あることになり，もはや行列で表示することはできません．強いて言えば，4×4 行列の各成分を，さらに 4×4 行列にした「行列のなかに行列がある」ような記法を使えば書くことは可能です．それがわかりやすい書き方かどうかはわかりませんが…….

書き方はともかく，実は，ここで挙げた $R^{\nu}{}_{\rho\sigma\mu}$ や $R_{\alpha\beta}$ は，正確にはそれぞれリーマンテンソル，リッチテンソルの成分と呼ぶべきものです．これは，ベクトル $\boldsymbol{A} = A^{\mu}\boldsymbol{e}_{\mu}$ の A^{μ} は，ベクトルの成分であってベクトル「本体」ではなかったのと同じです．テンソルもそれ自体は幾何学的な実在で，添え字で表された量はその成分です．

二つのベクトル $\boldsymbol{A} = A^{\mu}\boldsymbol{e}_{\mu}$，$\boldsymbol{B} = B^{\nu}\boldsymbol{e}_{\nu}$ があるとき，A^{μ} と B^{ν} の掛け算を $C^{\mu\nu} = A^{\mu}B^{\nu}$ のように成分としてもつような量

$$\boldsymbol{C} = C^{\mu\nu}\boldsymbol{e}_{\mu} \otimes \boldsymbol{e}_{\nu}$$

*1　リッチ（Ricci）は人名です．

$$= A^\mu B^\nu \boldsymbol{e}_\mu \otimes \boldsymbol{e}_\nu = \left(A^\mu \boldsymbol{e}_\mu\right) \otimes \left(B^\nu \boldsymbol{e}_\nu\right) = \boldsymbol{A} \otimes \boldsymbol{B} \qquad \cdots\cdots \ (6.121)$$

を考えるとき，この $\boldsymbol{C}$ が**テンソル**です．その成分は μ，ν が 0 から 3 を走るときは行列を使って

$$(C^{\mu\nu}) = \begin{pmatrix} A^0B^0 & A^0B^1 & A^0B^2 & A^0B^3 \\ A^1B^0 & A^1B^1 & A^1B^2 & A^1B^3 \\ A^2B^0 & A^2B^1 & A^2B^2 & A^2B^3 \\ A^3B^0 & A^3B^1 & A^3B^2 & A^3B^3 \end{pmatrix} \qquad \cdots\cdots \ (6.122)$$

となります．ここで，$\otimes$ は**テンソル積**という記号で，$\boldsymbol{A}$ と $\boldsymbol{B}$ が，それぞれ独立な $\boldsymbol{e}_\mu$ と $\boldsymbol{e}_\nu$ という基底ベクトルで展開されていることを表しています．

$\boldsymbol{C}$ のように，二つの反変ベクトルのテンソル積で書かれたテンソルは，$\binom{2}{0}$-テンソルと呼ばれることがあります．この呼び方では，反変ベクトル $\boldsymbol{A}$ は $\binom{1}{0}$-テンソルであり，共変ベクトル $\tilde{\boldsymbol{A}} = A_\mu \tilde{d}\boldsymbol{x}^\mu$ は $\binom{0}{1}$-テンソル，スカラー場は $\binom{0}{0}$-テンソルです．また，計量 $\boldsymbol{g}$ は $\binom{0}{2}$-テンソルです．

ベクトルそのものが座標によらない幾何学的実在であったのと同様に，ベクトルの一般化であるテンソルも，座標によらない量です．このため，テンソルを用いて物理現象を記述すれば，それは座標によらないものになっていて，自然の本質を反映した表現になっていそうです．この「物理現象はテンソル量で表されるべき」という発想を推し進めてつくられたのが一般相対論なのです．テンソルと座標および座標変換の関係については付録 B にまとめましたので，そちらもご覧ください．

6.6 曲率の具体的な計算

簡単な例を使って曲率を実際に求めてみましょう．ここでも例として

- 2 次元平面に，極座標を張った場合
- 2 次元球面

の二つを考えることにします．これら二つの例を用いると，

ユークリッド平面に曲がった座標軸を張った空間 $\neq$ 実際に曲がっている空間

も理解しやすくなると思います．

ユークリッド平面に曲がった座標軸を張った場合

2 次元ユークリッド空間の線素を極座標 (r, θ) で表せば

$$ds^2 = dr^2 + r^2 d\theta^2 \qquad \cdots\cdots (6.123)$$

でした．

まず，計量とその逆行列を確認しておくと

$$\boldsymbol{g} = (g_{\mu\nu}) = \begin{pmatrix} 1 & 0 \\ 0 & r^2 \end{pmatrix}, \quad \boldsymbol{g}^{-1} = (g^{\mu\nu}) = \begin{pmatrix} 1 & 0 \\ 0 & \dfrac{1}{r^2} \end{pmatrix} \qquad \cdots\cdots (6.124)$$

です．成分で書けば，

$$g_{rr} = 1, \quad g_{r\theta} = g_{\theta r} = 0, \quad g_{\theta\theta} = r^2 \qquad \cdots\cdots (6.125)$$

$$g^{rr} = 1, \quad g^{r\theta} = g^{\theta r} = 0, \quad g^{\theta\theta} = r^{-2} \qquad \cdots\cdots (6.126)$$

です．

クリストッフェル記号 ${\Gamma^\mu}_{\nu\rho}$ ですが，上付き添え字について r，θ の 2 通り，下付きの二つの添え字については対称なので (r,r)，(r,θ)，(θ,θ) の 3 通りがあり，全部で 6 成分ということになります．すでに $\partial_\mu \boldsymbol{e}_\nu = {\Gamma^\rho}_{\nu\mu} \boldsymbol{e}_\rho$ という定義に基づいて計算しましたが，ここでは計量を使って同じ効果が得られることを確認しましょう．具体的には

$$\begin{aligned} {\Gamma^r}_{rr} &= \frac{1}{2} g^{r\nu} (g_{\nu r,r} + g_{\nu r,r} - g_{rr,\nu}) \\ &= \frac{1}{2} g^{rr} (g_{rr,r} + g_{rr,r} - g_{rr,r}) = 0 \end{aligned} \qquad \cdots\cdots (6.127)$$

$${\Gamma^r}_{r\theta} = \frac{1}{2} g^{rr} (g_{rr,\theta} + g_{r\theta,r} - g_{r\theta,r}) = 0 = {\Gamma^r}_{\theta r} \qquad \cdots\cdots (6.128)$$

$${\Gamma^r}_{\theta\theta} = \frac{1}{2} g^{rr} (g_{r\theta,\theta} + g_{r\theta,\theta} - g_{\theta\theta,r}) = \frac{1}{2} \cdot 1 \cdot (0 + 0 - 2r) = -r \qquad \cdots\cdots (6.129)$$

$${\Gamma^\theta}_{rr} = \frac{1}{2} g^{\theta\theta} (g_{\theta r,r} + g_{\theta r,r} - g_{rr,\theta}) = 0 \qquad \cdots\cdots (6.130)$$

$$\begin{aligned} {\Gamma^\theta}_{r\theta} &= \frac{1}{2} g^{\theta\theta} (g_{\theta r,\theta} + g_{\theta\theta,r} - g_{r\theta,\theta}) \\ &= \frac{1}{2} \cdot \frac{1}{r^2} \cdot (0 + 2r - 0) = \frac{1}{r} = {\Gamma^\theta}_{\theta r} \end{aligned} \qquad \cdots\cdots (6.131)$$

$${\Gamma^\theta}_{\theta\theta} = \frac{1}{2} g^{\theta\theta} (g_{\theta\theta,\theta} + g_{\theta\theta,\theta} - g_{\theta\theta,\theta}) = 0 \qquad \cdots\cdots (6.132)$$

ですので，たしかに同じ結果が得られました．ゼロでない成分は ${\Gamma^r}_{\theta\theta}$，${\Gamma^\theta}_{r\theta}$，${\Gamma^\theta}_{\theta r}$ のみです．

次に，曲率テンソルを計算しますが，今考えているのは 2 次元ユークリッド空間という曲がりのない面に極座標を張っただけのものですので，曲率テンソルの成分はすべてゼロになるはずです．実際にやってみると

$$R^{\mu}{}_{\nu\rho\sigma} = 0 \quad (\mu,\, \nu,\, \rho,\, \sigma = r \text{ または } \theta) \qquad \cdots\cdots \ (6.133)$$

であることが（慣れるまでかなり面倒な計算ではありますが）確認できます．

ちなみに 2 次元の場合，リーマンテンソル $R^{\mu}{}_{\nu\rho\sigma}$ やリッチテンソル $R_{\mu\nu}$ は，リッチスカラー R で以下のように表すことができます：

$$R^{\mu}{}_{\nu\rho\sigma} = \frac{1}{2}(g_{\mu\rho}g_{\sigma\nu} - g_{\mu\sigma}g_{\rho\nu})R, \quad R_{\mu\nu} = \frac{1}{2}g_{\mu\nu}R \qquad \cdots\cdots \ (6.134)$$

これは，2 次元空間の場合，自由度が非常に少ないため，リーマンテンソルやリッチテンソルの成分のうち独立な成分が一つしかないからです．そのため，2 次元ユークリッド空間に限らず，2 次元の空間であればリッチスカラーのみ計算すれば空間の様子がわかってしまいます [*1]．

2 次元球面の場合

2 次元球面の線素がどうなるかをまず確認します．2 次元球面の例としてはこれまでどおり地球の表面などを想像してください．すでに 3 次元空間の極座標表示を与えました．半径が a で一定の線素は式 (4.23) において $r = a$ として

$$ds^2 = a^2\, d\theta^2 + a^2 \sin^2\theta\, d\phi^2 \qquad \cdots\cdots \ (6.135)$$

となります．$r = a$ で r は一定ですから，r 方向への無限小変位 dr はゼロです．地球の「表面」という 2 次元面なので，厚み，すなわち r 方向への変位はないからです．さて，この線素より計量とその逆行列は

$$\boldsymbol{g} = \begin{pmatrix} a^2 & 0 \\ 0 & a^2\sin^2\theta \end{pmatrix}, \quad \boldsymbol{g}^{-1} = \begin{pmatrix} \dfrac{1}{a^2} & 0 \\ 0 & \dfrac{1}{a^2\sin^2\theta} \end{pmatrix} \qquad \cdots\cdots \ (6.136)$$

---

*1　ただし，大域的な情報はこれだけではわかりません．曲率が表すのは局所的な情報だからです．
　ちなみに 3 次元の場合も 4 次元空間や 4 次元時空に比べ物理的自由度が少ないため，リーマンテンソルは，リッチテンソルやリッチスカラーを使って

$$R^{\mu}{}_{\nu\rho\sigma} = \delta^{\mu}{}_{\rho}R_{\nu\sigma} + g_{\nu\sigma}R^{\mu}_{\rho} - g_{\nu\rho}R^{\mu}_{\sigma} - \delta^{\mu}{}_{\sigma}R_{\nu\rho} - \frac{1}{2}(\delta^{\mu}{}_{\rho}g_{\nu\sigma} - \delta^{\mu}{}_{\sigma}g_{\nu\rho})R$$

と表せます．

であり，成分で書けば

$$g_{\theta\theta}=a^2,\quad g_{\theta\phi}=g_{\phi\theta}=0,\quad g_{\phi\phi}=a^2\sin^2\theta \qquad\cdots\cdots (6.137)$$

$$g^{\theta\theta}=\frac{1}{a^2},\quad g^{\theta\phi}=g^{\phi\theta}=0,\quad g^{\phi\phi}=\frac{1}{a^2\sin^2\theta} \qquad\cdots\cdots (6.138)$$

です．

2次元平面と同じようにしてクリストッフェル記号と曲率を計算すると

$$\Gamma^{\theta}{}_{\theta\theta}=\frac{1}{2}g^{\theta\theta}(g_{\theta\theta,\theta}+g_{\theta\theta,\theta}-g_{\theta\theta,\theta})=0 \qquad\cdots\cdots (6.139)$$

$$\Gamma^{\theta}{}_{\theta\phi}=\frac{1}{2}g^{\theta\theta}(g_{\theta\theta,\phi}+g_{\theta\phi,\theta}-g_{\theta\phi,\theta})=0=\Gamma^{\theta}{}_{\phi\theta} \qquad\cdots\cdots (6.140)$$

$$\Gamma^{\theta}{}_{\phi\phi}=\frac{1}{2}g^{\theta\theta}(g_{\theta\phi,\phi}+g_{\theta\phi,\phi}-g_{\phi\phi,\theta})$$
$$=\frac{1}{2}\cdot a^{-2}\cdot(-1)\cdot a^2\cdot 2\sin\theta\cos\theta=-\sin\theta\cos\theta \qquad\cdots\cdots (6.141)$$

$$\Gamma^{\phi}{}_{\theta\theta}=\frac{1}{2}g^{\phi\phi}(g_{\phi\theta,\theta}+g_{\phi\theta,\theta}-g_{\theta\theta,\phi})=0 \qquad\cdots\cdots (6.142)$$

$$\Gamma^{\phi}{}_{\theta\phi}=\frac{1}{2}g^{\phi\phi}(g_{\phi\phi,\theta}+g_{\phi\theta,\phi}-g_{\phi\theta,\phi})$$
$$=\frac{1}{2}\cdot a^{-2}\cdot\sin^{-2}\theta\cdot 2a^2\sin\theta\cos\theta=\cot\theta=\Gamma^{\phi}{}_{\phi\theta} \qquad\cdots\cdots (6.143)$$

$$\Gamma^{\phi}{}_{\phi\phi}=\frac{1}{2}g^{\phi\phi}(g_{\phi\phi,\phi}+g_{\phi\phi,\phi}-g_{\phi\phi,\phi})=0 \qquad\cdots\cdots (6.144)$$

であり，リーマンテンソルは

$$R^{\theta}{}_{\phi\theta\phi}=\sin^2\theta=-R^{\theta}{}_{\phi\phi\theta},\quad R^{\phi}{}_{\theta\phi\theta}=1=-R^{\phi}{}_{\theta\theta\phi} \qquad\cdots\cdots (6.145)$$

であり，リッチテンソルとリッチスカラーはそれぞれ

$$R_{\theta\theta}=1,\quad R_{\theta\phi}=R_{\phi\theta}=0,\quad R_{\phi\phi}=\sin^2\theta \qquad\cdots\cdots (6.146)$$

および

$$R=\frac{2}{a^2} \qquad\cdots\cdots (6.147)$$

となります．最後のリッチスカラーの式は，考えている2次元空間が半径が a で一定の曲率をもった球面であることを表しています．

また，$a\to\infty$ という極限をとるとリッチスカラーがゼロになることもわかります．これは曲率半径を無限に大きくすると平坦な面が得られることを意味しており，直

感ともよく合っています．

6.7 内在的曲率と外在的曲率

この章では曲率という量をベクトルの変化として定義し，具体的にいくつかの例について計算しましたが，その計算はかなり面倒なものでした．ひょっとすると「空間が曲がっているかどうかなんて，見れば一目瞭然だろう．平らな紙と地球の表面は明らかに違うじゃないか」と思った方もおられるかもしれません．おっしゃるとおりで，宇宙から地球を眺めて見れば，たしかに地球の表面が平らでないことはわかるのですが，実はそのような「外から見たときにわかる曲がり具合」のことは**外在的曲率**と言い，この章で計算したリーマン曲率とは異なる量なのです*1．対して，ここで計算したリーマン曲率のような量は**内在的曲率**と言われます．面白いのは，リーマン曲率がベクトルをぐるっと1周回して得られた量だったように，内在的曲率を求めるためには図形を外から眺める必要がないということです．

ちょうどこれは，地球の外へ出なくても地球の表面が平らではないことを示せるということに当たります．たとえば，北極からさまざまな道筋で南極へ向かい，さらに南極を通り過ぎても北極に戻ってくることができることが，地球の表面が平らでない傍証になります．証拠ではなく「傍証」という言い方をしたのは，一方向に進むだけでもとの場所に戻ってこられるだけでは，地球が球であるとまでは言い切れないからです．2方向に向かって進んで戻ってこられるとしても，ひょっとしたらドーナツ状の形状かもしれません．ドーナツの表面と球面では曲がり方（曲率）が異なるのです．

もう少しイメージをふくらませるために，犬が首輪でつながれている状況を想像してください．犬が2次元平面につながれていて，リードの長さがLであるとしましょう．犬がリードをピンと張ってグルグルと走り回れば，半径Lの円を描くでしょうから，その円周は$2\pi L$になるはずです．ここでもし，犬が球面上に乗っているとしたらどうでしょう*2．図6.21のように，犬と地面に立てられた杭とをつなぐ

*1　相対論では外在的曲率も使われます．なお，外在的曲率と内在的曲率は一般に異なります．たとえば円柱の表面を考えると，円柱の周に沿う方向の外在的曲率は正です．これは円柱がぐるっと丸まった形をしているということに対応します．対して，円柱表面の内在的曲率はゼロなのです．つまり，円柱表面のリーマン曲率を計算してみるとゼロになります．

*2　地球上に住んでいるでしょうから，むしろこちらの設定のほうが正しいのですが．

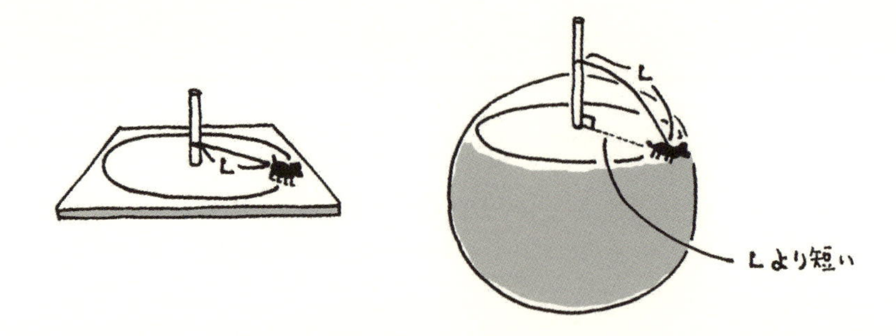

図 6.21　平面と球面で描かれる円周の長さの違い．球面に沿ってリードが曲がることで半径の小さな円を描くことになる．

リードは，地球の曲がり具合に沿って曲がります[*1]．この状況で犬がグルグル走り回ると，リードが曲がった状態ですから円の半径がピンと張ったときに比べて小さくなります．ということは描く円周の長さも図 6.21 のように，$2\pi L$ より小さくなるはずです．これにより平面ではないことが示せます[*2]．

このように，球の表面から離れて外へ出なくても，自分の立っているところが曲面かどうかはわかるのです．このように，外から見なくても内在的な量だけで曲率がわかることを示したのはガウスで，それをまとめたものを「ガウスの驚愕定理 (Theorema Egregium)」と言います．あのガウスが「驚愕定理」と名づけたほど，意外な結論だったのです．

宇宙論では，私たちの住んでいるこの宇宙の曲率も観測から決めることができます．私たちは（あるかどうかもわからない）外から宇宙を眺めて「丸い」とか「平らだ」とか言うことはできませんが，この宇宙における観測量だけで，宇宙の内在的曲率はわかるからです．2018 年 10 月現在，こうした宇宙の曲率は極めてゼロに近いと考えられていますが，果たしてほんの少しだけゼロからずれる項があるのか，厳密にゼロになっているのかは（実は永遠に）わかりません．

*1　リードをピンと張ったら，球の中にめり込んでしまうと思われたかもしれませんが，ここでは球の表面，すなわち 2 次元の空間を考えていることに注意してください．2 次元空間では，リードは球面に沿って曲がります．
*2　$2\pi L$ より小さくなるとき，曲率が正であると定義されています．

第 7 章

重力は時空の曲がりである

一般相対論

◆ ◆ ◆

これまで，4次元時空や曲がった空間など，一般相対論を表現するための数学的道具を揃えてきました．簡単に言ってしまうと，一般相対論は重力を扱うための理論です．ブラックホールをはじめ，質量の大きな星の周りの時空の様子や，宇宙そのものの運動においては重力が大きな役割を果たすため，そうした系の解析に一般相対論は不可欠です．

特殊相対論の物理的本質がローレンツ変換を用いた計算のなかによく現れていたように，一般相対論の物理的本質は「曲がった4次元時空の幾何学」でもって表現されます．つまり，重力は曲がった時空の幾何学として表現されるということです．

なぜ「重力＝曲がった時空」なのか，それを理解するために，特殊相対論と一般相対論の違いから話を始めましょう．

○ この章の目的 ○

重力を表すのに，曲がった時空が必要となることを理解する

◆キーワード：一般座標変換／等価原理／慣性質量／重力質量／一般相対性原理／曲がった時空としての重力

7.1 特殊相対論から一般相対論へ

何がどう「特殊」だったのか

第5章の特殊相対論では，「互いに一定の速度で動いている観測者の間で物理現象はどのように違って観測されるのだろう？」ということを考えました．特殊相対論の出発点の一つが「光の速さで光を追いかけたらどう見えるのだろう？」というアインシュタインの疑問でしたが，それはまさに「ある現象を静止している人が観測した場合の観測結果と，光の速さで運動している人が観測した場合の観測結果がど

う違ってくるのか」という問題だったわけです．ただし，静止と言ってもこの世界に「動いている人」と「止まっている人」の絶対的な区別があるわけではなく，互いに「自分は止まっていて，相手はそれに対して動いている」と主張し，それらは矛盾しないのでした．いずれにしても，互いに一定の速度で運動する複数の観測者，すなわち複数の座標系を考えたとき，物体の位置や速度，運動量やエネルギーなどがそれぞれの座標系でどう違って表され，どう対応するのかを調べるための理論体系が特殊相対論でした．

ここで，特殊相対論では「一定の速度で」という条件がついていることに注意してください．つまり特殊相対論では，静止しながら観測した場合の結果と，加速したり減速したりしながら観測した場合の結果を正しく比較することができないと言っているのです[*1]．加速したり減速したりするということは，静止した系に対して加速度運動をしていることを意味していますが，そのような動きをしている系は**非慣性系**と言います．

少し復習しておくと，「正味の力が加わっていない物体は，一定の速度で動き続ける」という性質を慣性の法則と言い，慣性の法則が成り立つ系を慣性系と言いました．慣性系に対して一定の速度で動いている系もまた慣性系なので，慣性系は無限に存在していました．特殊相対論ではこれら慣性系のみを扱い，光速の不変性と並び，

すべての慣性系において，あらゆる物理法則は形を変えない

こと（特殊相対性原理）が理論の出発点となっていたのでした．「物理法則は形を変えない」という言い方は少しわかりにくいですが，たとえば一定の速度で動く電車のなかであれば，私たちは地上と同じように歩けますが，それは地上と同じ物理法則が電車のなかでも成立しているからで，それをもう少し物理らしい言葉で表現すれば「どの慣性系で見ても同じ物理法則が成り立つ（同じ形の式で表される）」となります．このこともすでに述べました．

さて，4 次元時空という描像や，エネルギーと質量の等価性など，特殊相対論からは興味深い結果がいくつも導かれましたが，一定の速度で動く観測者同士の変換に限られているという意味では，その扱う状況はかなり特殊なケースに限られている

*1　このことは，特殊相対論の枠組みで加速度運動を扱えないということではありません．特殊相対論はその極限としてニュートン力学を含んでおり，ニュートン力学が加速度運動を扱えるように，特殊相対論も加速度運動を扱えます．しかし，慣性系同士の変換であるローレンツ変換では，慣性系と非慣性系や，非慣性系同士をつなぐことができないという意味です．

とも言えます．先ほどの電車の例にしても，発車や停車の際に速度は一定ではありませんし，むしろ一定の速度で歩き続けることがとても難しいことを私たちはよく知っています．そうなると，特殊相対論をさらに現実的な状況へと一般化するなら，

任意の運動状態にある観測者からは，物理現象はどのように見えるのか？

別の言い方をすると，

非慣性系同士の座標変換はどのようなものになるのか？

を明らかにする必要がありそうです．

一般相対論と重力

「一般化」という言葉が出てきました．もうお気づきの方も多いのではないかと思いますが，一般相対論の何が「一般」なのかというと，特殊相対論で扱っていた慣性系の間での変換を拡張し，任意の系の間での変換，すなわち非慣性系にまで拡張したものであるということなのです．前章でも述べたように，座標，すなわち私たちが現象をどう観察し，どの数値で表現するかは，そもそもの物理現象とは関係のないことです．その意味で，一定の速度で動く観測の仕方に限らず，**人為的に設定した座標系に依存しない物理理論**をつくり，それを用いて現象の本質を引き抜くことを目指すのは自然な流れでもあります．

では具体的にどうしたらよいかですが，慣性系同士がローレンツ変換で結ばれるのですから，非慣性系を結ぶ変換を見つければ一般相対論へと拡張できそうです．ではそうした変換を見つけましょう，といきたいところですが，ここで一旦立ち止まって本書の目的を思い出してください．この本の最終目標は**「ブラックホールを表す数式」を導き，なぜそれがブラックホールを表していると言えるのかを理解すること**です．ブラックホールでは重力が本質的な役割を果たしていて，それを解析するには一般相対論を使わなければならない，という話だったはずです．では，特殊相対論を一般化して一般相対論に拡張する話のどこに重力の話が入っているのでしょう．

実は，一般相対論は重力を正しく扱うための理論であるということと，一般相対論は特殊相対論を拡張したものであり，加速度運動する系への変換も扱えるものである，ということには深いつながりがあります．そのことを理解するために重力と加速度運動，この二つが同時に関わる現象を考えることで，両者の関係を見てみる

ことにしましょう．「時空の曲がり」というキーワードを介して，重力と加速度運動が「同じもの」であることが見えてきます．

重力と加速度運動：自由落下する物体

重力と加速度運動が関係する一番単純な現象として，自由落下について考えてみましょう．自由落下とは，物体が重力のみに引かれて落下しているという現象です．つまり，電気の力や磁石の力，空気の抵抗力など，重力以外の力が働いていない状態です．この運動は高校で力学を学ぶとき，最初に出てくる最も簡単な運動です．なぜなら，物体が自由落下するとき，どんな物体も一定の加速度で落下すると考えられているからです．その加速度を重力加速度と言います．

一定と言っても重力加速度は地球からの引力によって決まるため，場所ごとにわずかですが値は異なります．地球内部の物質分布は一様ではありませんし，測定地点の高さによっても重力の大きさが異なるからです．その意味で「一定の重力加速度で落下し続ける」ということは厳密には正しくありませんが，ここでは話を簡単にするため，一定の重力加速度で落下し続けるという理想的な状況で考えます*1．

地球上での重力加速度はおよそ $9.8\,\mathrm{m/s^2}$ なので，自由落下する物体は1秒ごとに $9.8\,\mathrm{m/s}$ ずつ加速していくことになります．この物体の運動を皆さんが地上から観察すると，はじめに速度ゼロでそっと落下させた物体でも，1秒後には速度が $9.8\,\mathrm{m/s}$ になり（人類最速の陸上選手が $100\,\mathrm{m}$ を走るときの速度がおよそこの程度でした），2秒後には $19.6\,\mathrm{m/s}$ なり……，と，どんどんスピードアップしながら落下していくのが見えます．高さ $10\,\mathrm{m}$ の地点から自由落下させた場合はおよそ1.4秒で地面に到達し，東京スカイツリーの高さである地上 $634\,\mathrm{m}$ からの自由落下なら11秒くらいで地上に達します*2．

さて，この自由落下が「重力に引かれて物体が下向きに加速した」という現象であることは**誰の目にも**明らかであるように思えます．ところが，よく考えてみると必ずしもそうとも言い切れないのです．

加速度運動か重力か：エレベーターの例

それを理解するために，今度は物体ではなく，皆さん自身が自由落下している状況を想像してみてください（ものすごく嫌な状況ですが……）．たとえば皆さんが

*1　あくまでこれは理想的な状況を仮定した思考実験ですが，物体の形状によっては空気抵抗が無視できるくらい小さいこともあるため，あながち非現実的な状況設定というわけでもありません（付録A.1も参照）．

*2　もちろん，実際には空気抵抗が働くため，もっと時間がかかって落下することになります．

エレベーターに乗っていて，突然それを支えているロープが切れてしまったとしましょう．このときにも自由落下を想定すると，エレベーターと皆さん自身が一斉に落下していくことになります．そのとき皆さんは，自分が「重力に引かれて落下している」と確信をもって言えるでしょうか．エレベーターが下の階に下がるときのことを思い出してみてください．下がり出した瞬間，フワッと体が浮き，体重が軽くなったと感じた経験は誰しも記憶にあると思います．

そのように感じるのは，私たちは自分の体重を足の裏で感じているからです．私たちは地球からの重力を直接感じているわけではありません．地球からの重力によって私たちの体が下に引っ張られ，足の裏が地面を押します．そして地面が足の裏を同じ力で押し返します（地面からの垂直抗力と言います）．その力を私たちは「地球からの重力」だと思っているわけです．地面から足の裏が押し返される力を通して，間接的に地球の重力を感じているわけですね．

エレベーターが下に動き始めると私たちの足の裏とエレベーターの床が一瞬離れ，足の裏に加わる力が弱まります．このとき私たちは「あ，体重が軽くなった」と感じるのです．ただし，エレベーターが降りるときは下への加速はすぐに収まり，一定の速度で下降するようになります．そのため私たちの足の裏（と体全体）はエレベーターの床に「追いつき」ます．その結果，再び足の裏と床がしっかり押し合うようになるので，自分の体重がもとどおりになったように感じるわけです．

では話を最初に戻して，エレベーターの綱が切れた場合はどうでしょう．今度はエレベーターも，中にいる皆さんも，自由落下を続けることになります．普通のエレベーターのように一定の速度に落ち着くことはなく，両者はずっと同じペースで落下し続けるのです．そのため皆さんは，いつまで経っても足の裏を床が押し返してくる感触が得られず，「体重がゼロになった」，もしくは「重力が消えてしまった」ように感じるはずなのです [*1]．

もちろん普段は自分がエレベーターに乗っていることを認識していますから，「重力がなくなった」というよりは，「エレベーターに何か起きた！」と気づくのでしょう．しかし，もし皆さんが突然目隠しをされて宇宙空間に漂う窓のない箱に押し込められ，その箱が地球に向かって落下したとしたらどうでしょう．果たして「自分とこの箱は地球に向かって自由落下している」と思うでしょうか，それとも「この箱の中は無重力状態だ」と思うでしょうか．

---

*1　次節で説明するように，この解釈は相対的なものであり，重力が弱まったという説明も成り立ちます．

逆に，エレベーターが上昇したときはどうでしょう．はじめに静止していたエレベーターが上の階に動き出すと，今度は体が下にグッと押し付けられるような感じがします．まるで体重が重くなったような，気持ちの悪いあの感じです（図7.1）．この押し付けられる感じも下降の例と同じで，実際は下に押し付けられているというより，エレベーターの下の床が上昇し始め，皆さんの足の裏に加わる力が増したことが原因です[*1]．

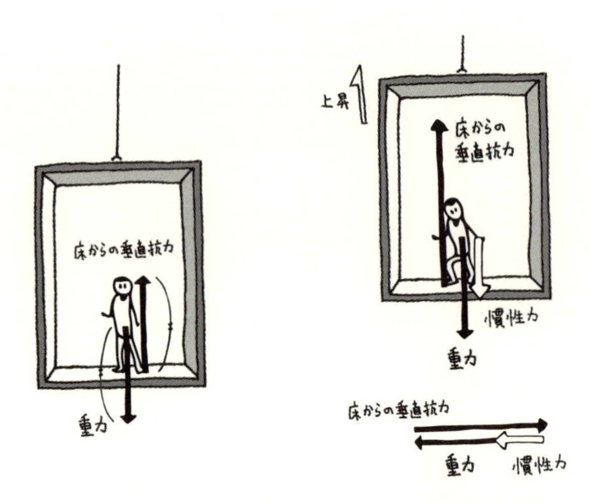

図7.1　エレベーターが上昇すると，重力が大きくなって床に押し付けられたように感じる．

ここでも同様に，皆さんが押し込められている箱には窓も何もなく，箱が上に登っているのかどうかを景色などから判断することができないとしたら，

自分の乗ったエレベーターが上がっているのか

それとも

皆さんを下に引く力，すなわち地球の重力が強くなったのか

を判別できるでしょうか．両者を区別するには，それぞれの解釈によって異なる現象が起きなければいけません．そうした現象があるかどうか，その鍵を握るのが**等価原理**です．

---

*1　この解釈もすぐ後で説明するように，実は相対的なものです．

7.2 一般相対論の基本原理

等価原理とは,

慣性質量と重力質量は等しい

という主張なのですが,「慣性質量」と「重力質量」という言葉に馴染みのある方はあまりいないのではないでしょうか.高校物理ではほとんど気にしませんが,実は質量には2種類あるのです[*1].

慣性質量 / 重力質量と等価原理

まず慣性質量ですが,これは第2章のニュートン力学のところで出てきた運動方程式の左辺にある質量のことです.運動方程式,すなわちニュートンの運動の第2法則とは,物体に力 F を加えると F に比例し,質量 m に反比例した加速度 a が発生するというものでした.数式では

$$a = \frac{F}{m} \qquad \cdots\cdots (7.1)$$

または

$$ma = F \qquad \cdots\cdots (7.2)$$

と表されました.ここでの「慣性」は,「惰性」と同じ意味です.「惰性で続けてしまった」などということがありますが,慣性というのも惰性と同じく「今の状態を持続し続けようとする性質」のことです.

運動方程式は,「同じ力を加えている場合なら,m が大きいほどあまり加速しない」ということを言っています.止まっているものがなかなか動き出さなかったり,すでに動いているものがなかなか止まらなかったりするときの,その変化のしにくさを表す量が慣性なのです.つまり,どのくらいダラダラし続けようとするのかを表すのですね.慣性質量が小さいものは小回りが効き,運動方向をキュッと変えたり,サッと加速したりすることができますが,慣性質量が大きいものはそう簡単には今の状態を変えることができないのです.大きな組織がまさにそうですが,図体が大きいとなかなか変化できないと言っているわけです.

一方,重力質量とは,物体が重力に反応する度合いを示す量です.自由落下のと

---

*1 大学以降で学ぶ物理でも,一般相対論でしかこの話は出てきません.

ころでも述べたように，地上での重力の主たる要因は地球からの万有引力です[*1]．重力質量が M と m の二つの物体があるとき，それらの間に働く万有引力の大きさは M と m に比例し，互いの距離 r の 2 乗に反比例しています．数式で表すと万有引力の大きさ f は

$$f = G\frac{Mm}{r^2} \quad \cdots\cdots \ (7.3)$$

です．G は比例定数で，万有引力定数と言います[*2]．

万有引力の法則からわかるように，地球から離れれば離れるほど引力は弱くなりますが，地球の半径 6400 km と比べると，私たちがジャンプしたときの高さはもちろん，エベレストの高さ 8848 m（およそ 9 km）ですら，あまり大きな差ではありません．エベレストも，地球からすれば地表に貼り付いた小さな突起にすぎないのです．そのため，地球上ではどこでも地球からの万有引力の大きさはほとんど一定だと考えて差し支えありません．前に出てきた重力加速度 g が地球上でほとんど一定なのはこのことが理由で，質量 m の物体はどこでもほぼ一定の大きさ mg [N] の重力を地球から受けることがわかります．ここでは先ほどの重力加速度 $9.8\,\mathrm{m/s^2}$ を g と書きました[*3]．月面ではこの値が約 1/6 に弱くなります．この GMm/r^2 や mg で使われている m が重力質量です．

この使われ方からわかるように，この m は運動方程式 $ma = F$ の m とは違い，「すぐ加速できる」とか，「なかなか加速しない」ということとは何ら関係がありません．重力（より正確には万有引力）にどれくらい強く反応するか，その度合いを決めている値です．

このように，慣性質量と重力質量は本来関係のない量なので，正しくは慣性質量を m_I，重力質量を m_G のように区別して書くべきだと言えます[*4]．そうすると運動方程式は

$$m_I a = F \quad \cdots\cdots \ (7.4)$$

---

*1　それ以外にも地球の自転による遠心力も私たちには加わっています．

*2　第 4 章のコラムで解説した，電気や磁気の力と同じで，万有引力もまた「逆 2 乗則」に従います．

*3　g と万有引力の関係は，地球の半径を R とし，地表に置かれた質量 m の物体が受ける重力が，地球からの万有引力に等しいことから

$$mg = G\frac{Mm}{R^2} \quad \Rightarrow \quad g = G\frac{M}{R^2}$$

となります．ここに地球の質量 $M \fallingdotseq 5.97 \times 10^{24}\,\mathrm{kg}$, $R \fallingdotseq 6.37 \times 10^3\,\mathrm{km}$ および万有引力定数 $G \fallingdotseq 6.67 \times 10^{-11}\,\mathrm{m^3/kg \cdot s^2}$ を代入すると $g \fallingdotseq 9.8\,\mathrm{m/s^2}$ が得られます．

*4　I は慣性 (inertia) を，G は重力 (gravity) を表す添え字です．

となり，万有引力や地上付近の重力については

$$f=G\frac{M_G m_G}{r^2},\quad f=m_G g \qquad \cdots\cdots (7.5)$$

と書くことになります．先ほど，地上からそう離れていないところでは質量 m の物体はほぼ一定の大きさの力 mg を受けると言いましたが，この m は重力質量のことですので，正しくはこの文も「地上からそう離れていないところでは，重力質量 m_G の物体はほぼ一定の，大きさ $m_G g$ の力を受ける」とするのがより正確です．

ところで高校の力学では，第2章でも述べたように，一番最初に等加速度運動を学びます．その最も簡単な例が自由落下です．そこでは「空気の抵抗などがなければ，どんな物体でもこの一定の加速度でもって地球上では落下する」と教わるはずです．そのようになる理由は運動方程式を使って次のように理解できます．高校物理では慣性質量と重力質量を区別しないため，$ma=F$ の F に，自由落下の原因である重力 mg を代入すれば

$$ma=mg \qquad \cdots\cdots (7.6)$$

が得られ，この式からどんな質量の物体についても

$$a=g \qquad \cdots\cdots (7.7)$$

という結果，すなわちあらゆる物体が一定の重力加速度 g で落下するということになります．

ところが，これまでの議論からわかるように，慣性質量と重力質量とは，本来は別の量であって同じかどうかは自明ではないのです．

そこで慣性質量と重力質量を区別してみると，運動方程式は

$$m_I a=m_G g \qquad \cdots\cdots (7.8)$$

となり，加速度 a は

$$a=\frac{m_G}{m_I}g \qquad \cdots\cdots (7.9)$$

となります．ということは，もし物質ごとに慣性質量と重力質量の比

$$\frac{m_G}{m_I} \qquad \cdots\cdots (7.10)$$

が異なるようなことがあれば，自由落下する際の加速度の大きさが物質ごとに異なることになるのです．

ただし今のところ，慣性質量と重力質量が物質ごとに異なっていると考えられる実験結果は見つかっていません．そこで，すべての物質についてこの比が一定であると仮定し，その値を1と定義します．すべての物質について慣性質量と重力質量の比が一定であると考えること，これが**等価原理**です．

このように等価原理はあくまで実験で吟味すべきことで，すべての物質が同じ加速度で自由落下するかどうかは決して自明なことではありません[*1]．

先ほど自由落下するエレベーターの例で，「自分とエレベーターが重力に引かれて自由落下している」のか，それとも「自分とエレベーターに働く重力が消えた」のかを区別する方法があるだろうかという話が出てきましたが，慣性質量と重力質量が物体ごとに異なれば，自分とエレベーターに生じる加速度も異なってしまうため，

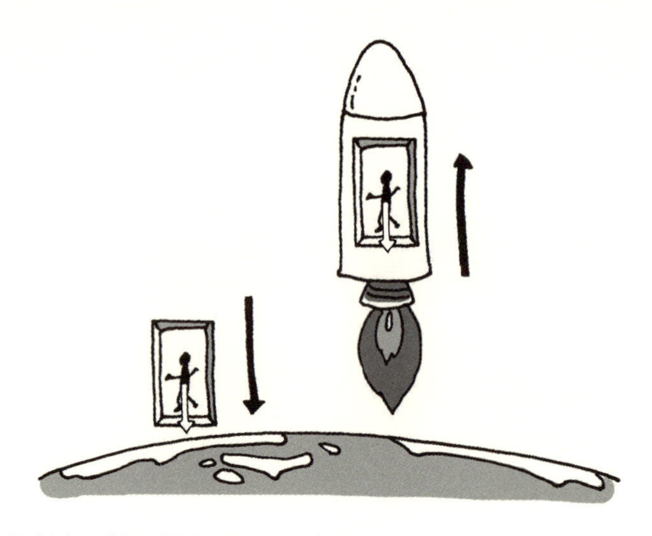

図 7.2　地球からの重力に引かれているのか，加速するロケットに乗っているから慣性力を受けているのか，本当に区別できないのか？

---

*1　高校物理における自由落下もそうであるように，初めて何かを学ぶときは一番簡単なケースから始め，細かくてややこしいことはとりあえず無視するのが定石です．ただ，気をつけないと「簡単なケース」と「特殊なケース」を取り違えてしまうことがあります．物理で使う数学で，こうした話がよくあります．たとえば，大学の力学で，力学的エネルギー保存則の単元において線積分という計算が現れます．そこでは，ポテンシャルエネルギーの値が積分経路によらず，始点と終点のみによって決まることを教わります．ところが，むしろ線積分の値は経路によって値を変えることのほうが一般的なのです．つまり，「線積分らしさ」が現れない特例から最初に教わるのです．このように，制限された特殊な設定しか知らず，一般のケースを知らないということがよくあるので注意が必要です．

重力が完全に消えてしまうことがありません．その場合は，「自分とエレベーターがそれぞれ異なる重力加速度で自由落下している」のか，「自分とエレベーターに働く重力の大きさが変化した」のかを区別することができないという問題に置き換わるわけですが，いずれにしても，重力を受けて運動しているのか，自分が加速度運動しているのかを区別する手立てはまったくないのでしょうか？

たとえば，図 7.2 のように地球の重力で引かれている箱に皆さんが乗っている場合と，宇宙空間を航行する宇宙船に皆さんが乗っていて，その宇宙船が重力と同じ大きさの力で加速した場合とで，皆さんに起きる現象は本当にまったく同じでしょうか?

重力は大域的には消せない

答えは，「区別する方法はある」です．さっきは皆さんに自由落下するエレベーターに乗ってもらいましたが，今度はもう 1 人，同じように隣に並んで自由落下していく人がいるとしましょう．地表近くで，ほんの短い時間だけ観察している間であれば図 7.3 のように，エレベーターは平行を保ったまま並んで落ちていくように見えるはずです．

図 7.3　地表近くでのエレベーターの落下．エレベーター同士は平行を保ったまま落下していくように見える．

しかしそうやって落下していくと，はじめは離れていても，落ちていくにつれ，つまり地球の中心に引っ張られるにつれ，図 7.4 のように 2 台のエレベーターはどんどん近づいていきます．地面まで十分距離があるとすれば，どこかで 2 台は接触するはずです．これは地球が丸いため，地球のつくり出す重力もまた，球対称な形状をしているからです．2 台のエレベーターでなくても，皆さんの乗っているエレ

図 7.4　2台のエレベーターを遠くから観察してみる．地球に近づくにつれ，2台のエレベーターの距離は縮まる．これは重力によるものなので，重力が大域的には消えないことがわかる．

ベーターに2人が乗っている場合でも構いません．落下するにつれて，2人は少しずつ近づいていきます．重力が完全に消えたのであれば，こういうことは起きません．重力に引かれて落下しているからこそ，こういうことが起きるわけです．

しかしエレベーターが1台で，しかも登場人物が1人であればこのような現象が起きるかどうかはわかりません．重力は，自分の周りのごく狭い領域では消えたように見え，2台のエレベーターのようなある程度広がった領域で見ると完全には消えていないことがわかるということです．このことを

重力は局所的 (local) には加速度運動で消えるけれども，
大域的 (global) には消えない

と表現します．「局所的」という言葉が出てきましたが，これは第2章の「無限に小さい三平方の定理」を議論したところで最初に登場しました．そこで説明したように，局所的とは無限に小さい「点」の上だけを考えるという意味です．つまり「局所的な重力」とは，今自分がいるその1点の上だけの重力を考えるということです．ある1点（とその周りの無限に小さな領域）であれば，自由落下で重力は消せるけれども，有限の領域で考えると重力を消し切ることはできないということです．

ここで，「もし完全に平らな地面があったとしたら？」と考えた方もおられるかも

しれません．重力の大きさや向きは，重力源の形に基づくものになるので，その場合の重力は平らな地面に向かって鉛直下向きになるはずです．すると図 7.3 のように 2 台のエレベーターは互いに平行に自由落下することになり，重力が完全に消えたように見えるのでは？というわけです．

しかしこれもよく考えてみると，エレベーター内部の様子を精密に観測すれば重力の存在がわかることに気づきます．なぜなら，鉛直方向には重力の強さが変わっているからです．完全に平らな地面であったとしても，そこから離れて高いところに行けば行くほど重力は弱まるはずです．ということは，エレベーターの底は天井よりも地面に近いため，相対的に強い重力が働き，天井には弱い重力が働くことになります．下のほうが強く引っ張られ，上のほうはあまり引っ張られないのです．となると，下のほうがグッと伸ばされて上のほうは取り残されることになり，エレベーターは縦方向に引き延ばされてしまうのです．

同じことは私たちの体にも起こります．私たちの体が有限の大きさをもっている以上，体の各点各点に働く重力の大きさは少しずつ異なり，自由落下したとしても，それらすべての力が同時に消えることはないのです．このような，大域的に消せない重力のことを**潮汐力**（ちょうせきりょく）と言います．名前の由来は，月からの重力による大域的な効果が潮の干満の原因であることによります．

月が地球の表面にある水を引っ張るとき，月からの重力は距離の 2 乗に反比例するため，月に近い側の水は強く引かれ，月と反対側の水はあまり引かれません（図 7.5）．その結果，月に近い側の水が月に強く引かれることで潮が満ち，逆に月から遠い側の水はその場に取り残されることによって，潮が満ちることになります．月の引力が潮の干満の原因だと知ったとき，「月からの引力で潮が満ち引きするなら，なぜ月に近いほうだけ満潮にならずに，反対側も満潮になるのだろう？」と思った方も多いのではないかと思いますが，反対側の潮も満ちるのは月に引かれるからではなく，逆に遠いために地球のほうが（つまり地面のほうが）月に引かれていなくなってしまうからなのですね [*1]．

結局，重力が大域的には消せない理由は，重力の向きや大きさが場所ごとに変わっているからです．重力源である地面から離れるほど弱くなるとか，重力源の形状に応じて，重力の向きも空間の各点ごとに異なることが原因です．このような，空間

*1 潮汐力が存在することは確かですが，実は地球における潮の干満の原因はこのような簡単な理屈だけで説明できるものではありません．ここで書いた説明はニュートンが提唱した「静的潮汐理論」と呼ばれるもので，地球の自転などを考慮していないものです．実際の潮の干満は，ここに書いたものよりも複雑な要因が絡み合っており，それらが大きな役割を果たしているので，気をつけてください．

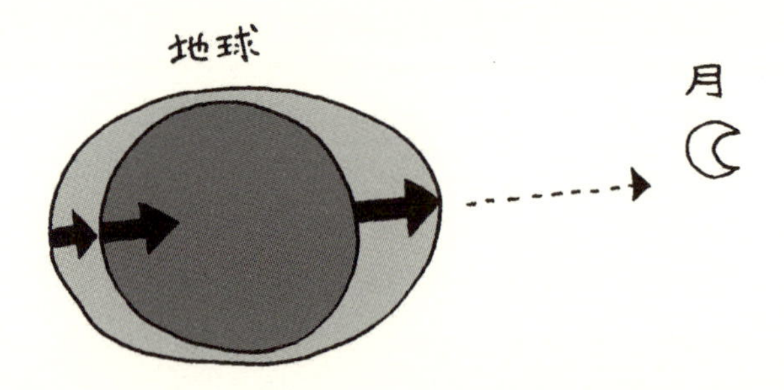

図 7.5 潮汐力．月に近いほど重力が強いので，地球表面を覆う海水のうち，月に近いほうが強く引かれる．地球はそれよりは弱い力で引かれて，海水のうち地球に対して月と反対側にあるものはさらに弱い力で引かれるので取り残される．結果として，地球の両側で潮が満ちる．

の各点ごとに異なる向きや大きさをとることを「非一様である」と言います．もちろん反対語は「一様」です．一様ならば空間のどこを見ても向きも大きさも変わらない重力が働いていることになります．イメージとしてはまっすぐな川があって，そこを流れている水がどこでもまったく同じ速さと向きになっているようなものです [*1]．もし，地球からの重力が一様だとしたら，地球の重力で引かれている箱に皆さんが乗っている場合と，宇宙空間を航行する宇宙船に皆さんが乗っていて，その宇宙船が重力と同じ大きさの力で加速した場合とを区別する方法はないと考えられます [*2]．エレベーターを２台落下させても互いに近づくこともなく，縦に引き延ばされることもないため，大域的にも重力が消えてしまうからです．

一様な重力しかないなら，自由落下によって重力は完全に打ち消され，自由落下する系は慣性系になります．つまり，自由落下する観測者を新たに「静止している観測者」と考えることができ，そこでは特殊相対論が成り立つことになります．ところが一様な重力しかないということは，地球上はもちろん，太陽の近くだろうが，巨大なブラックホールの近くだろうが，宇宙のどこにいっても同じ大きさで同じ方向を向いた重力しかないということです．それは現実の世界とはだいぶ様子が異なります．幸か不幸か，現実世界の重力は一様ではなく，慣性系とは本質的に区別で

*1　川の水にしろ，重力にしろ，実際にはそういうことがないので想像しにくいかもしれませんが，平均的には一様だと見ることができる系も自然界には存在します．実は宇宙もその一つです．宇宙空間にはたくさんの星や銀河が浮かんでいますが，およそ３億光年（3×10^{21} km くらい）のスケールで見ると，ほとんど同じ密度で分布しています．そのため，宇宙の膨張の様子を計算するときには宇宙空間における物質分布は一様だと仮定することがよくあります．

*2　もちろん，宇宙船はどの部分も伸び縮みすることがなく，どの箇所もまったく同じ加速度で運動する必要があります．

きてしまう非慣性系を考えざるを得ません．そうした性質を踏まえて特殊相対論を一般相対論に拡張する必要があるのです．具体的には，どのような拡張をすればよいのでしょう？

一般相対性原理

特殊相対論を，非慣性系まで取り扱える理論へと拡張しようとすると，

任意の慣性系において，あらゆる物理法則は同じ形で表される

という特殊相対性原理がネックになってきます．「慣性系」に制限してしまっているからです．ということは，これを非慣性系まで含む，一般の座標系に拡張したければ，

任意の座標系において，あらゆる物理法則は同じ形に表される

としてあげればよさそうです．これが第6章でも述べた一般相対論の基本原理の一つ，**一般相対性原理**であり，この原理はとても自然なことを主張しています．なぜなら，

物理現象は，私たちが使う座標系によるものではない

と言っているからです．

第1章でも述べたように，私たちのいる場所をデカルト座標で表示しても，極座標で表示しても本質的には変わらないわけで，時と場合に応じて便利なほうの座標系を使えばよいのでした．物理法則はまさにその性質を本質としてもっているはずで，使う座標系ごとに物理法則が変わってしまったらおかしいだろうという主張が一般相対性原理なのです．

ニュートンの運動方程式は実在を捉えている

いま述べたように，これと同じ話は何度か本書で登場しています．最初に出てきたのはニュートン力学で，運動方程式はベクトルで書かれるべき，というところです．運動方程式は

$$ma = F \qquad \cdots\cdots \quad (7.11)$$

でしたが，これをベクトルで書くと

$$m\boldsymbol{a} = \boldsymbol{F} \qquad \cdots\cdots \ (7.12)$$

となります．このようにベクトルで書かれた式は座標系によらない法則となります．以下，具体的に二つの座標系での運動方程式を導き，見比べてみましょう．まずは2次元の運動を考え，x軸，y軸で張られるデカルト座標を考えると，加速度ベクトル$\boldsymbol{a}$と力ベクトル$\boldsymbol{F}$はそれぞれ

$$\boldsymbol{a} = \begin{pmatrix} a_x \\ a_y \end{pmatrix} = \begin{pmatrix} \ddot{x} \\ \ddot{y} \end{pmatrix}, \quad \boldsymbol{F} = \begin{pmatrix} F_x \\ F_y \end{pmatrix} \qquad \cdots\cdots \ (7.13)$$

なので，x成分，y成分ごとに運動方程式を分けて書けば，それぞれ

$$x\text{ 成分：} \quad m\ddot{x} = F_x \qquad \cdots\cdots \ (7.14)$$

$$y\text{ 成分：} \quad m\ddot{y} = F_y \qquad \cdots\cdots \ (7.15)$$

となります．時空の位置ベクトルは反変ベクトルであり，第6章以降は反変ベクトルと共変ベクトルを区別してきました．ここでは2次元ユークリッド平面を考えており，反変ベクトルと共変ベクトルの成分が一致するため高校の数学や物理でよく用いられる，下付きの添え字で表しています．ここで$\ddot{x}$のドットは時間に関する微分を表し，それが二つついているということは

$$\ddot{x} = \frac{d^2x}{dt^2} \qquad \cdots\cdots \ (7.16)$$

という意味です．第2章で出てきたように，位置を時間微分したものが速度，速度を時間微分したものが加速度ですので，位置xを時間で2回微分すればx方向の加速度a_xになるのでした．

さて，これを2次元極座標で書くとどうなるでしょうか．2次元極座標では動径座標rと角度座標θを用い，x，yとの関係は

$$x = r\cos\theta, \quad y = r\sin\theta \qquad \cdots\cdots \ (7.17)$$

となっていました．デカルト座標での運動方程式から推測すると，極座標での運動方程式はr，θ方向に加えられた力をそれぞれF_r，F_θとして

$$r\text{ 成分：} \quad m\ddot{r} = F_r \quad (?) \qquad \cdots\cdots \ (7.18)$$

$$\theta\text{ 成分：} \quad m\ddot{\theta} = F_\theta \quad (?) \qquad \cdots\cdots \ (7.19)$$

でよいのでしょうか．

少なくとも二つ目の式，すなわち θ 方向の運動方程式が間違いであることは実はすぐにわかります．θ 方向の運動方程式の左辺には $m\ddot{\theta}$ という項がありますが，デカルト座標での運動方程式を思い出すと，$\ddot{\theta}$ は角度方向の加速度に当たるものだと考えられます．右辺には力がありますし，$\ddot{\theta}$ には質量 m が掛かっているので，単位を考えればそうなるはずなのです．ところが $\ddot{\theta}$ は加速度ではありません．なぜなら θ は角度であって，位置のように「長さ」とは次元が違います．わかりやすく言うと，x 方向の加速度 $\ddot{x}$ であれば x は位置なので，単位をつけるなら [m] とか [km] のような長さの単位がつきます．これに対し，θ は角度なので単位は [rad] や [度] です．このことは極座標での線素について述べたところでも出てきていて，角度方向の微小長さは $d\theta$ ではなく，これに半径の r を掛けた $rd\theta$ が長さに当たっていました．そこでも説明したように，角度の単位である [rad]（ラジアン）は長さの次元ではなく，無次元，つまり次元はないのです．

このため，$\ddot{\theta}$ の次元は無次元を時間で 2 回割ったものとなり，単位をつけるなら [1/s^2] ということになります．加速度の単位である [m/s^2] になっていないのです．実は r 方向の運動方程式も正しくないのですが，次元だけ見る分には

$$（質量）\times（加速度）=（力） \qquad \cdots\cdots \ (7.20)$$

となっているので，デカルト座標での運動方程式と同様の次元にはなっています．θ 方向については

$$（質量）\times（加速度ではないもの）\underset{?}{=}（力） \qquad \cdots\cdots \ (7.21)$$

となってしまい，おかしいとわかるのです [*1]．

計算は省略しますが [*2]，極座標での正しい運動方程式は

---

*1　角度を時間で 2 回微分した量である $\ddot{\theta}$ にも「角加速度」という物理的意味があります．回転の運動方程式においては加速度と同様の役割を果たす重要な量です．物体の「回転しにくさ」を表す量である慣性モーメント I と，回転を引き起こす「原因」である力のモーメント（トルクとも言います）N を用いると，回転の運動方程式は

$$I\ddot{\theta} = N \quad \Leftrightarrow \quad I\frac{d^2\theta}{dt^2} = N$$

と書けます．これまで見てきた運動方程式 $ma = F$ と形はそっくりです．

*2　$x = r\cos\theta$，$y = r\sin\theta$ を使って計算します．

$$\ddot{x} = \frac{d^2}{dt^2}(r(t)\cos\theta(t)) = (\ddot{r} - r\dot{\theta}^2)\cos\theta - (2\dot{r}\dot{\theta} + r\ddot{\theta})\sin\theta,$$
$$\ddot{y} = \frac{d^2}{dt^2}(r(t)\sin\theta(t)) = (\ddot{r} - r\dot{\theta}^2)\sin\theta + (2\dot{r}\dot{\theta} + r\ddot{\theta})\cos\theta$$

を x，y 方向の運動方程式に代入して求めることができます．

$$r \text{ 成分：} \quad m(\ddot{r} - r\dot{\theta}^2) = F_r \qquad \cdots\cdots \ (7.22)$$

$$\theta \text{ 成分：} \quad m(r\ddot{\theta} + 2\dot{r}\dot{\theta}) = F_\theta \qquad \cdots\cdots \ (7.23)$$

となります．これをデカルト座標で書いた x, y 方向の運動方程式と比べるとかなり形が違うことがわかります．運動方程式をベクトルを使わずにその成分で書き下してしまうと，使っている座標系によって式の形が大きく変わってしまうのです．物理法則が変わったわけでないにもかかわらず，見た目が全然違います．これに対して，ベクトルで書いた場合の運動方程式は

$$m\boldsymbol{a} = \boldsymbol{F} \qquad \cdots\cdots \ (7.24)$$

です．これは何座標でも変わりません．というより，ベクトルで書いている分には何らかの座標を指定していることにはなりません．なぜならベクトルは幾何学的実在であり，それを何らかの座標で表さない限り成分という概念も出てこないからです [*1]．どんな座標や地図で表そうが，実体として存在している地面が変わるわけではありませんが，使う座標や地図ごとに私たちのいる場所の番地，すなわち座標が変わってしまうのと同じです．私たちが知りたいのは実際に何が起きているかであって，使っている座標によるような「妙な」結果では困ります．このため，座標によらないもので物理法則を表すか，少なくとも，どんな座標系を使うかによって値がどう変換するかは知っておかなければ，出てきた答えを解釈することができないのです．

ただし，$m\boldsymbol{a} = \boldsymbol{F}$ がいくら幾何学的実在を表す方程式であっても，あくまでこれはニュートン力学の運動方程式であることに注意してください．ニュートン力学は3次元ユークリッド空間における物体の運動を表す方程式であり，ガリレイ変換に対して方程式の形が変わらないという性質を反映しています．$m\boldsymbol{a} = \boldsymbol{F}$ が「座標によらない」というのは3次元ユークリッド空間での意味であり，特殊相対論で考えている，4次元ミンコフスキー時空の座標ではありません．特殊，一般ともに，相対性理論では4次元時空を考えていますので，その時空における幾何学的実在を考える必要があります．

さて，このように法則は座標によらない形，すなわちベクトルのような幾何学的実在を使って表現するのが利口です．一般相対性原理は物理法則というのは私たち

*1　さらに言うと，次元すら $m\boldsymbol{a} = \boldsymbol{F}$ の段階では入っていません．2次元でも3次元でも，運動方程式が $m\boldsymbol{a} = \boldsymbol{F}$ であることは変わらないのです．ベクトルで物理法則を表すことにはこの意味の強みもあります．

が選ぶ座標によらないはずだと言っているわけですが，ベクトルのような幾何学的実在を用いれば一般相対性原理を反映する理論がつくれそうです[*1]．第6章ではベクトル以外にテンソルという量も出てきました．計量テンソルやリーマンテンソルなどです．それらもベクトルと同様，空間の線素やふくらみなど，座標系にかかわらずもともとその空間がもっている幾何学的な実在です．もちろん，これも何度も述べているように，ベクトルやテンソルが幾何学的実在だと言っても，それらを用いて何かを具体的に計算する際には何らかの座標系を導入するのが便利です．物理的に言えば座標系とは観測者のことですから，どこから，どうやって観測するのかを指定するということが，座標系を選択するということです．特殊相対論では，静止した観測者と，それに対して一定の速度で動く観測者の2人が登場し，そのそれぞれで，物体の位置や速度といった物理量は違った値をもちました．その物理量の間の関係がローレンツ変換で結びついていましたが，一般相対論ではある座標系から任意の座標系へ変換することになります．第6章でも少し触れたようにその変換は**一般座標変換**と呼ばれ，この変換こそ「ローレンツ変換を任意の系にまで拡張したもの」です．

具体的には，ある座標系，すなわち基底ベクトルの組 $\boldsymbol{e}_\mu$ から別の基底ベクトルの組 $\boldsymbol{e}'_\mu$ へ移るときにベクトルの成分がどうなるかは，ベクトルそのものは座標変換で変わらないことから，

$$\boldsymbol{A} = A^\mu \boldsymbol{e}_\mu = A'^\mu \boldsymbol{e}'_\mu \qquad \cdots\cdots (7.25)$$

という性質があることを利用し，

$$A'^\mu = \frac{\partial x'^\mu}{\partial x^\nu} A^\nu \qquad \cdots\cdots (7.26)$$

と計算できます[*2]．ローレンツ変換は変換行列 $\Lambda^\mu{}_\nu$ を用いれば

$$A'^\mu = \Lambda^\mu{}_\nu A^\nu$$

と書けますが[*3]，一般座標変換に現れる

---

*1 これは一般相対性理論以前からあった考え方で，19世紀につくられた解析力学は「座標によらない物理」という方向でつくられた定式化です．座標によらないことは幾何学的実在でもって表現することにやはりつながるため，解析力学の定式化とは物理学の幾何学化であるとも言えます．とくにラグランジュ形式は一般相対論と親和性が高く，時間を入れた4次元時空こそ考えていないものの，その精神はかなり近いものがあります．

*2 テンソルの変換性などについては付録Bを参照してください．

*3 付録Aを参照してください．

$$\frac{\partial x'^{\mu}}{\partial x^{\nu}} \qquad \cdots\cdots \quad (7.27)$$

という行列には任意の座標変換が含まれているので，ローレンツ変換の変換行列 $\Lambda^{\mu}{}_{\nu}$ もまたそこに含まれているのです．こうして一般相対性原理は，

あらゆる物理法則は，一般座標変換のもとで同じ形をとる

とも言い換えることができます．

7.3 曲がった時空と重力の類似性

ここまでの流れをまとめると，

- 特殊相対論では慣性系しか扱っていない
  - → 非慣性系（加速度運動する系）も扱えるように拡張したい
  - → 等価原理が成り立てば，加速度運動と重力は局所的には区別できない
  - → 非慣性系も含むように拡張すると，必然的に重力を含む理論になる
- 一般相対性原理が成り立つ理論を構築したい
  - → 座標系によらない物理法則の表現方法が必要である
  - → ベクトルやテンソルという幾何学的実在を使って表示する必要がある
  - → 一般相対論はリーマン幾何学の言葉で記述できるはず

となります．そして，結論を先取りするならば，最後の一般相対論とリーマン幾何学との関係から示唆されるように，「重力とは時空の曲がりである」との主張が導かれます．

そもそもリーマン幾何学は，さまざまな形状の図形を扱うための数学です．図形と言うと，線や面，球や直方体など，手で触ったり，目で見たりすることができるものがすぐに思い浮かびますが，第6章でも例としてあげたように，地球の表面は大雑把には2次元球面ですし，同様に私たちが住んでいるこの空間や時空も「図形」の一種です．少し荒い言い方をすると，図形と空間とは同じものなのです．

本書では扱いませんが，私たちの宇宙そのものの形状やその変化（つまり宇宙の歴史）も一般相対論で扱うことができます．宇宙そのものは4次元時空ですが，とくにその3次元空間部分がどんな形をしているかによって宇宙の進化や，宇宙の大きさが有限なのか無限なのかは変わってきます．空間部分が3次元球面なら有限で

すし[*1]，3 次元ユークリッド空間なら無限だと考えられます[*2]．5 次元や 6 次元など，もっと高次元の空間や，そうした高次元空間に存在する高次元物体を考えることもできます．同様に，一般相対論の舞台である 4 次元時空も，4 次元図形の一種だと捉えることができるのです．

そうした図形や空間がどんな形をしているかという情報は線素に含まれていました．線素はその空間において無限小離れた 2 点間の距離がどのように測られるか，別の言い方をすると，その空間のある点における三平方の定理に相当するものであり，2 次元平面で成り立つ三平方の定理とどう異なるか，その差異が空間の形状，すなわち曲がり具合に関係していました．事実，地球の表面のような 2 次元球面の線素は $ds^2 = dx^2 + \sin^2 x\, dy^2$ という形で，2 次元平面での線素 $ds^2 = dx^2 + dy^2$ とは異なる形をしていました[*3]．ただし，空間が本当に曲がっているか，それとも曲がった座標系を使っただけなのかは，曲率という量を見てみないとわからないのでした．

こうしてみると，リーマン幾何学によって記述される図形や空間の特徴と，重力の特徴とがよく対応していることがわかります．実際，以下の四つの対応があります．

- 対応 1 **（図形）** 図形や空間における定量的な解析を行うにあたり，さまざまな座標系を使うことができ，それらの座標系は一般座標変換で移り変わる．

  （重力） 物理法則は任意の座標系を使って表示することができ，それら座標系同士の間の変換は一般座標変換で表される．

- 対応 2 **（図形）** 図形や空間の本質は，ベクトルやテンソルといった座標によらない幾何学的実在で表現できる．

  （重力） 物理法則は人為的に設定される座標系にはよらないため，ベクトルやテンソルといった座標によらない幾何学的実在で表現されるべきである．

- 対応 3 **（図形）** 滑らかな図形は，大域的には曲がっていても局所的には平坦に見える．そして，その点ではデカルト座標（など）を使うことができる．

---

*1 2 次元球面と混同しないように気をつけてください．2 次元球面は地球の表面のように，3 次元空間に埋め込まれた球の表面です．3 次元球面とは，4 次元空間に埋め込まれた「球」の「表面」のことです．

*2 3 次元ユークリッド空間だとしても，世界がトーラス状（ドーナツ型）にコンパクト化されている可能性はあります．その場合，宇宙の体積は有限ということになります．

*3 ここで，式 (6.135) において $a = 1$ とし，デカルト座標で書いた平面の計量との違いがわかるように θ を x，ϕ を y と書き換えました．

(重力) 等価原理が成り立てば，局所的には重力と加速度運動とを区別できない．すなわち慣性系であっても，加速度運動をする系に移ると重力が現れる．

- 対応 4 **(図形)** 図形や空間の形状についての情報は線素に含まれ，それはユークリッド空間での三平方の定理からの変化として表される．しかし，その図形や空間が本当に曲がっているかどうかは線素だけではわからず，曲率を見なければならない．

  (重力) 局所的には重力は加速度運動によって消えてしまうため重力が本当にあるのかないのかが区別できないが，大域的に見れば重力は消せず，本当に重力があるのかないのかを判別することができる

となっています．

このうち，対応 3 と 4 が少しわかりにくいので補足しましょう．とくに，重力サイドでの局所性が，図形サイドの何に対応しているかが不明瞭です．そこで，ボールでも卵形でも，もっと妙な形の図形でも何でも構いませんので，滑らかで，尖ったところのない図形を思い浮かべてください．次に，その図形の上に皆さんが小さくなって乗っているところを想像してください．さて，ちょうど地球に対する私たちのように，皆さんがその図形に比べて非常に小さいとするのです．そのとき，皆さんは自分が乗っているその図形が曲がった図形であるとわかるでしょうか．

どんなに曲がっている物体でも，ある 1 点だけを拡大していくとその 1 点の周りの非常に狭い領域はほとんど平らに見えます．第 2 章の微分のところで出てきた曲線の話と同じです．尖ったところのある線ではダメですが，滑らかな線ならば，拡大していくとだんだん直線に見えてきます．同様に，ボールのような形の図形もどんどん拡大していくと図 7.6 のように平らに見えてきます．地球はほぼ球体ですが，私たちのように地球に比べて非常に小さいものにとっては，地面は平らに感じられるのと同じことです．これが対応 3 における図形と重力との関係です．すなわち，重力が局所的に消えることと，どんな曲がった図形でも局所的には平坦に見えることが対応しているのです．

数学的には，どんな曲がった図形でも局所的には平坦に見えるということは，無限小の領域であれば，適当な変換を用いれば任意の座標での計量 $g_{\mu\nu}(x)$ を，時空点 (x^μ) の周りで $g_{\mu\nu} \fallingdotseq \eta_{\mu\nu}$ のように，4 次元ミンコフスキー時空の計量に変換し，さらに接続 ${\Gamma^\mu}_{\nu\rho}$ をゼロにできることを意味しています．付録 B.2 にあるようにこれ

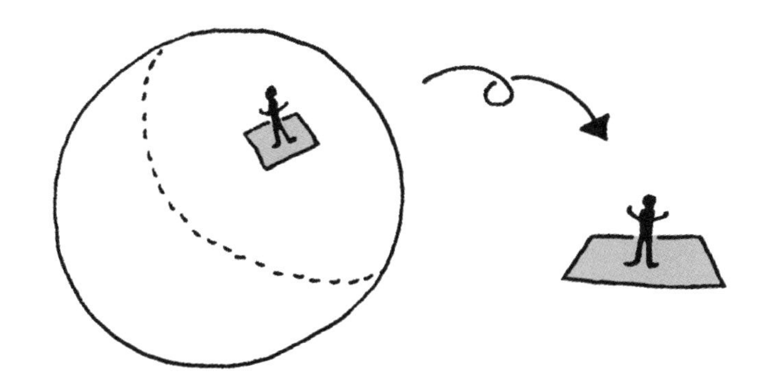

図 7.6 ボールの表面は曲がっているが，表面上の 1 点に注目してその周りの非常に小さい領域だけを見ている分には平らな面に見える．

は可能です．つまり，任意の 4 次元時空において，非常に微小な領域は 4 次元ミンコフスキー時空に一致するのです．相対性原理の言葉で言えば，

任意の局所慣性系において，物理法則はすべて同じ形で表される

となります．これを示す過程では，接続が下付きの二つの添え字 ν，ρ について対称であることを使いますが，そのことが等価原理を保証していることになります．

このように，どんな図形であっても局所的には平らに見えるのですが，ではボールの表面と，平らな板が同じかというと決してそうではありません．ボールの表面をなぞっていくと，1 周してもとの位置に戻ってくることもありますが，平らな板ではそうはいかないからです．地球上でも自分が住んでいる狭い領域にとどまっているうちは地球が球だとはわかりませんが，移動してある程度広い領域に目をやると球なのか，あるいはどこまでいっても平らな面なのかの区別がつくのです．

狭い領域を見ていると平らだけれども，領域を広げて観察してみると曲がりがあることがわかる……，どこかで似たような話を聞いたことはないでしょうか．そう，局所的には加速度運動している系に移ることで消してしまえるけれど，大域的には消せないという，重力の性質と同じなのです．これが対応 4 にある図形と重力との類似性です．

「重力 = 曲がった時空」だとすると？

これら四つの対応を考慮すると，「時空を図形として捉えれば，その図形がもつ曲がり具合によって重力を表現できるのではないか？」という着想が生まれてきます．

もっと言えば，「重力とは，曲がった時空がもつ性質の現れなのでないか？」と予想されるのです．

この考え方が正しいなら，ニュートン力学における重力の概念が劇的に変化することになります．たとえば，月が地球の周りを回り続けているのは，ニュートン力学では地球からの万有引力に引かれて円運動をしているからだと説明されます．力が働いていない物体は等速直線運動をしてしまうので，地球からの万有引力が働かないと月はまっすぐ進んでどこか遠くへ飛んでいってしまうはずだからです．

万有引力，ここではこれを重力と完全に同一視すると[*1]，「重力＝時空の曲がり」説なら，

地球があることで周囲の時空が歪み，
その曲がった時空を月はまっすぐ進んでいる

と理解すべきだということになるのです（図 7.7）．地球のせいで周囲の時空が歪むというのは，ピンと張ったゴムシートの上に石を置いたようなイメージです．石の重みでシートがへこむので，そこにパチンコ玉を転がすとパチンコ玉はまっすぐ進まず，穴の周囲に沿ってカーブします．重力とはそういうものだ，と言っているのです．

図 7.7　地球があることによって，周りの時空が歪む．月はその時空を「まっすぐ」進んでいるが，時空自体が曲がっているので軌跡は曲線になる．

「重力＝時空の曲がり」を裏づける観測的証拠

ひょっとすると，「別にニュートン力学の考え方でもいいような気がする．あえて等価原理を考えなければ，時空の歪みなど持ち出さずに済むのではないか．同じ現象に２種類の説明があるだけなのでは？」と思った方もおられるかもしれません．

*1　たとえば地上での重力とは，地球からの万有引力から地球の自転による遠心力の効果を差し引いたものです．

ところがそれは違うのです．歴史的に有名なのは，アインシュタイン本人が計算した「水星の近日点移動」という問題です．近日点とは，惑星が太陽の周りを公転するとき，太陽との距離が一番近くなる点のことです．惑星の公転軌道は円ではなく正確には楕円になっているので，太陽に近づいたり遠くなったりしているのですが，この近日点は移動することが知られていました．

太陽系には複数の惑星があるので，太陽との間の万有引力だけを受けて回っているわけではありません．複数の力を受けることで惑星の軌道が楕円からずれるのですが，とくに水星の近日点について，その移動の大きさが他の惑星からの引力の効果を入れても説明できなかったのです．そのズレは 100 年で 43 秒という大きさでした[*1]．アインシュタインは，ニュートン力学に基づく天文学では説明しきれなかったこのズレが，一般相対論を使えば説明できることを示しました．ニュートン力学に基づく万有引力を使った説明では現れない力の効果が，一般相対論では計算できたのです．

このように，一見すると同じことを言っているように思える理論でも，定量的にきちんと評価してみるとその差異が浮き彫りになってくることがあります．一般相対論については「重力＝時空の曲がり」という発想のユニークさが目立ちますが，いくら発想がすぐれていても観測や実験と合わない理論は捨てざるを得ません．一般相対論も他の科学理論と同じく，理論から導かれる定量的な予言が観測や実験と合致することから，正しいと信じられているのです．

水星の近日点移動だけでなく，一般相対論を使えば曲がった時空を進むあらゆる光の軌跡が計算できます．地球ほどの質量では影響が小さすぎるのですが，宇宙空間には巨大な質量をもつ物体が山ほどあります．銀河などは太陽のような恒星が 2000 億個程度も集まってできていますので，とても重い物体です．その近くを光が通るときに軌道が曲げられる様子がたくさん観測されているのです．

重力によって光の軌跡が曲げられるという事実は，歴史的にも一般相対論が正しいことを示す証拠として極めて重要な役割を果たしました．1919 年にエディントンに率いられた観測チームが，太陽の近くを通る星の光が太陽からの重力の影響で曲がることを確認し，アインシュタインによる「重力＝時空の曲がり」という説明が広く受け入れられるようになったのです．

さて，本書もいよいよ大詰めです．やっとここまで準備してきたことがすべてつながりました．等価原理が成り立てば，局所的に重力は消せること．そして大域的

*1　秒は角度の単位としても使います．1 分が 1 度の 60 分の 1，そのさらに 60 分の 1 が 1 秒です．

には重力は消せないこと．局所的に消せて，大局的に消せないことが，滑らかな図形の性質に対応していること．物理法則は座標によらないという一般相対性原理，それを実現するためには図形そのものがもつ曲がり具合といった，座標によらない量で理論を書くべきであること．これらのことは，

重力＝時空の曲がり

に集約されたのです．

7.4 「重力＝時空の曲がり」と数式

ここまで，重力とは時空の曲がりであることを定性的に考えてきました．先ほども述べたように，この考えを数式に落とし込み，定量的に評価できるようにしなければ，その理論が正しいかどうかは検証できません．私たちの目標である「ブラックホールの数式」は，まさにそうした定量的に評価できる計算結果です．

時空を図形と捉えるとき，時空の曲がり具合が曲率で書けることはすでにわかっていますが，曲率に関係する幾何学量にもリーマンテンソル，リッチテンソル，リッチスカラーの三つがありました．これらを組み合わせたものも曲率に関係する幾何学量です．一体どれを使うのが適当なのでしょう．ここで物理を入れます*1．

時空が曲がるのは物質が存在しているからです．より正確には，物質の質量やエネルギーが時空の曲がりの原因です．イメージとしては

時空の曲がり具合＝物質の分布

となるでしょう．これを数式で表したのが一般相対論の中心的役割を果たす**アインシュタイン方程式**です．先ほどのゴムシートの例で言うと，シートのへこみ方が時空の歪み，そして石が物質の分布に対応しています．イメージ，と言いましたが，アインシュタイン方程式に書かれていることの物理的な本質は実際にもこれだけです．あとはここまでの章で説明してきたような，数式を正しく扱い，定式化するための理屈があるだけです．

---

*1　私たち物理屋はよく「ここで物理を入れる」とか「まだ物理が入ってない」という言い方をします．数式に物理的な条件を課していく，というような意味です．

コラム——物理と数学の微妙な関係

物理の理論が数学で書かれているのは確かですが，では物理が数学なのかというと少し違います．物理における数学はただの道具ではなく，「道具以上」のものではあるのですが，数学を用いて計算し，その結果に物理的解釈を加える部分が物理屋の一番大事な仕事だからです．なお誤解のないよう書いておきますが，数学者にとっても計算は証明などのプロセスの一部分であり，「計算したらこうなった」だけで議論が終わることがないのは物理とまったく同じだろうと思います（私は数学の専門ではありませんので詳しいことはわかりませんが……）．違いは最終的なゴール，つまり対象の物理的な性格に興味があるのか，それとも数学的な性格に興味があるのかというところだけだと思います．

第 **8** 章

ブラックホール解を導く

アインシュタイン方程式とシュヴァルツシルト解

◆ ◆ ◆

本書ではまず第1章にてシュヴァルツシルト解 (1.1) をお見せし，それを三平方の定理まで簡略化したところから，第2〜6章にかけてそれぞれの簡略化の意味を見てきました．本章ではいよいよこれまでに準備してきた数学的道具を結びつけ，逆に式 (1.1) をアインシュタイン方程式から導出します．導出自体は直線的で何のひねりもありませんが，解からわかる物理は非常に深いものがあります．最後の章となる本章はこれまでと趣が異なり，物理がメインになります．

○ この章の目的 ○

シュヴァルツシルト解を導出し，その物理を味わうこと

8.1 アインシュタイン方程式

いきなり言ってしまうと，アインシュタイン方程式の具体的な形は

$$G_{\mu\nu} = \frac{8\pi G}{c^4} T_{\mu\nu} \qquad \cdots\cdots \ (8.1)$$

で与えられます．前章の最後で，

（時空の曲がり具合）＝（物質の分布）

という形の方程式をつくれば，それが重力を正しく記述するものになるとわかりました．さらに，その方程式はテンソルやベクトルといった幾何学量で書かれている必要があります．$G_{\mu\nu}$，$T_{\mu\nu}$ はそれぞれアインシュタインテンソル，エネルギー・運動量テンソルと呼ばれるテンソル（の成分）で，たしかに欲しい式の形になっています．

さて，時空の曲がりを表すテンソルはいくつかありましたが，ここで採用されている $G_{\mu\nu}$ を**アインシュタインテンソル**と言い，

$$G_{\mu\nu} = R_{\mu\nu} - \frac{1}{2} g_{\mu\nu} R \qquad \cdots\cdots \ (8.2)$$

と定義されます．$R_{\mu\nu}$ と R はそれぞれリッチテンソル，リッチスカラーという量でした．時空の曲がり具合を表す量は $R_{\mu\nu}$ や R を組み合わせることでいくつもつくれますが，そのなかでも，このアインシュタインテンソルには，

$$G^{\mu\nu}{}_{;\nu} = \left(R^{\mu\nu} - \frac{1}{2} g^{\mu\nu} R \right)_{;\nu} = 0 \qquad \cdots\cdots \ (8.3)$$

という特別な性質があります．久々に出てきたテンソルの計算ですので確認しておきますが，$G^{\mu\nu}$ や $R^{\mu\nu}$ は下付きの添え字をもった量を，$g^{\mu\nu}$ でもって

$$G^{\mu\nu} = g^{\mu\rho} g^{\nu\sigma} G_{\rho\sigma}, \quad R^{\mu\nu} = g^{\mu\rho} g^{\nu\sigma} R_{\rho\sigma} \qquad \cdots\cdots \ (8.4)$$

のように添え字を上げたものでした．また $g^{\mu\nu}$ は，計量テンソル $g_{\mu\nu}$ の逆行列で，

$$g^{\mu\rho} g_{\rho\nu} = \delta^{\mu}{}_{\nu} \qquad \cdots\cdots \ (8.5)$$

であったことも思い出してください．$\delta^{\mu}{}_{\nu}$ は 4 次元であれば 4×4 単位行列です．

また，「$;\nu$」という記号が現れましたが，これは x^{ν} での共変微分のことで，つまり $\nabla_{\nu} A^{\mu} = A^{\mu}{}_{;\nu} = A^{\mu}{}_{,\nu} + \Gamma^{\mu}{}_{\rho\nu} A^{\rho}$ でした．これに対し，通常の微分は「$, \nu = \dfrac{\partial}{\partial x^{\nu}}$」のようにコンマで書いて区別していました．空間や時空が曲がっているときにはベクトルの基底の変化まで考慮して微分しなければベクトルの本当の変化がわかりません．そこで導入されたのが共変微分でした．

$R^{\mu\nu}$ や $G^{\mu\nu}$ の場合は添え字が二つついていますので，この共変微分は

$$R^{\mu\nu}{}_{;\nu} = R^{\mu\nu}{}_{,\nu} + \Gamma^{\mu}{}_{\rho\nu} R^{\rho\nu} + \Gamma^{\nu}{}_{\rho\nu} R^{\mu\rho} \qquad \cdots\cdots \ (8.6)$$

と計算されます [*1]．

アインシュタインテンソルのほうは，この規則に従って計算してみると $G^{\mu\nu}{}_{;\nu} = 0$ となります．これはリーマン曲率テンソルがもっている性質の一つ，**ビアンキの恒**

*1 テンソルはテンソル積で定義された基底 $\boldsymbol{e}_{\mu} \otimes \boldsymbol{e}_{\nu}$ をもつためです．ちなみに共変ベクトルの共変微分は $\tilde{A}_{\mu;\nu} = \tilde{A}_{\mu,\nu} - \Gamma^{\rho}{}_{\mu\nu} \tilde{A}_{\rho}$ のように，反変ベクトルの場合と接続の符号が逆になります．また，特徴的なものとして，計量の共変微分は $g_{\mu\nu;\rho} = 0$ のように常にゼロになります．

等式

$$R^{\mu}{}_{\nu\alpha\beta;\gamma} + R^{\mu}{}_{\nu\beta\gamma;\alpha} + R^{\mu}{}_{\nu\gamma\alpha;\beta} = 0 \qquad \cdots\cdots \text{(8.7)}$$

に由来します [*1].

なぜこのような性質をもつテンソルを，時空の曲がりを表すテンソルとしてとくに選んだかというと，右辺にある $T_{\mu\nu}$ というテンソルにも

$$T^{\mu\nu}{}_{;\nu} = 0 \qquad \cdots\cdots \text{(8.8)}$$

という性質があるからです [*2]．$T_{\mu\nu}$ は**エネルギー・運動量テンソル**と言います．特殊相対論のところで少し触れましたが，エネルギーと運動量は相対論では4次元ベクトルの成分としてセットで考えます．4次元運動量の時間成分に相当するのがエネルギーだったことを思い出してください．

重力の源として流体のようなものを考えると，エネルギー・運動量テンソルの成分は

- (00) 成分：流体のエネルギー密度
- (11)，(22)，(33) 成分：流体の1，2，3方向への圧力

を表します [*3]．完全流体と呼ばれる，粘性と熱伝導がなく，圧力が等方的な流体ではエネルギー・運動量テンソルは対角成分しかなく，ρ をエネルギー密度，p を圧力として

$$T^{\mu\nu} = \left(\rho + \frac{p}{c^2}\right)u^{\mu}u^{\nu} + pg^{\mu\nu} \qquad \cdots\cdots \text{(8.9)}$$

と表されます．ここで u^{μ} は流体の4元速度です．

これも詳細は省きますが，エネルギー・運動量テンソルに対して成り立つ式 (8.8) は，力学的エネルギー保存則と運動量保存則に当たる式です．右辺にある物質の分布については保存則が成り立つことを考慮すると，それと等式で結ばれる左辺のテンソルもまた，同様の式が成り立つものでなければならないため，$G^{\mu\nu}{}_{;\nu} = 0$ を満た

---

*1　ほかにも，$R_{\mu\nu\rho\sigma} = g_{\mu\alpha}R^{\alpha}{}_{\nu\rho\sigma}$ には $R_{\mu\nu\rho\sigma} = -R_{\nu\mu\rho\sigma} = -R_{\mu\nu\sigma\rho} = R_{\rho\sigma\mu\nu}$ や $R_{\mu\nu\rho\sigma} + R_{\mu\rho\sigma\nu} + R_{\mu\sigma\nu\rho} = 0$ という性質などがあります．

*2　$T^{\mu\nu} = g^{\mu\alpha}g^{\nu\beta}T_{\alpha\beta}$ です．

*3　本書では後で $T_{\mu\nu} = 0$ という状況のみを考えるため，非対角成分の物理的意味や，エネルギー・運動量テンソルの詳細については割愛します．

す組み合わせであるアインシュタインテンソルが選ばれたのです [*1]. あとは右辺の $T_{\mu\nu}$ の前についている係数ですが，これは左辺と右辺の次元が一致し，また，重力が弱い極限でニュートン力学の万有引力の法則を再現するという条件を課すことにより決まります [*2].

8.2 シュヴァルツシルト解を求める

いよいよシュヴァルツシルト解を実際に求めてみましょう．見てきたように，アインシュタイン方程式は非常に複雑な方程式です．$G_{\mu\nu}$ や $T_{\mu\nu}$ はどちらも対称なテンソルなので 4 次元であれば独立な成分を 10 個もっています．ということは，アインシュタイン方程式は 10 本の連立方程式です．しかもそれらはすべて 2 階の非線形微分方程式なので，「一般的に」解くなどということはほとんど絶望的です．これはコンピューターが発達した今でも同様で，基本的には特殊な状況設定を与えて，そこに限って計算しなければ計算量が膨大すぎて解くことができません [*3].

アインシュタイン自身も，アインシュタイン方程式はそう簡単に解けないだろうと思っていたようです．ところが彼が一般相対論を発表して間もなく，ある特定の条件のもとでそれを解いたという論文が届きます．論文の送り主はカール・シュヴァルツシルト，当時ドイツのポツダム天体物理天文台の台長を務めていた人です．シュヴァルツシルトは，**球対称**で**静的**な状況に限ってアインシュタインの**真空解**を求めました．球対称というのは，星のように球の形をしている時空を考えるということ，静的というのは，時間依存性がまったくないこと，つまりジッと止まっていて何の動きもない状況のことです．また，真空解とは，物質がまったくないということを指します．「物質がなければ重力もないのだから，時空は曲がらないのでは？」と思われた方もいるかもしれませんが，正確に言うと，シュヴァルツシルトは星のよう

---

*1　この考え方でいくと，実はもう一つ，計量テンソルに比例定数 Λ を掛けた $\Lambda g_{\mu\nu}$ をつけたものが左辺にあっても問題ありません．計量テンソルは共変微分するとゼロになるからです．この Λ は次元を考えると真空のエネルギーに対応する物理量であることがわかり，宇宙定数と呼ばれています．この量が正で，わずかでも存在すると，宇宙はそのエネルギーによって加速的に膨張することが計算からわかります．宇宙が加速的に膨張している原因は「ダークエネルギー」と呼ばれ，その正体はまだわかっていませんが，この Λ がその原因なのか，だとしたらどういったメカニズムでそのような定数が私たちの宇宙には存在しているのかについて，世界中で研究されています．

*2　この要請はシュヴァルツシルト解の積分定数を決める際にも使います．詳しくは付録 B.4 をご覧ください．

*3　ただそれは物理力（？）を鍛える意味では悪い話ではないのかもしれません．通常は特定のモデルをまず考え，それをだんだん一般化していくことで物事に共通する普遍的なものを抽出するのが定石です．うまい「特例」を選ぶと，すでにそのなかに普遍的な要素が入っていることもあるので，そうした特例を見つけられるかどうかが物理屋の腕の見せどころとも言えるからです．

に球対称な分布をしている物質があるときの，**その周りの時空の曲がり方**を求めたのです．星のあるところにはもちろん星を構成しているガスがありますが，星の外側にはガスはありませんから，そこは真空なのです．内部に物質がある影響は外部の時空の形状，すなわち「球対称な曲がり方」として現れます[*1]．

さて，物質の分布はエネルギー・運動量テンソル $T_{\mu\nu}$ で表されるので，真空，すなわち物質がない状況では $T_{\mu\nu}=0$ です．よってこの場合のアインシュタイン方程式は右辺がゼロになって，

$$G_{\mu\nu}=R_{\mu\nu}-\frac{1}{2}g_{\mu\nu}R=0 \qquad \cdots\cdots \ (8.10)$$

となります．リッチテンソル $R_{\mu\nu}$ やリッチスカラー R は，クリストッフェル記号 ${\Gamma^{\lambda}}_{\mu\nu}$ で書かれ，さらに Γ は計量 $g_{\mu\nu}$ で書かれていますから，アインシュタイン方程式は，計量 $g_{\mu\nu}$ についての微分方程式です．ということは，アインシュタイン方程式を解くとは，与えられた条件のもとで，微分方程式を満たす計量を見つけるということになります．

線素の形を絞り込む

今回の条件は球対称かつ静的ですから，まずはそれを考慮して計量の形を事前に絞り込みましょう．球対称な空間を考えるので，空間部分には3次元極座標を使うのがよいでしょう．重力がない場合の3次元極座標は

$$dr^2+r^2\,d\theta^2+r^2\sin^2\theta\,d\phi^2=dr^2+r^2\,d\Omega^2 \qquad \cdots\cdots \ (8.11)$$

であり，今もこの形を踏襲したものになっているはずです．ここで，

$$d\Omega^2=d\theta^2+\sin^2\theta\,d\phi^2 \qquad \cdots\cdots \ (8.12)$$

であり，これは半径が1の球の表面上の線素でした．球対称であれば半径 r の部分にはいろいろと変化があるかもしれませんが，角度方向である θ や ϕ の方向には球としての性質がキープされているはずです．このことを考慮すると，球対称であるという条件だけでも線素の形が

$$ds^2=g_{ab}(t,r)\,dx^a\,dx^b+h(r)r^2\,d\Omega^2 \qquad \cdots\cdots \ (8.13)$$

*1　これは電磁気学で，点電荷がつくる電場と，その電荷と同量の電気量が表面に分布した金属球がつくる電場が，金属球の外側では同じになるのと同様です．相対論でも，球対称で質量の総量が同じであれば，その外側の時空の曲がり方は物質の分布の様子（星の大きさや，星をつくっているガスの密度など）にかかわらず同じになります．

となるはずだとわかります．ここで (x^a, x^b) は (t,t)，(t,r)，(t,θ)，(t,ϕ)，(r,t)，(θ,t)，(ϕ,t)，(r,r) のいずれかです．さらに，

$$\sqrt{h(r)}r = R \quad \cdots\cdots \ (8.14)$$

でもって定義される R を新しい半径として使うことにしてしまえば，線素の θ，ϕ 部分はいつでも

$$R^2 d\Omega^2 \quad \cdots\cdots \ (8.15)$$

という形に書くことができてしまいます．改めてその R を r と書けば，球対称というだけで線素は一般に

$$ds^2 = g_{ab}(t,r)\,dx^a\,dx^b + r^2\,d\Omega^2 \quad \cdots\cdots \ (8.16)$$

としても構わないことがわかります．

さらに絞り込みを続けましょう．静的な状況ということから，計量が時間依存性をもたないこともわかります．もってしまえば，考えている時空が時間によって変化することになるからです．このことからさらに 2 箇所，絞り込むことができます．

まず，$g_{ab}(t,r)$ は時間 t に依存しないため $g_{ab}(r)$ のように，r のみの関数であるはずです．さらに，$g_{ab}\,dx^a\,dx^b$ をアインシュタインの縮約を使わずに具体的に書いてみると

$$g_{ab}\,dx^a\,dx^b = g_{tt}\,d(ct)^2 + 2\sum g_{ti}\,d(ct)\,dx^i + g_{rr}\,dr^2 \quad \cdots\cdots \ (8.17)$$

となりますが，$g_{ti} = 0$ でなければならないこともわかります．ここで i は r，θ，ϕ のいずれかを指します．なぜならこの項が存在していると，t を $-t$ にしたときにたとえば計量の g_{tr} の部分が

$$2g_{tr}\,d(ct)\,dr \quad \to \quad -2g_{tr}\,d(ct)\,dr \quad \cdots\cdots \ (8.18)$$

となり，形が変わってしまうからです．$g_{t\theta}$，$g_{t\phi}$ の項についても同様です．t を $-t$ に取り替えるというのは，時間をこれまでとは逆方向に進むものに取り替えたということです．その結果として線素が変わったということは，フィルムを逆回しに再生したら，物体の進む向きが逆転したということに相当します．たとえばある方向に一定の速さで回転している星があるとすると，この星をじっと見ていても，速さが変化しない限り様子は変わって見えません．しかし，フィルムを逆回しに再生す

れば，さっきまでとは反対方向に星が回るように見えます．星の運動に「回転の向き」という特定の方向があったため，時間を $-t$ に取り替えたら，様子が変わって見えたのです．ということは，この時空は何らかの方向に動いていることになり，静的とは言えません．静的とは，あくまでまったく変化していない様子を指すので，回転しているようなケースは静的ではないのです[*1]．こうして $g_{ti}=0$ となることもわかりました．当初はたくさんの成分があって[*2]，解くのが絶望的と考えられたアインシュタイン方程式も，線素については

$$ds^2 = g_{tt}(r)\,d(ct)^2 + g_{rr}(r)\,dr^2 + r^2\,d\Omega^2 \qquad \cdots\cdots \ (8.19)$$

と，かなりすっきりした形まで落とし込むことができました．

さらに後で計算が簡単になるように

$$ds^2 = -e^{2\alpha(r)}\,d(ct)^2 + e^{2\beta(r)}\,dr^2 + r^2\,d\Omega^2 \qquad \cdots\cdots \ (8.20)$$

としましょう．$g_{tt}(r) = -e^{2\alpha(r)}$，$g_{rr}(r) = e^{2\beta(r)}$ です．あとはこれをアインシュタイン方程式に代入し，α，β についての方程式を求めて，それを解けばよいのです．

解くべき方程式は二つに

この線素を使い，接続，リッチテンソル，リッチスカラーおよびアインシュタインテンソルを求めた結果は以下のようになります．

- 接続

$$\begin{aligned}
&\Gamma^t{}_{tr} = \alpha' = \Gamma^t{}_{rt}, && \Gamma^r{}_{tt} = e^{2\alpha-2\beta}\alpha', && \Gamma^r{}_{rr} = \beta' \\
&\Gamma^r{}_{\theta\theta} = -e^{-2\beta}r, && \Gamma^r{}_{\phi\phi} = -e^{-2\beta}r\sin^2\theta, && \Gamma^\theta{}_{r\theta} = \frac{1}{r} = \Gamma^\theta{}_{\theta r} \\
&\Gamma^\theta{}_{\phi\phi} = -\cos\theta\sin\theta, && \Gamma^\phi{}_{r\phi} = \frac{1}{r} = \Gamma^\phi{}_{\phi r}, && \Gamma^\phi{}_{\theta\phi} = \frac{1}{\tan\theta} = \Gamma^\phi{}_{\phi\theta}
\end{aligned} \qquad \cdots\cdots \ (8.21)$$

- リッチテンソル

$$R_{tt} = e^{2\alpha-2\beta}\left(\alpha'' + \alpha'^2 - \alpha'\beta' + \frac{2\alpha'}{r}\right) \qquad \cdots\cdots \ (8.22)$$

---

*1　星が一定の速さで回転していて様子が変化しないとか，川の水がずっと同じ速さや方向で流れ続けていて変化がないとかいった状況は「定常的」であると言います．ちなみに定常的は英語で stationary，静的は static と言います．

*2　4 次元時空では $g_{\mu\nu}$ の独立成分は 10 個でした．

$$R_{rr} = -\alpha'' - \alpha'^2 + \alpha'\beta' + \frac{2\beta'}{r} \qquad \cdots\cdots (8.23)$$

$$R_{\theta\theta} = 1 - e^{-2\beta}\{1 + r(\alpha' - \beta')\} \qquad \cdots\cdots (8.24)$$

$$R_{\phi\phi} = R_{\theta\theta}\sin^2\theta \qquad \cdots\cdots (8.25)$$

- リッチスカラー

$$R = \frac{2}{r^2} - 2e^{-2\beta}\left(\alpha'' + \alpha'^2 - \alpha'\beta' + \frac{2\alpha'}{r} - \frac{2\beta'}{r} + \frac{1}{r^2}\right) \qquad \cdots\cdots (8.26)$$

- アインシュタインテンソル

$$G_{tt} = \frac{e^{2\alpha-2\beta}}{r^2}(-1 + 2r\beta' + e^{2\beta}) \qquad \cdots\cdots (8.27)$$

$$G_{rr} = \frac{1}{r^2}(1 + 2r\alpha' - e^{2\beta}) \qquad \cdots\cdots (8.28)$$

$$G_{\theta\theta} = e^{-2\beta}r^2\left(\alpha'' + \alpha'^2 - \alpha'\beta' + \frac{\alpha'}{r} - \frac{\beta'}{r}\right) \qquad \cdots\cdots (8.29)$$

$$G_{\phi\phi} = G_{\theta\theta}\sin^2\theta \qquad \cdots\cdots (8.30)$$

ここで，r 微分をプライム記号を用いて

$$\frac{\partial\alpha}{\partial r} = \alpha'$$

のように表しました．これに対し，時間微分はこれまでのようにドットで表すことにします [*1]．

これを真空という条件のもとで解きます．$T_{\mu\nu} = 0$ であるため，アインシュタイン方程式が $G_{\mu\nu} = 0$ なので，上で求めたアインシュタインテンソルのすべての成分がゼロになればよいということになります．アインシュタインテンソルの $(\theta\theta)$ 成分と $(\phi\phi)$ 成分は $\sin^2\theta$ 倍の違いしかありませんので，この二つの式は独立ではありません [*2]．このようになるのは球対称な時空を仮定したからです．θ を z 軸から測った角度，ϕ を xy 平面内で x 軸から測った角度としていますが，球対称である以上 θ や ϕ はどこから測っても本当は構わないからです．θ と ϕ には本質的な違いがない，ということの帰結です．

これより，解くべきアインシュタイン方程式は $G_{tt} = 0$，$G_{rr} = 0$，$G_{\theta\theta} = 0$ の3本のように見えますが，実は解くべき方程式はもう一つ減ります．というのはアイ

---

*1　このような使い分けはよく用いられます．

*2　すべての θ に対して $\sin\theta = 0$ ということでもあれば別ですが，そういうことはありません．$\sin\theta = 0$ となるのは $\theta = n\pi$（n は整数）のときだけです．

ンシュタインテンソルにはビアンキ恒等式

$$G^{\mu\nu}{}_{;\nu} = 0 \qquad \cdots\cdots (8.31)$$

を満たすという性質があるため，G_{tt}，G_{rr}，$G_{\theta\theta}$ の三つもまた独立ではないからです．

これより，実質的に解くべき方程式は

$$G_{tt} = \frac{e^{2\alpha(r)-2\beta(r)}}{r^2}\left(-1 + 2r\beta'(r) + e^{2\beta(r)}\right) = 0 \qquad \cdots\cdots (8.32)$$

$$G_{rr} = \frac{1}{r^2}\left(1 + 2r\alpha'(r) - e^{2\beta(r)}\right) = 0 \qquad \cdots\cdots (8.33)$$

の2本にまで落ちます．式(8.32)を(-1)倍すると，この2本はほとんど同じ形をしていることがわかりますが，$2r\beta'$ と $2r\alpha'$ の項の符号だけが違っています．これをよく見ると

$$\beta = -\alpha \qquad \cdots\cdots (8.34)$$

であればこの二つの式はまったく同じ式になり，

$$-1 + 2r\beta'(r) + e^{2\beta(r)} = 0 \qquad \cdots\cdots (8.35)$$

から β さえ求めればよいことになります．そこで $\beta = -\alpha$ を仮定し，この式から β を求めると

$$e^{2\beta} = \frac{r}{r - C} \qquad \cdots\cdots (8.36)$$

となります．ここで C は積分定数です．$\beta = -\alpha$ を仮定したので

$$e^{2\alpha} = e^{-2\beta} = \frac{1}{e^{2\beta}} = \frac{r - C}{r} = 1 - \frac{C}{r} \qquad \cdots\cdots (8.37)$$

です．最後の式では分母分子を r で割って変形しました．改めて $e^{2\beta}$ のほうは

$$e^{2\beta} = \frac{1}{1 - \dfrac{C}{r}} \qquad \cdots\cdots (8.38)$$

となります．こうしてついに，球対称で静的な時空の計量が

$$ds^2 = -\left(1 - \frac{C}{r}\right)(cdt)^2 + \frac{dr^2}{1 - \dfrac{C}{r}} + r^2(d\theta^2 + \sin^2\theta\, d\phi^2) \qquad \cdots\cdots (8.39)$$

であることがわかりました.

最後に積分定数 C ですが，これを決めるには考えている系の物理的状況を考えて「手で」値を決めなければいけません [*1].

この時空をつくっていたのは球対称で静的な物体でした．この物体の質量を M とします．星をイメージしてもらえばよいと思います.

質量 M の星が，星の中心から距離 r だけ離れた地点につくる万有引力の位置エネルギー（ポテンシャルエネルギー）は

$$-\frac{GM}{r}$$

です．相対論に基づいてこの時空中を運動する物体の運動を計算し，重力が弱い極限でニュートン力学に一致するという条件を課すと，この値が

$$C = \frac{2GM}{c^2} \qquad \cdots\cdots \ (8.40)$$

でなければならないことがわかります（詳しい計算は付録 B.4 を参照してください）．こうしてようやく念願のシュヴァルツシルト解，すなわち式 (1.1) のシュヴァルツシルト時空の線素

$$ds^2 = -\left(1 - \frac{2GM}{c^2 r}\right)d(ct)^2 + \frac{dr^2}{1 - \dfrac{2GM}{c^2 r}} + r^2(d\theta^2 + \sin^2\theta\, d\phi^2) \qquad \cdots\cdots \ (8.41)$$

に到達しました.

8.3 シュヴァルツシルト解を読み解く

ブラックホールのホライゾン

改めてこの線素を眺めると，最初の章でも確認したように，

$$r = \frac{2GM}{c^2} \qquad \cdots\cdots \ (8.42)$$

という値で線素の dr^2 の係数が発散してしまいます．もはや皆さんは r が 3 次元極座標の半径を表すことを知っていますから，「この時空は，中心から半径が $2GM/c^2$

*1　何からの理論から一意的に決まるとか，一般性を保った議論とかではなく，状況に応じた適切な値や仮定を入れて考えることを「手で入れる」（英語では by hand）ということがよくあります.

のところでおかしくなっているのでは？」と考えることができるかもしれません．これも第1章で述べたことですが，この半径がシュヴァルツシルトブラックホールの半径であり，ブラックホール内部と外部の時空とを分けています．ブラックホールの中と外を分ける境目は**ホライゾン**（地平線，水平線）と呼ばれています．

高い山に登って遠くの海を見れば水平線が見えますが，水平線は地球の形に沿って丸くなっていて，その向こうに行ってしまった船をこちらから見ることはできません．ブラックホールのホライゾンはそれとの類推でつけられたネーミングで，その向こう，つまりブラックホールの中に入ってしまうとこちらからは様子が見えなくなってしまう境目のことです．ただし，船なら水平線の向こうから戻ってくることもできますが，ブラックホールの場合はそうはいきません．

時々誤解されている方がいるのですが，ブラックホールの半径といってもそこに何か膜のようなものがあって，「ここから先はブラックホールだ」と，目に見えてわかるわけではありません．そこを通り過ぎると二度と戻ってこられない境目という意味です*1．たとえるなら，県境とかユーロ圏の国境とかに似ているかもしれません．特別な事態でもなければ，県境に検問があって，いちいち止められることはありませんよね．たしかに看板くらいはありますし，車に乗っているとカーナビが「何々県に入りました」と教えてくれますから，そこが県境であるとわかることもありますが，物理的な変化が感じられるようなことはなく，スムースに県境を越えることができます．それと同じで，ブラックホールに入っていく人には「ここからブラックホールだ．気を引き締めていかねば！」というようなことは起きないのです．とはいえ，一旦入ると二度と戻って来れないのですから魔境のようなところと言ったほうがよいのかもしれませんが……*2．

無限遠とミンコフスキー時空

$r = 2GM/c^2$ のところにはホライゾンがありますが，そこからずいぶん遠くまで

---

*1　ただし，ブラックホールに吸い込まれる際には，物体はブラックホールの中心方向に向かって引き伸ばされます．これは第7章で出てきた潮汐力によるものです．潮汐力が大きいブラックホールの場合には，物体が引き延ばされてちぎれてしまうこともあり得ます．

*2　ちなみに，ブラックホールに吸い込まれるときに何が起きるのかということについて，ブラックホールを通過する人はfirewall（防火壁）のようなものに当たって，通過直後に何らかの抵抗を受け，それ以上なかに入れなくなるというアイデアが提唱されています．これはブラックホールに量子力学を適用して考えるとどうなるか？という問題に端を発したアイデアですが，反論も多く，本当のところはまだ誰にもわかっていません．ブラックホールのように重力が重要な役割を果たすシステムに量子力学を適用して考えるために必要な理論を「量子重力」と呼んでいますが，超弦理論やループ重力理論などいくつかの案は提唱されているものの，まだ満足のいく量子重力理論はできておらず，盛んに研究されている最中です．

離れたところでは影響がありません．その証拠に，計量 (8.41) で r が非常に大きいとしてみましょう．計量のなかで r が含まれているのは

$$1-\frac{2GM}{c^2r} \qquad \cdots\cdots (8.43)$$

のところですから，ここで r を無限大としてみます．すると

$$1-\frac{2GM}{c^2r} \longrightarrow 1-\frac{2GM}{\infty} \longrightarrow 1-0=1 \qquad \cdots\cdots (8.44)$$

となります．よって線素も

$$ds^2 \longrightarrow -d(ct)^2+dr^2+r^2(d\theta^2+\sin^2\theta\, d\phi^2) \qquad \cdots\cdots (8.45)$$

となって，これは第5章で出てきた4次元ミンコフスキー時空の線素に一致しています．ミンコフスキー時空というのは，重力の影響がない時空でした．r を非常に大きくとることは，重力源から非常に遠く離れた場所を考えるということですから，そこでは重力は感じられないはずなので納得のいく結果です．この $r=\infty$ という「場所」は無限遠と呼ばれます．

私たちは地球から重力を受けて生活していますが，遠くにある星からすると無限遠に相当する地点にいます．実際，私たちが星から受けている引力は，地球に最も近い恒星である太陽からの万有引力ですら，地球からの万有引力のおよそ 0.06 % 程度しかありません[*1]．ちなみに，月からの影響も同様に計算してみると，地球の重力の 0.0003% です．地球から太陽までの距離は1億5000万 km で，地球から月までの距離は38万 km なので，その違いは400倍もあります．となると月からの引力のほうが大きそうな気もするのですが，太陽の質量は 2×10^{30} kg で，月の質量は 7×10^{22} kg なのでかなり差があります．このため，月からの引力は太陽からのものに比べてずっと小さくなり，これまた地球からの引力にほとんど影響を与えません．

---

*1　万有引力の法則によると，質量が M と m の物体が，距離 R だけ離れているとき，互いに

$$F=G\frac{Mm}{R^2}\ [\mathrm{N}]$$

だけの引力を及ぼします．[N] は力の単位で，1 [N] は単1の乾電池をもったときに感じる重さとだいたい同じです．

これを用いて太陽からの万有引力を F_s，地球からの万有引力を F_e の比を計算すると

$$\frac{F_s}{F_e}=\left(\frac{GM_sm}{r_s^2}\right)\Big/\left(\frac{GM_em}{r_e^2}\right)=\frac{M_s}{M_e}\frac{r_e^2}{r_s^2}=\frac{2\times10^{30}}{6\times10^{24}}\frac{(6400\times10^3)^2}{(150000000\times10^3)^2}=0.00061 \fallingdotseq 0.06\%$$

となります．ここで，M_s は太陽の質量で，およそ 2×10^{30} kg，M_e は地球の質量で，およそ 6×10^{24} kg です．また，R_s は私たちと太陽の距離で，およそ1億5000万 km，R_e は地球の中心と私たちとの距離，すなわち地球の半径でおよそ 6400 km です．

ホライゾンを越えると何が起きるのか

次に，このブラックホール時空の中に入ってしまうとどうなるのかを考えてみましょう．ブラックホールの半径は $r = 2GM/c^2$ ですから，中ということは $r < 2GM/c^2$ となるような場所のことです．線素 (8.41) を眺めてみると，$r < 2GM/c^2$ の場合は

$$1 - \frac{2GM}{c^2 r} < 0 \qquad \cdots\cdots (8.46)$$

となることがわかります．ということは，線素 (8.41) は

$$ds^2 = \underbrace{-\left(1 - \frac{2GM}{c^2 r}\right)}_{\text{正}} d(ct)^2 + \frac{dr^2}{\underbrace{1 - \frac{2GM}{c^2 r}}_{\text{負}}} + r^2(d\theta^2 + \sin^2\theta\, d\phi^2) \qquad \cdots\cdots (8.47)$$

のように，$d(ct)^2$ の係数が正，dr^2 の係数が負になります．線素に正負 2 種類の符号が入ってきたそもそものきっかけは，特殊相対論ではローレンツ変換に対して不変になる量に着目していて，光が無限小時間 dt に進む距離の 2 乗

$$(c \times dt)^2 = d(ct)^2 \qquad \cdots\cdots (8.48)$$

と，空間的な距離の 2 乗

$$dr^2 + r^2(d\theta^2 + \sin^2\theta\, d\phi^2) \qquad \cdots\cdots (8.49)$$

の差し引き

$$-d(ct)^2 + dr^2 + r^2(d\theta^2 + \sin^2\theta\, d\phi^2) \qquad \cdots\cdots (8.50)$$

がそうした不変量をつくる組み合わせになるからでした．

光の場合，無限小時間 dt に進む距離の 2 乗 $d(ct)^2$ と，光の空間座標がその時間の間にどれだけ変化したかを表す $dr^2 + r^2(d\theta^2 + \sin^2\theta\, d\phi^2)$ とは等しいので，

$$ds^2 = -d(ct)^2 + dr^2 + r^2(d\theta^2 + \sin^2\theta\, d\phi^2) = 0 \qquad \cdots\cdots (8.51)$$

が必ず成り立ちますが，通常の物体は光より速く運動することはできないため，光が無限小時間 dt に進む距離よりも物体の座標変化 $dr^2 + r^2(d\theta^2 + \sin^2\theta\, d\phi^2)$ は必ず小さくなり，

$$ds^2 = -d(ct)^2 + dr^2 + r^2(d\theta^2 + \sin^2\theta\, d\phi^2) < 0 \qquad \cdots\cdots (8.52)$$

となります．線素（世界間隔）ds^2 が $ds^2 = 0$ となるとき**光的**，$ds^2 < 0$ となるときを**時間的**であると言います．$ds^2 > 0$ の場合は**空間的**であると言いますが，これは光より速く物体が運動する場合に相当してしまうので，現実には起き得ない運動です．

この分類は一般相対論でも同様で，ds^2 がゼロ，負，正のときをそれぞれ光的，時間的，空間的と言います．光的または時間的な現象のみが現実に起こり得るというのも特殊相対論と同様です．このことを踏まえて，ブラックホールの中における線素 (8.47) を見てください．この式はまだ複雑なので，ブラックホールの中心に向かってまっすぐ落ちていく物体の運動のみを考えることにして，$d\theta = d\phi = 0$ としましょう[*1]．

さて，ブラックホールに入ってしまい，その中心に向かってまっすぐ落ちていく物体の運動が

$$ds|^2_{d\theta=d\phi=0} = \underbrace{-\left(1 - \frac{2GM}{c^2 r}\right)}_{\text{正}} d(ct)^2 + \frac{dr^2}{\underbrace{1 - \frac{2GM}{c^2 r}}_{\text{負}}} \qquad \cdots\cdots \ (8.53)$$

で書かれ，現実に起こり得る運動が $ds^2 \leq 0$ に限られるということを合わせて考えると，ひとたびブラックホールに吸い込まれたら，物体は半径一定のところにとどまれないことがわかります．なぜなら，半径が一定の運動は r が一定ということから $dr = 0$ を満たすような運動です．これを式 (8.53) へ代入すると

$$ds|^2_{dr=d\theta=d\phi=0} = \underbrace{-\left(1 - \frac{2GM}{c^2 r}\right)}_{\text{正}} d(ct)^2 > 0 \qquad \cdots\cdots \ (8.54)$$

となってしまい，ds^2 が正になってしまうのです．この運動は空間的であり，光よりも速く運動しなければ実現しません．つまり，ブラックホールにひとたび吸い込まれると，どこか一定の半径のところにとどまることはできず，その中心に向かって吸い込まれ続けるということを意味しています[*2]．

逆に，ブラックホールの外（$r > 2GM/c^2$）であれば $d(ct)^2$ と dr^2 の前の係数が

---

*1　ブラックホールの周囲を公転するような軌道を考えるなら，角度座標も変化しますから，$d\theta \neq 0$ や $d\phi \neq 0$ ということになります．

*2　正確には，半径一定の運動が許されないというだけで，ブラックホールの内部で，外側に向かって運動できる可能性や，回転まで考えたときに，ブラックホールの内部で半径一定の円軌道を描いて安定にとどまる可能性がまったくないのかはこの解析だけではわかりません．次の項で述べるように，この座標系はブラックホール内部を完全に記述するのには向いていないのです．

それぞれ負と正であり，ブラックホールの周囲で半径一定のところにとどまれる可能性があることがわかります．事実，たとえば無限遠 ($r \to \infty$) では時空はミンコフスキー時空に近づき，そこにはブラックホールからの重力の影響がありませんから，物体は同じ半径の位置でジッとしていることができます [*1]．

見かけの特異性と真の特異性

さて，ブラックホールの外と中では，線素において時間座標と半径座標（空間座標）の項における係数の正負が入れ替わってしまうわけですが，このことは「ブラックホールの中では，時間座標と空間座標の役割が入れ替わる」ことを示唆しているかのようです．通常，私たちは好きなところに動くことで空間座標を自由に変えていますが，時間座標のほうは私たちの運動に勝手についているラベルで，自由にコントロールできません．そう考えると，「ブラックホールの中では時間座標を自由に変更できるけれども，空間座標を自由に変更できなくなるのか？　それが，物体がブラックホールに吸い込まれてしまうと，脱出できなくなることを表しているのか？」と結論したくなるのですが，ブラックホールの外から中へ向かって落下していく物体がどうなるのか，外から中へとスムースにつなげて見てみないことには本当のところはよくわかりません．ここでは座標変換を使って，そうした記述を試みてみましょう．

さて，すでに述べたように，ブラックホールのホライゾンは何か特殊な膜のようなものではありません．たしかに，線素は $r = 2GM/c^2$ のところで発散していますが，そこで何らかの物理量が発散してしまうことはありません．線素がおかしなことになるのは，使っている座標系に問題があるからです．その意味で，$r = 2GM/c^2$ は**座標特異点**と呼ばれています（「点」と言ってもブラックホールの表面全体ですが）．

座標特異点の例としてわかりやすいのは，2 次元ユークリッド平面における極座標の原点 $r = 0$ です．原点である $r = 0$ は，角度を指定できないという意味で特殊です．しかし，何らかの物体が置かれているわけでもない限り，無限に広がる 2 次元平面のどこにも「ここを原点にしなければならない」というところはありません．便宜上どこかを原点にとるだけであって，物理的に $r = 0$ のところが特殊なわけではないのです．事実，極座標では原点で角度座標 θ を決めることはできませんが，

*1　シュヴァルツシルトブラックホールの周りを公転する軌道がいくつか存在することは，光や物体の測地線方程式を解くことで示すことができます．光の場合，安定な軌道は存在しませんが，質量のある物体の場合，安定な円軌道や楕円軌道が存在します．

デカルト座標を張れば原点は $(x, y) = (0, 0)$ のように，x 座標も y 座標も決めることができます．

同じように，適切な座標で書き直せば，ブラックホールのホライゾンでも線素に発散が現れないことがわかります．そうした座標の一つとして，ここでは新たに

$$c d\tilde{t} = c dt + \frac{1}{f(r)} \sqrt{\frac{2GM}{c^2 r}} dr \qquad \cdots\cdots (8.55)$$

で定義される時間座標 $\tilde{t}$ を定義しましょう．ここで $f(r) = 1 - 2GM/(c^2 r)$ です．これを使って dt を線素の式 (8.41) から消去すると

$$ds^2 = -f(r) d(c\tilde{t})^2 + 2\sqrt{\frac{2GM}{c^2 r}} d(c\tilde{t}) dr + dr^2 + r^2 (d\theta^2 + \sin^2\theta d\phi^2) \qquad \cdots\cdots (8.56)$$

となります．これを見ると，$r = 2GM/c^2$ のときに発散が現れなくなっていて，座標変換によってホライゾンでの座標特異点が取り除けたことがわかります．この座標系を**パンルヴェ－グルストランド座標**と言います．この $\tilde{t}$ は無限遠から速度ゼロでブラックホールに自由落下していく物体に付随した時間座標になっています[*1]．

ブラックホール内での光の進み方

この座標系はブラックホールの外から中へとスムースにつながっているため，ホライゾン内部の様子を調べることも可能です．この章の締めくくりとして，最後にホライゾン内部で光がどのように進むのか，このパンルヴェ－グルストランド座標を使って計算してみましょう．

光の進み方は $ds^2 = 0$ に従うため，この座標系でも光は

$$-f(r) d(c\tilde{t})^2 + 2\sqrt{\frac{2GM}{c^2 r}} d(c\tilde{t}) dr + dr^2 = 0 \qquad \cdots\cdots (8.57)$$

を満たすように進みます．ここで前項の式 (8.53) と同様に，回転がなく，ブラックホールの中心に向かって進む光のみを考えることにして，$d\theta = d\phi = 0$ としました．$f(r) = 1 - 2GM/(c^2 r)$ を代入し，少し変形すると式 (8.57) は

$$-d(c\tilde{t})^2 + \left(dr + \sqrt{\frac{2GM}{c^2 r}} d(c\tilde{t}) \right)^2 = 0$$

*1　そのようになる理由は付録 B.5 を参照してください．

$$\therefore \quad \pm d(c\tilde{t}) = dr + \sqrt{\frac{2GM}{c^2 r}}\, d(c\tilde{t}) \qquad \cdots\cdots \ (8.58)$$

となり，両辺を $d(c\tilde{t})$ で割って整理すると

$$\frac{dr}{d(c\tilde{t})} = \pm 1 - \sqrt{\frac{2GM}{c^2 r}}$$

$$\therefore \quad \frac{dr}{d\tilde{t}} = c\left(1 - \sqrt{\frac{2GM}{c^2 r}}\right) \ \text{または} \ -c\left(1 + \sqrt{\frac{2GM}{c^2 r}}\right) \qquad \cdots\cdots \ (8.59)$$

が得られます．

今，$\tilde{t}$ は自由落下していく観測者が計る時間なので，$dr/d\tilde{t}$ は，自由落下していく観測者から見た光の速度を表しています．dr は光の半径方向の位置の変化で，$d\tilde{t}$ は自由落下する観測者が計る時間変化だからです．第2章で説明したように，位置の変化を時間の変化で割ったもの，より正確には位置を時間で微分したものが速度だったことを思い出してください．

さて，式 (8.59) を見ると，光の速度には二つの可能性があることがわかります．このうち $-c$ が掛かっているほうは，括弧のなかが時空中のどこでも正であるため，そこに $-c$ が掛かって常に負の値をとります．r 方向の速度が負ということは，光がブラックホールの中心へと，内向きに進むことを示しています．一方，c が掛かっているほうは，r の値に応じて正負両方の値をとり得ます．ブラックホール外部（$r > 2GM/c^2$）ならば $dr/d\tilde{t}$ は正なので，光は先ほどの内向きの運動に加えて，外向きに進むこともできることがわかります．ブラックホールの外であれば，光をどちら向きに発射することもできるわけです[*1]．

逆にブラックホール内部に当たる $r < 2GM/c^2$ の場合，$dr/d\tilde{t}$ は負になります．つまり，ブラックホール内部では，自由落下する観測者から見ると光はすべて内向きに進むように見えるのです．このことは，ブラックホール内部では光は内向きにしか進めないということを意味しています．ちょうどブラックホールのホライゾンの位置では $dr/d\tilde{t} = 0$ となることから，自由落下する観測者が見ると，ちょうどホライゾンのところで光は止まってしまい，外へと出ることがないこともわかります．自由落下していく観測者は，すでに自分自身が内向きの速度をもっているわけですが，その観測者から見て光の速度がゼロまたは負ということは，ちょうどホライゾンの

*1　ここでの外向きの速度とは，自由落下する観測者から見た速度であることに注意してください．観測者がもともと内向きの速度をもっていることを考慮する必要があります．無限遠方で静止しながら観測する人にとって光がどちら向きの速度をもつように見えるかを知りたければ，$\tilde{t}$ ではなく，t を使って dr/dt を計算しなければいけません．

ところでは観測者と同じように光は自由落下していて，それより内側では自由落下する観測者よりも大きな速度でブラックホール中心に落ち込んでいるということです．光は質量をもった物体，つまり観測者より常に大きな速さで運動するはずですから，この結論は理に適っていると言えます．ブラックホールにひとたび吸い込まれると光でも脱出できないという理由は，こうした計算に基づいて導かれたものです．導き方はほかにもさまざまありますが，本書ではここまでにとどめておきます．

ブラックホールの中心は真の特異点？

最後に，式 (8.56) の右辺第 2 項を見てください．$d(c\tilde{t})\,dr$ の前に $\sqrt{2GM/(c^2r)}$ という係数がついています．この項は明らかに $r=0$ で発散しますが，この発散は座標特異点ではなく，物理的に意味のある真の特異点です [*1]．シュヴァルツシルトブラックホールの中心には特異点が存在していると考えられるのです [*2]．

ただし，重力に量子力学を適用して考えると，その特異点も存在しない可能性があります．重力とは時空の歪みでしたから，重力に量子力学を適用するということは時空そのものを量子化することにほかなりません．前にも述べたようにその量子化にはまだ誰も成功していませんが，ナイーブには時空が量子化されると時間や空間が量子のように「ぼやけて」，厳密な $r=0$ という 1 点は存在しなくなる……？のかもしれません．自然はいつも良い意味で私たちの予想を覆してくれるので，ナイーブな予想は（期待も込めて）外れる可能性も大きいのですが，相対性理論によってブラックホールという天体の存在が明らかになったように，現象を真摯に観察し，数学や工学の道具を開発し，虚心坦懐に理論を積み上げていけば，私たちの自然観を塗り変えるような新しい地平が見えてくるのでしょう．

---

*1　計算は省略しますが，リーマンテンソルからつくられる座標不変なスカラーであるクレッチマン不変量 $R_{\mu\nu\rho\sigma}R^{\mu\nu\rho\sigma}$ を計算してみると，

$$R_{\mu\nu\rho\sigma}R^{\mu\nu\rho\sigma} = \frac{48G^2M^2}{c^2r^6}$$

となり，$r=0$ で曲率が発散することを示せるのです．クレッチマン不変量は座標不変な量であるため，どんな座標系をとっても，この特異性は排除できません．

*2　シュヴァルツシルト解は，球対称で質量が M の星の外側の時空を表す解でもあります．恒星はガスの塊ですが，それがシュヴァルツシルト半径よりも大きく広がっていれば，ブラックホールにはなりません．太陽のシュヴァルツシルト半径は 3 km でしたが，実際の太陽半径はおよそ 70 万 km です．ガスがそれだけ大きく広がっているために，ブラックホールにはなっていないのです．そのような場合，星の表面より外側の時空はシュヴァルツシルト解で記述され，星の内部は別の解で記述されます（ガスなど，物質が存在しているため，シュヴァルツシルト解のような真空解ではありません）．太陽の中心部は極めて高温高圧状態だと予想されますが，特異点のように曲率が無限大に発散しているわけではありません．

おわりに

「ようやくここまで来た……」，これが本書を書き終えての率直な感想です．「15歳」の状態から出発して，ブラックホールの数式の意味を知るところまでたどり着くという目標は，やはりなかなかに高い壁で，ここに至るまで，何度も挫折しそうになりました．事実，本書の企画が最初に立ち上がったのは，私が東京学芸大学に着任する前，群馬工業高等専門学校で教員をしていた，7年ほど前のことになります．

その頃私は，東京や大阪で，一般の方に向けた相対性理論や宇宙論の講座を開催していました．私は物理学者になるか，お笑い芸人になるかを真剣に悩んだ人間で，物理学を通じて自分が世界の面白さを知ることだけでなく，エンターテイメントとして，物理学やその他の学問を楽しんでもらうことはできないかと常々考えていました．それを実現すべく，本書の内容のような専門的な講座から，実験をメインにしてもっと遊びを交えた講座までさまざまに取り組むなかで，それらをもとにした本を書く機会をいただいたのです．

しかし，喋りを主体とした講座と本の執筆とではだいぶ違いがあり，私の力量では完成に漕ぎ着けることがなかなかできませんでした．一度はそれらしい形に仕上がりつつも，講座の面白さや興奮がまったく伝わらないものになったことに気づき，丸々書き直したという経緯もあります．

そのようななかで，こうして出版まで到達することができたのは，ひとえに私を助けてくださった多くの方々のおかげです．執筆のお声掛けをくださった塚田真弓さん，そして編集を担当くださった丸山隆一さんに感謝申し上げます．丸山さんは，執筆開始以前から，私の相対論の講座を1年半にわたり受講してくださいました．本書を通じて私が伝えたかったことをよく理解し，適切なアドバイスをいただける方に担当していただけたことは，本当に幸運なことでした．「15歳」からスタートして，必要な道具をすべて揃え，ブラックホールの物理にまで至るという「冒険」が形になったのは，丸山さんが伴走してくださったからです．

そして，本書のもととなる講座を開催してくださったNOTHの皆様，なかでも代表の伊藤康彦さんと本郷幸子さんには大変お世話になりました．NOTHでの講座を通じて，さまざまな分野の方々とお会いすることができ，学問の面白さ，痛快さを知ることができました．何より，「自分が何を知りたいと思ってこの道に入ったのか」，それを思い出すことができたのはNOTHでの講座のおかげです．

私とNOTHを結びつけてくださったのは，独立研究者の森田真生さんです．森田さんから，NOTHの講座で話してみてはどうかとお誘いを受けなかったら，本書が生まれることはありませんでした．その森田さんと私を引き合わせてくださったのは私が師事している武術家の甲野善紀先生ですが，甲野先生には，生物学を専門とする福岡要さんともつないでいただき，福岡さんからも本書の内容について有益なコメントをいただくことができました．皆様に心から感謝致します．本当にありがとうございました．

また，本書を書き進めるにあたり，学生たちも力を貸してくれました．群馬高専時代の研究室の卒業生である石黒悠里君，東京学芸大小林研の修士1期生である中司桂輔君，そして現在小林研に所属している，上田周君，佐土原和隆君，高木かんなさん，渡邊慧君，楠見蛍さん，小池貴博君，佐野有里紗さん，太田渓介君，齋藤吉伸君，高橋幹弥君，前村直哉君からのコメントに感謝いたします．

学生時代の同期であり，共同研究者でもある，慶応大教授の松浦壮君からは心温まる励ましをもらいました．松浦君が執筆した2冊，『宇宙を動かす力は何か―日常から観る物理の話―』（新潮新書），『時間とは何だろう―最新物理学で探る「時」の正体―』（講談社ブルーバックス）は，「どうやったら人に伝わるのか」を考える上で，大変参考になりました．

最後に，私の家族に感謝します．4人の子どもたちは，表面上こそ仕事を邪魔しているように見えますが（笑），実は私に活力を与え続けてくれています．そして妻の光子には，どのような感謝の言葉を言ったらよいのかがわかりません．そばにいてもらえて本当によかったと思うばかりです．

こうして「おわりに」を書いてみると，不思議なことに，本書の中身についてではなく，支えてくださった方への感謝の言葉しか出てきませんでした．それはつまり，私がこの本を通じて真に伝えたかったことがそれだからなのだと思います．

物理学に限らず，あらゆる学問は「見えないものを『観る』方法」を教えてくれます．ブラックホールや宇宙の彼方，そしてミクロの世界，果ては人間の心に至るまで，世の中は直接的には目で見ることができないもので溢れています．そうしたものを「観る」ために，学問は存在するのではないでしょうか．

私は生徒や学生たちに，「見えないものが『観える』ようになること，それを通じて，たとえ表層は違って見えても，世界はやっぱり美しいと感じ取れるようになることが，学問を学ぶ本当の意義ではないか」と話しています．

もしそれが正しいなら，教室の隣の席の友達でも仕事の同僚でも構いませんが，誰かが落ち込んでいたときに，「あれ？」と気づけるようになること，そして「どうした？なんかあった？」と自然に声を掛けられるようになること，それができたなら，学んだ意義があったということになるのではないかと思います．そしてそれを可能にするものが，真の意味で「役に立つ学問」であり，学問にはその力があると思うのです．

2018年10月

小林晋平

付録 **A**

特殊相対論に関する補足

特殊相対論に関し，本書で詳細な計算を省略した内容についてまとめる．

A.1 ローレンツ変換の導出

本文中ではローレンツ変換を簡便法によって導出した．ここではもう少し詳細に導出を説明する．

まず，特殊相対論は以下の二つの基本原理に基づいて構築されている．すなわち，

1. すべての慣性系は等価であり，物理法則は同じ形で表される（特殊相対性原理）
2. 真空中の光速は，光源の運動状態にかかわらずすべての慣性系で一定である（光速の不変性）

である．

ここで慣性系とは，慣性の法則が成り立つ系，つまり，「正味の力が加わっていない場合には，物体が等速度で運動し続ける系」を言う．特殊相対性原理が成り立てば，一つの慣性系が存在するとき，それに対して一定の速度で動いている系でも同様に慣性の法則が成り立つ．速度は一定でありさえすればその値は任意のものが許されるので，慣性系は無限に存在する．特殊相対論は，こうした慣性系の間で互いに物理量がどのように表されるかを述べたものである．端的に言えば，

一定の速度で動きながら物体を観測したとき，
別の系から観測した結果とどう違うか，または同じか

を明らかにするのが特殊相対論である．物理量がどのように移り合うか，それを計算する際に

一定の速度で動きながら観測しても，真空中の光の速さは一定である

という，光速の不変性が鍵になる．本文中でも何度か注意したように，光の速さが一定なのは真空中のみであるが（そして慣性系のみであるが），煩雑さを避けるため，以下では「真空中」

といちいち断らないことにする [*1].

状況設定とガリレイ変換

2人の観測者S, S′を考えよう．S系とS′系といってもよい．ここでSは地面に対して静止しており，S′はSに対して一定の速度Vで動いているとする．また，SとS′のそれぞれに付随した空間座標と時間座標をSはx，t，S′はx'，t'とする．重要なことは，観測者のそれぞれについて，座標が設定されるということである．つまり，観測者は互いに自分の物差しとストップウォッチとで現象を観測し，状況を理解する．ストップウォッチだとイメージが湧きにくければ，振り子時計でもよい．本質的に，周期運動をしているものなら何でもよい．

さて，SとS′ははじめに同じ地点におり，そこを互いの座標原点$x=x'=0$にとる．また，そこで2人の時計を合わせ，同じ時刻を指すようにする．観測を始めた時刻を$t=t'=0$とし，S′はSから見てx軸の正方向に進んでいくとする．S′が測定する物体の位置はx'座標で測定されるが，この物差しはS′とともに動いていく．Sから見てS′の速度がVということは，S′の運動をSから見ると

$$V=\frac{dx}{dt} \qquad \cdots\cdots \text{(A.1)}$$

ということである．また，SとS′とは互いに一定の速度で運動する慣性系同士なので，特殊相

*1　このこととも関連しているが，「物理は，実際には存在しない理想的な系のことばかり考えている．現実には使えないお遊びの一種だ」と思っている人も多いようである．事実，大学生へのアンケートからも，高校で物理を嫌いになった原因の一つがそうした「現実との乖離」であることがわかっている．

たしかに高校で教わる物理では，現実には存在するさまざまに複雑な要素を排除し，簡単な問題設定を考えることが多い．もちろん現実の現象にはそうした「現実味」が重要な役割を果たす．それはそうなのだが，実はすべての要素を考慮すればその現象の本質がわかるかというと，そうとも限らないのである．たとえば高校物理で一番はじめに扱う「自由落下」の問題がある．そこでは物体が落下する際の空気抵抗を無視する．現実には空気抵抗があるのだから，簡単化されたモデルを学ぶことに何の意味があるのかと思う高校生もいるようだが，これにはさまざまな点で誤解がある．まず何より，一番はじめに扱う計算としては，空気抵抗を取り入れたものは難しすぎる．事実，高校数学の知識で空気抵抗入りの落体の速度を求めるのは大変である（積分の計算テクニックが必要になるが，高校生にも求めることはできる．大学の力学でもその求め方は初歩的な問題として扱う）．次に，実際の自由落下を考える際に，空気抵抗がどのくらい効くのかという問題がある．もちろんそれはパチンコ玉を落とすのか，鳥の羽を落とすのかではまったく違うし，落下距離にも関わる．仮に実験室の机の上で，パチンコ玉を1mのところから落とすならどうであろうか．空気抵抗を無視した場合と，取り入れた場合との差はどのくらいだろうか．空気抵抗が効くとしても，測定精度はどうだろうか．測定できる範囲に入っているだろうか．こうしたことを踏まえた上で，「高校物理で最初に扱う落体の問題には，空気抵抗は入れないようにしよう」という方針が決まっている（はずである）．

物理で考えているモデル化というのは，無限個ある現実的な要素のなかから，注目している現象において本質的なものは何なのかを抽出する方法であり，複雑な現実を無視して理想的な状況で遊んでいるわけでは決してない．与えられた設定のなかで問題を解くことができる「プロブレム・ソルバー（問題を解く（だけの）人）」はいくらでもいるが，腕のよい物理屋として業界でも尊敬される人とは複雑な現実の本質をうまく引き抜いたモデルをつくれる人のほうである．

正直言うと，私は少なくとも現時点では「目的地にたどり着くための最速の乗り物」として物理学を信頼している．自分が知りたい，納得したい世界に到達するための最速のマシンに搭乗していると考えているのだが，もし，「宇宙のはじまりを納得したい」という自分の研究の目標に到達するためのよりよい方法があれば，いつでもその「マシン」に乗り換える覚悟もある．

対性原理から S の運動は

$$-V = \frac{dx'}{dt'} \qquad \cdots\cdots \text{(A.2)}$$

と観察される（図 A.1）.

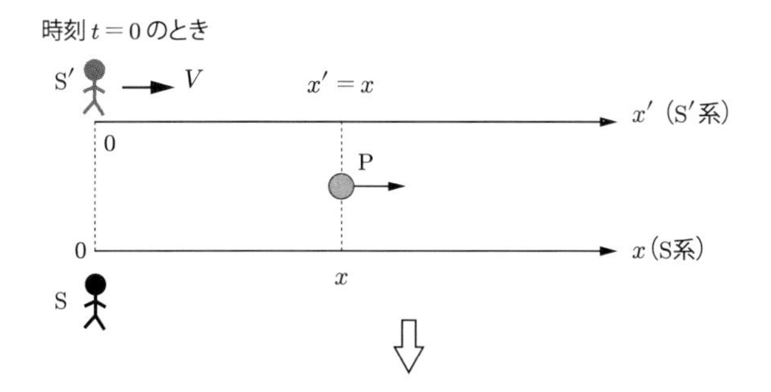

時刻 t のとき

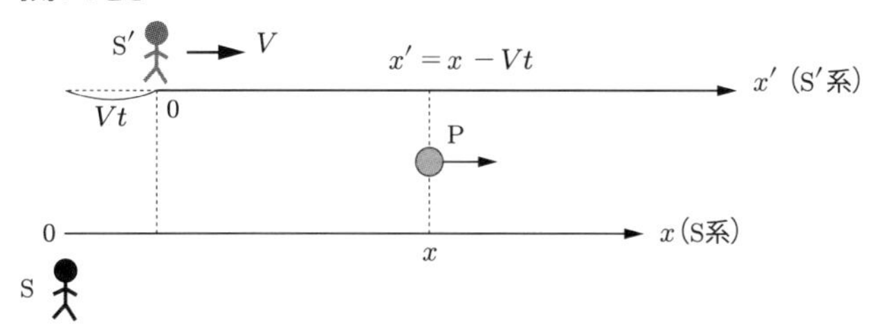

図 A.1

ところで，ニュートン力学では S が観測する時間 t と S′ が観測する時間 t' とは同じものと仮定していた．今，ある物体 P が x，x' 軸に沿って動いており，それを S と S′ の両者が観測するとしよう．S から見て，時刻 t に P が位置 x にいたとすると，S′ から見た場合の P の位置座標は，S′ が時刻 t の間に Vt だけ進む分を考慮して $x' = x - Vt$ の関係にある．これと $t' = t$ とを合わせた

$$x' = x - Vt, \quad t' = t \qquad \cdots\cdots \text{(A.3)}$$

が，ニュートン力学における慣性系同士の座標の変換則であり，ガリレイ変換と呼ばれることもすでに述べた．$x' = x - Vt$ の両辺を t' で微分し，$t' = t$ を用いれば

$$\frac{dx'}{dt'} = \frac{dx}{dt} - V \quad \Rightarrow \quad v' = v - V \qquad \cdots\cdots \text{(A.4)}$$

となる．ここで，v，v' は定義から，S と S′ のそれぞれが観測する物体 P の速度であり，これ

がニュートン力学における速度の合成則（変換則）であった．これは私たちの経験とよく合うが，第 5 章でも吟味したように，この合成則からは光速が観測者の速度に応じて変化するという結論に至ってしまう．

ローレンツ変換

そこで S, S$'$ のいずれにおいても光速が不変に保たれるような変換を見つけるため，ガリレイ変換にならって座標の変換を以下のような 1 次変換

$$\begin{aligned} x' &= Ax + Bt \\ t' &= Cx + Dt \end{aligned} \qquad \cdots\cdots \text{(A.5)}$$

だと仮定する．A，B，C，D はそれぞれ定数である．行列で書けば

$$\begin{pmatrix} x' \\ t' \end{pmatrix} = \begin{pmatrix} A & B \\ C & D \end{pmatrix} \begin{pmatrix} x \\ t \end{pmatrix} \qquad \cdots\cdots \text{(A.6)}$$

である．連立方程式の形で書いても行列の形で書いても，もちろん本質は変わらないが，以下では具体的な計算過程が見やすい連立方程式のほうで説明する．

なお，仮に変換が上記以外のタイプ，たとえば $x' = Ax^2 + Bxt + Ct^3$，$t' = t$ のようなものであった場合，時間 t' $(= t)$ で x' を微分することで

$$\frac{dx'}{dt'} = 2Ax\frac{dx}{dt} + B\left(\frac{dx}{dt}t + x\right) + 3Ct^2$$

という結果を得る．この結果は，S から見た物体の速度 dx/dt が一定だったとしても，S$'$ から見た物体の速度 dx'/dt' は時間とともに変化し，一定ではないということを意味する．つまり，S 系において一定の速度で動いているものが，S$'$ 系では何の力も働いてもいないのに加速度運動していることになり，S$'$ 系で慣性の法則が成り立たないことになる．ほかにも，たとえば $t' = t^2$ のような座標変換が成り立つなら，S と S$'$ との間でどのような観測結果の違いが生じるか考えてみてほしい．

では，A，B，C，D の値を決めるために「物理を入れて」いく（第 7 章でも述べたように，物理的な要請を課すことをこのように言う）．まず，D は正だとする．なぜなら D が負だと $t' = Cx + Dt$ から，t' と t の向きが逆になってしまい，S と S$'$ とで時間が互いに逆向きに進むことになるからである．

また，$V = 0$ のとき，$A = D = 1$ かつ $B = C = 0$ でなければならない．なぜなら $V = 0$ とは S$'$ が S に対して静止していることを意味するため，両者の座標系も完全に一致し，$x' = x$，$t' = t$ となるからである．

次に，両者の運動を考慮して A，B，C，D の値を 3 段階に分けて絞り込んでいく．各ステッ

プは

1. S' の動きが，S と S' のそれぞれからどのように観測されるかを考える
2. S による観測と，S' による観測は互いに相対的であることを考慮する
3. S と S' のどちらから見ても，光速が変わらないことを考慮する

の三つである．

ステップ 1：S' の動きは S と S' のそれぞれからどのように観測されるか

S' は S から見て速度 V で動いているため，時刻 $t=0$ から時刻 t までの間に S' は S から見て Vt だけ進む．よって時刻 t における S' の位置座標は S 系で

$$x = Vt \qquad \cdots\cdots \text{(A.7)}$$

と観測される．一方，S' からすると，いつでも「自分は動いていない」と観察される．S' に限らず，誰にとっても「自分に対して，いつも自分は同じ位置にいる」からである．「S' に付随した物差しで測ると，S' は常にその物差しの原点にとどまっている」のである．このことを数式で表現すれば，

$$x' = 0 \quad \text{（任意の時刻 } t' \text{ において）} \qquad \cdots\cdots \text{(A.8)}$$

となる．この両者の観測結果は，S' がどこにいるかという同じ現象を，S 系と S' 系という異なる視点から観測したものである．つまり，物理的には同じことであるから，

$$x = Vt \quad \Leftrightarrow \quad x' = 0 \qquad \cdots\cdots \text{(A.9)}$$

のように，これら二つの式（主張）が同時に成り立っていなければならない．これを式 (A.5) の 1 番目の式に代入すると，

$$0 = AVt + Bt \quad \therefore \quad B = -AV \qquad \cdots\cdots \text{(A.10)}$$

を得る．よって B は A で表すことができ，

$$x' = A(x - Vt) \qquad \cdots\cdots \text{(A.11)}$$

であることがわかる．

ステップ 2：特殊相対性原理

S と S' とは互いに速さ V で動き合う慣性系であり，まったく等価な物理系である．そこで，

S' の立場と S の立場を入れ替えてみると，先に述べたように，S' から見て S が速度 $-V$ で x' 軸に沿って進んでいることになる．それを座標で表現すれば

$$x' = -Vt' \qquad \cdots\cdots \text{(A.12)}$$

となるが，ステップ 1 と同様に，S 系から見て S 自身は自分の物差しの原点にずっと止まっている．つまり，S の動きを S 系で測れば任意の時刻において $x = 0$ である．よって今度は

$$x' = -Vt' \quad \Leftrightarrow \quad x = 0 \qquad \cdots\cdots \text{(A.13)}$$

が成立する．

　これを再び式 (A.5) に代入すると

$$-Vt' = Bt \text{ かつ } t' = Dt \quad \Rightarrow \quad B = -DV \qquad \cdots\cdots \text{(A.14)}$$

を得る．これを式 (A.10) と合わせると

$$D = A \quad \Rightarrow \quad t' = Cx + At \qquad \cdots\cdots \text{(A.15)}$$

であることがわかる．

ステップ 3：光速の不変性

　最後に，光速の不変性を用いる．S，S' のどちらから見ても光速は一定値 c だとしよう．$t = t' = 0$ に $x = x' = 0$ から光を発射したとすると，時刻 t には光は距離 ct だけ進んでいる．光が x 軸の負の方向に進む場合も合わせて考えると，時刻 t における光の位置 x は

$$x^2 = (ct)^2 \qquad \cdots\cdots \text{(A.16)}$$

を満たす．同じ現象を S' で観察すると，この場合も光の速さは c のままであり，S' 系の座標は x'，t' であるから

$$x'^2 = (ct')^2 \qquad \cdots\cdots \text{(A.17)}$$

が成り立つ．この式へ式 (A.11)，(A.15) を代入すると

$$\begin{aligned} &A^2(x - Vt)^2 = c^2(Cx + At)^2 \\ \Leftrightarrow\ &(A^2 - c^2C^2)x^2 - 2A(AV + c^2C)xt + A^2(V^2 - c^2)t^2 = 0 \end{aligned} \qquad \cdots\cdots \text{(A.18)}$$

を得る．これと $x^2 = (ct)^2$ ($\Leftrightarrow x^2 - c^2t^2 = 0$) とを見比べ，これらの式が任意の x，t で成立することを考慮すると，x^2，xt，t^2 のそれぞれの項を比較することにより

$$A^2 - c^2C^2 = k^2, \quad A(AV + c^2C) = 0, \quad A^2(V^2 - c^2) = -c^2k^2 \quad \cdots\cdots \text{(A.19)}$$

でなければならないことがわかる．ここで k は適当な実数の比例定数である．今，$A \neq 0$ は明らかなので，これらの式より

$$C = -\frac{V}{c^2}A \quad \text{および} \quad A = \pm\frac{k}{\sqrt{1-\dfrac{V^2}{c^2}}} \quad \cdots\cdots \text{(A.20)}$$

となる．

最後に，$V = 0$ のとき $A = 1$ であることを使うと k が定まって

$$A = \frac{1}{\sqrt{1-\dfrac{V^2}{c^2}}} \quad \cdots\cdots \text{(A.21)}$$

と決まる．$D = A$ より，これは最初に設定した $D > 0$ とも整合的である．こうして

$$A = D = \frac{1}{\sqrt{1-\dfrac{V^2}{c^2}}}, \quad B = -\frac{V}{\sqrt{1-\dfrac{V^2}{c^2}}}, \quad C = -\frac{\dfrac{V}{c^2}}{\sqrt{1-\dfrac{V^2}{c^2}}} \quad \cdots\cdots \text{(A.22)}$$

のように，ローレンツ変換のすべての係数が決定される．

第 5 章と同じように，時間変数 t，t' の代わりに位置座標 x，x' と次元を揃えた ct，ct' を用い，また，ローレンツ因子

$$\gamma = \frac{1}{\sqrt{1-\beta^2}}, \quad \beta = \frac{V}{c}$$

を導入すれば，変換の対称性が反映された形

$$\begin{aligned} ct' &= \gamma(ct - \beta x) \\ x' &= \gamma(x - \beta ct) \end{aligned} \quad \cdots\cdots \text{(A.23)}$$

にまとめることができる．行列で表せば

$$\begin{pmatrix} ct' \\ x' \end{pmatrix} = \begin{pmatrix} \gamma & -\beta\gamma \\ -\beta\gamma & \gamma \end{pmatrix} \begin{pmatrix} ct \\ x \end{pmatrix} \quad \cdots\cdots \text{(A.24)}$$

となる．第 5 章でも説明したように，ローレンツ因子 γ は，その運動がどれだけ相対論的かを表す指標である．$V = 0$ のとき $\gamma = 1$ であり完全にニュートン力学的，逆に $V \to c$ のとき $\gamma \to \infty$ となり，非常に相対論的であることを表す．

ここで，ローレンツ変換を導く過程 (A.18) からもわかるように，ローレンツ変換の前後で S 系と S′ 系のそれぞれの座標について

$$x^2 - c^2t^2 = x'^2 - c^2t'^2 \quad \cdots\cdots \text{(A.25)}$$

が成り立つことに注意してほしい．なお，ローレンツ変換は座標値 x，t だけでなく，座標値の変化 dx，dt についても同様の行列によって

$$\begin{pmatrix} cdt' \\ dx' \end{pmatrix} = \begin{pmatrix} \gamma & -\beta\gamma \\ -\beta\gamma & \gamma \end{pmatrix} \begin{pmatrix} cdt \\ dx \end{pmatrix} \quad \cdots\cdots \text{(A.26)}$$

のように表される．なぜなら座標 (x^μ) から無限小だけ移動した点の座標は $(x^\mu + dx^\mu)$ であり，x^μ，$x^\mu + dx^\mu$ とも，同じローレンツ変換で変換され，その変化を計算すれば式 (A.26) が導かれるからだが，これを用いれば

$$-c^2dt^2 + dx^2 = -c^2dt'^2 + dx'^2 \quad \cdots\cdots \text{(A.27)}$$

であることもわかる．ここで，本文の書き方に合わせて項の順を並び替えた．また，本文では ct と x の次元が等しいことを強調するために $d(ct)$ という書き方を使ったが，付録では cdt という書き方を使う．こちらもよく用いられる記法である．さて，ローレンツ変換に対して不変であるこの量は，原点中心の 2 次元平面内の回転に対する不変量 $dx^2 + dy^2$ の特殊相対論版である．第 5 章でも説明したように，$dx^2 + dy^2$ はユークリッド幾何学における 2 点間の距離 ds の 2 乗に対応し，ds は線素と呼ばれることから，

$$ds^2 = -c^2dt^2 + dx^2 \quad \cdots\cdots \text{(A.28)}$$

のことも線素と呼ぶ．4 次元時空では

$$ds^2 = -c^2dt^2 + dx^2 + dy^2 + dz^2 = \eta_{\mu\nu}dx^\mu dx^\nu \quad \cdots\cdots \text{(A.29)}$$

となることも第 5 章で説明したとおりである．ここで η は対角行列であり，$\eta = \mathrm{diag}(-1, 1, 1, 1)$ である（diag は行列の対角成分を表す）．また $x^0 = ct$，$x^1 = x$，$x^2 = y$，$x^3 = z$ とした．ユークリッド幾何学では $dx^2 + dy^2$ や $dx^2 + dy^2 + dz^2$ が回転に対して不変であり，それは空間の回転対称性を反映していた．特殊相対論の舞台である 4 次元時空では式 (A.29) がローレンツ変換のもとで不変に保たれるというローレンツ対称性があり，線素は式 (A.29) にあるように計量 $\eta_{\mu\nu}$ で表される．計量が $\eta_{\mu\nu}$ で表される時空がミンコフスキー時空である．

再び空間が 1 次元の 2 次元時空を考え，ローレンツ変換を表す行列を

$$\Lambda = \begin{pmatrix} \gamma & -\beta\gamma \\ -\beta\gamma & \gamma \end{pmatrix} \quad \cdots\cdots \text{(A.30)}$$

と表すことにし，$x^0 = ct$，$x^1 = x$ を導入すれば，成分で

$$x'^\mu = \Lambda^\mu{}_\nu x^\nu \qquad \cdots\cdots \text{(A.31)}$$

と表示することもできる．μ，ν は 0 から 1 を走る．

最後に 4 次元時空の場合へと拡張しておくと，y，z 成分が加わることで，S 系の座標 x^μ $(\mu = 0, 1, 2, 3)$ と，S′ 系の座標 x'^μ $(\mu = 0, \cdots, 3)$ との間のローレンツ変換は

$$\begin{pmatrix} x'^0 \\ x'^1 \\ x'^2 \\ x'^3 \end{pmatrix} = \begin{pmatrix} \gamma & -\beta\gamma & 0 & 0 \\ -\beta\gamma & \gamma & 0 & 0 \\ 0 & 0 & 1 & 0 \\ 0 & 0 & 0 & 1 \end{pmatrix} \begin{pmatrix} x^0 \\ x^1 \\ x^2 \\ x^3 \end{pmatrix} \qquad \cdots\cdots \text{(A.32)}$$

となる．4 次元の場合も $x'^\mu = \Lambda^\mu{}_\nu x^\nu$ と書くことができるが，この場合は μ，ν は 0 から 3 を走る．

S′ が任意の方向へ一定の速度 $\boldsymbol{V} = (V^x, V^y, V^z)$ で動く場合のローレンツ変換は

$$\begin{pmatrix} x'^0 \\ x'^1 \\ x'^2 \\ x'^3 \end{pmatrix} = \begin{pmatrix} \gamma & -\beta^x\gamma & -\beta^y\gamma & -\beta^z\gamma \\ -\beta^x\gamma & 1 + (\beta^x)^2\zeta & \beta^x\beta^y\zeta & \beta^z\beta^x\zeta \\ -\beta^y\gamma & \beta^x\beta^y\zeta & 1 + (\beta^y)^2\zeta & \beta^y\beta^z\zeta \\ -\beta^z\gamma & \beta^x\beta^z\zeta & \beta^y\beta^z\zeta & 1 + (\beta^z)^2\zeta \end{pmatrix} \begin{pmatrix} x^0 \\ x^1 \\ x^2 \\ x^3 \end{pmatrix} \qquad \cdots\cdots \text{(A.33)}$$

となる．ここで

$$(\beta^x, \beta^y, \beta^z) = \left(\frac{V^x}{c}, \frac{V^y}{c}, \frac{V^z}{c} \right) \qquad \cdots\cdots \text{(A.34)}$$

であり，β，γ，ζ はそれぞれ

$$\beta = \sqrt{(\beta^x)^2 + (\beta^y)^2 + (\beta^z)^2}, \quad \gamma = \frac{1}{\sqrt{1 - \beta^2}}, \quad \zeta = \frac{\gamma - 1}{\beta^2} \qquad \cdots\cdots \text{(A.35)}$$

である．

A.2 速度の合成則の導出

前節同様，観測者 S に対し，観測者 S′ は一定の速度 V で x 軸に沿って運動しているとする．ここで観測者 S′ が，S′ から見て速度 v' のボールを投げたとする．このボールの速度は，S から見るといくらになるだろうか．

すでに述べたように，ニュートン力学（ガリレイ変換）の範囲では，もともと速度 V で運動している物体からさらに速度 v' でボールを投げ出すのだから，合成速度は $v = v' + V$ となる．しかしこれは光速の不変性を反映した合成則ではないため，ローレンツ変換に基づいて修正す

る必要がある．

今，空間は 1 次元に限って差し支えないのでローレンツ変換 (A.26) を使って考える．今，計算したいのは S 系におけるボールの速度であり，それは S 系の座標を使って計算されるから，

$$v = \frac{dx}{dt} \qquad \cdots\cdots \text{(A.36)}$$

である．そこでローレンツ変換 (A.26) を cdt，dx について書き直しておく．それには逆変換を求めてもよいが，S と S$'$ の立場を入れ替えることが V を $-V$ とすることに対応することに気づけば

$$\begin{pmatrix} cdt \\ dx \end{pmatrix} = \begin{pmatrix} \gamma & \beta\gamma \\ \beta\gamma & \gamma \end{pmatrix} \begin{pmatrix} cdt' \\ dx' \end{pmatrix} \qquad \cdots\cdots \text{(A.37)}$$

となることは容易にわかる．これより

$$dt = \gamma\left(dt' + \frac{\beta}{c}dx'\right) \qquad \cdots\cdots \text{(A.38)}$$

$$dx = \gamma(dx' + \beta c dt') \qquad \cdots\cdots \text{(A.39)}$$

を得る．これよりさらに

$$v = \frac{dx}{dt} = \frac{\gamma(dx' + \beta c dt')}{\gamma\left(dt' + \dfrac{\beta}{c}dx'\right)} = \frac{dx' + \beta c dt'}{dt' + \dfrac{\beta}{c}dx'}$$

$$= \frac{\dfrac{dx'}{dt'} + \beta c}{1 + \dfrac{\beta}{c}\dfrac{dx'}{dt'}} = \frac{v' + V}{1 + \dfrac{v'V}{c^2}} \qquad \cdots\cdots \text{(A.40)}$$

であることがわかる．ここで $\beta = V/c$ であることを用いた．

こうして，特殊相対論における速度の合成則 (5.26)

$$v = \frac{v' + V}{1 + \dfrac{v'V}{c^2}}$$

を得た．逆に，S 系で速度 v の物体の運動を S$'$ 系から観察すると，その速度が

$$v' = \frac{v - V}{1 - \dfrac{vV}{c^2}} \qquad \cdots\cdots \text{(A.41)}$$

となることも容易に導くことができる．これらを用いると，S と S$'$ のどちらでも光速が不変になることは第 5 章で説明したとおりである．

A.3 運動物体における時間の遅れとローレンツ収縮

運動する物体に流れる時間がゆっくりになることや，運動する物体の長さを静止系で観測すると短く観測されることも，ローレンツ変換を用いればすぐに導ける．

運動物体における時間の遅れ

静止している物体（観測者 S）と運動する物体（観測者 S′）のそれぞれにおける時間座標は t，t' であるが，それらは式 (A.38)

$$dt = \gamma\left(dt' + \frac{\beta}{c}dx'\right)$$

に従う．ここで，観測者 S′ は常に自分の座標系の原点に静止していることに注意すると $dx' = 0$ なので，S′ に流れる時間間隔 dt' と S に流れる時間間隔 dt との間には

$$dt = \gamma dt' \quad \Rightarrow \quad dt' = \frac{1}{\gamma}dt \qquad \cdots\cdots \text{(A.42)}$$

という関係があることがわかる．$\gamma \geq 1$ であるから常に $dt' \leq dt$ であり，運動している物体に流れる時間がゆっくりになるという式 (5.50) と同じ結論が得られる．

ローレンツ収縮

次にローレンツ収縮について考える．棒が一定の速度 V で動くとする．棒の片側は S′ の原点 $x' = 0$ と一致しているとする．棒の長さを S′ で測定したところ L' であったとする．これは**固有長さ**と呼ばれる．棒と一緒に運動する観測者によって測られる長さだからである．これをローレンツ変換の言葉に翻訳すれば，$dt' = 0$ で $dx' = L'$ ということになる．棒の長さを測定するときは物差しを当ててそれとの相対的な大小を比較するが，S′ 系において同時刻，つまり $dt' = 0$ に棒の両端が物差しのどこにきているかを見るからである（図 A.2）．

今，S′ 系で時刻 $t' = 0$ に棒の長さを測ったとする．すると棒の一端は $x' = 0$ にあり，他端

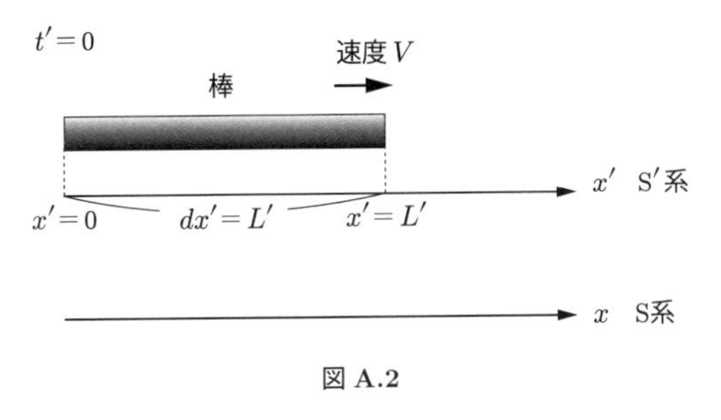

図 A.2

は $x' = L'$ にある．その差（座標の変化）は $dx' = L'$ である．S 系で見て，棒の端の位置がそれぞれどこにあるかを測定すれば，S 系における棒の長さがわかる．ローレンツ変換を使うと，S′ 系で $(ct', x') = (0, L')$ にある棒の一端の座標は，S 系で

$$\begin{pmatrix} ct \\ x \end{pmatrix} = \begin{pmatrix} \gamma & \beta\gamma \\ \beta\gamma & \gamma \end{pmatrix} \begin{pmatrix} ct' \\ x' \end{pmatrix} = \begin{pmatrix} \gamma & \beta\gamma \\ \beta\gamma & \gamma \end{pmatrix} \begin{pmatrix} 0 \\ L' \end{pmatrix} \qquad \cdots\cdots \text{(A.43)}$$

より，$(ct, x) = (\gamma\beta L', \gamma L')$ と求まる（図 A.3）．

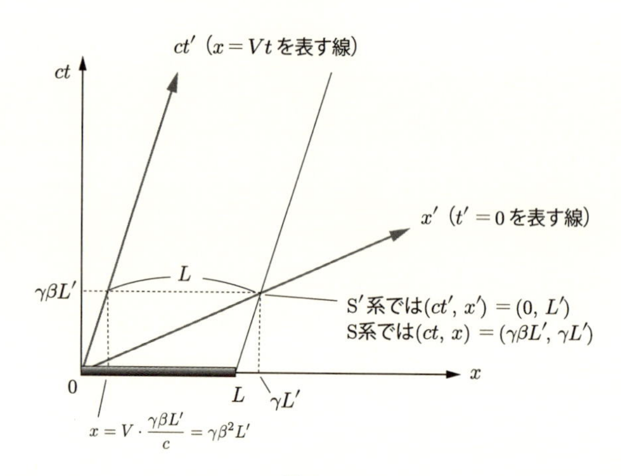

図 A.3

ここで，S 系で測った棒の長さが $\gamma L'$ **ではない**ことに注意する．なぜなら，S 系においても，S 系での同時刻，すなわち $t =$（一定）の状況で棒の両端を測定するからである．つまり，S 系において上記の時刻 $ct = \gamma\beta L'$ に棒の逆の端がどこに来ているかを求めなければならない．

棒の逆端は S′ 系の原点 $x' = 0$ にあるので，S 系から見て速度 V で動いている．つまり $x = Vt$ という軌跡を描く．よって，時刻 $ct = \gamma\beta L'$ における位置は

$$x = V \cdot \frac{\gamma\beta L'}{c} = \gamma\beta^2 L' \qquad \cdots\cdots \text{(A.44)}$$

である．こうして，時刻 $ct = \gamma\beta L'$ に測った S 系における棒の長さ L は

$$L = \gamma L' - \gamma\beta^2 L' = \gamma(1 - \beta^2)L' = \frac{L'}{\gamma} \qquad \cdots\cdots \text{(A.45)}$$

と求まる．$\gamma \geq 1$ なので常に $L \leq L'$ であり，長さ L' の棒が動くことで，静止している観測者からは長さ $L = L'/\gamma$ に縮んで観測されることがわかる．これが式 (5.51) にあるローレンツ収縮である．

A.4 固有時間と物理量の 4 次元化

ローレンツ変換により，観測者に応じて時間座標と空間座標とが入り混じって変換されることがわかった．このことは，物体の運動を時間の関数として $(x(t), y(t), z(t))$ という三つの空間座標で表すニュートン力学の記述法では，自然の対称性を反映できていないことを意味する．ただし，このことはニュートン力学の強力さを矮小化するものでは決してない．物体の運動が真空中での光速に比べ十分小さいときには，ニュートン力学は相変わらず極めて有用な理論である．

さて，特殊相対論では時間座標と空間座標をまとめて

$$(x^\mu) = (x^0, x^1, x^2, x^3) = (ct, x, y, z) \qquad \cdots\cdots \text{(A.46)}$$

という 4 次元の位置ベクトルを考える必要のあることがわかった．位置ベクトル以外にもさまざまなベクトル量が存在するが，それらもすべて 4 次元化されることで本質的な性質が浮き彫りになる．

固有時と 4 元速度

まず，位置ベクトルの次に基本的な量である速度ベクトルを 4 次元化していく．ニュートン力学で速度と言えば，

$$\frac{d\boldsymbol{r}}{dt} = \left(\frac{dx}{dt}, \frac{dy}{dt}, \frac{dz}{dt}\right) \qquad \cdots\cdots \text{(A.47)}$$

で定義される 3 次元速度のことを指していた．しかしこの 3 次元速度では，明らかに時間座標が空間座標に比べて特別な意味をもっており，時間座標と空間座標がローレンツ変換で同じように混じり合うという，対称性が反映されていない．そこでこれまでの時間座標 t に代わる新しい時間座標を導入する．それは t と同じ次元をもつ量であることはもちろんだが，ローレンツ変換によって不変な値を保つスカラー（**ローレンツスカラー**）である必要がある．

そのような量として，**固有時** τ を

$$d\tau^2 = -\frac{ds^2}{c^2} \qquad \cdots\cdots \text{(A.48)}$$

で定義する．「固有」という名前は，τ が「τ は速度 V で動いている観測者自身が計る時間に等しい」ことに由来する．実際，観測者 S$'$ が自分の動きを観測すると，自分からすれば常に自分は止まっていることから $dx' = dy' = dz' = 0$ であるため，線素の式において

$$ds^2 = -c^2dt^2 + dx'^2 + dy'^2 + dz'^2 \quad \to \quad ds^2 = -c^2dt'^2 \qquad \cdots\cdots \text{(A.49)}$$

となるが，t' について成り立つこの式は固有時 τ の定義とたしかに一致している．

この固有時を用いて，速度を4次元化した

$$(u^\mu) = \left(\frac{dx^0}{d\tau}, \frac{dx^1}{d\tau}, \frac{dx^2}{d\tau}, \frac{dx^3}{d\tau}\right) = \left(\frac{d(ct)}{d\tau}, \frac{dx}{d\tau}, \frac{dy}{d\tau}, \frac{dz}{d\tau}\right) \quad \cdots\cdots \text{(A.50)}$$

を定義する．これは**4元速度**と呼ばれる．4元速度の第0成分，すなわち u^0 は，速度の次元をもつ量だが，S から見た S′ の速度が

$$\boldsymbol{V} = \left(\frac{dx}{dt}, \frac{dy}{dt}, \frac{dz}{dt}\right) \quad \cdots\cdots \text{(A.51)}$$

であること，線素の定義から

$$\begin{aligned}
-c^2 = \frac{ds^2}{d\tau^2} &= -\left(\frac{d(ct)}{d\tau}\right)^2 + \left(\frac{dx}{d\tau}\right)^2 + \left(\frac{dy}{d\tau}\right)^2 + \left(\frac{dz}{d\tau}\right)^2 \\
&= -\left(\frac{d(ct)}{d\tau}\right)^2 \left\{1 - \frac{1}{c^2}\left[\left(\frac{dx}{dt}\right)^2 + \left(\frac{dy}{dt}\right)^2 + \left(\frac{dz}{dt}\right)^2\right]\right\} \\
&= -\left(\frac{d(ct)}{d\tau}\right)^2 (1 - \beta^2) \quad \cdots\cdots \text{(A.52)}
\end{aligned}$$

であり，

$$u^0 = \frac{d(ct)}{d\tau} = c\gamma \quad \cdots\cdots \text{(A.53)}$$

がわかる．ここでは，前 A.3 節のように x 方向のみに進む S′ ではなく任意の3次元速度をもつ S′ を考えているため，β は式 (A.34)，(A.35) で与えられるようなものであることに注意してほしい．このように，u^0 は S 系の時間と固有時（S′ 系における観測者自身に流れる時間）との違いを表しており，新しい自由度ではない．γ を用いると

$$(u^\mu) = \left(\gamma c, \gamma\frac{dx}{dt}, \gamma\frac{dy}{dt}, \gamma\frac{dz}{dt}\right) = (\gamma c, \gamma\boldsymbol{V}) \quad \cdots\cdots \text{(A.54)}$$

のように，3次元の速度ベクトル $\boldsymbol{V}$ を使って書くこともできる．

3次元ユークリッド空間では，ベクトル $\boldsymbol{A} = (A^x, A^y, A^z)$ の大きさの2乗は

$$|\boldsymbol{A}|^2 = (A^x)^2 + (A^y)^2 + (A^z)^2 = \delta_{ij}A^iA^j \quad \cdots\cdots \text{(A.55)}$$

と定義されていた．ここで δ_{ij} は 3×3 の単位行列で，これを行列表示すれば

$$|\boldsymbol{A}|^2 = (A^x,\ A^y,\ A^z)\begin{pmatrix} 1 & 0 & 0 \\ 0 & 1 & 0 \\ 0 & 0 & 1 \end{pmatrix}\begin{pmatrix} A^x \\ A^y \\ A^z \end{pmatrix} \quad \cdots\cdots \text{(A.56)}$$

となる．

4次元化されたベクトル量の「大きさ」（ノルム）の2乗は線素 $ds^2 = \eta_{\mu\nu} dx^\mu dx^\nu$ に現れる計量 $\eta_{\mu\nu}$ を用いて

$$|A|^2 = \eta_{\mu\nu} A^\mu A^\nu \qquad \cdots\cdots \text{(A.57)}$$

のように定義する．行列で表示すれば

$$\begin{aligned} |A|^2 &= (A^0, A^1, A^2, A^3) \begin{pmatrix} -1 & 0 & 0 & 0 \\ 0 & 1 & 0 & 0 \\ 0 & 0 & 1 & 0 \\ 0 & 0 & 0 & 1 \end{pmatrix} \begin{pmatrix} A^0 \\ A^1 \\ A^2 \\ A^3 \end{pmatrix} \\ &= -(A^0)^2 + (A^1)^2 + (A^2)^2 + (A^3)^2 \end{aligned} \qquad \cdots\cdots \text{(A.58)}$$

である．ここで，$\eta_{\mu\nu}$ を用いて定義された量を

$$A_\mu = \eta_{\mu\nu} A^\nu \qquad \cdots\cdots \text{(A.59)}$$

のように下付き添え字で表すことにすると，

$$(A_0, A_1, A_2, A_3) = \begin{pmatrix} -1 & 0 & 0 & 0 \\ 0 & 1 & 0 & 0 \\ 0 & 0 & 1 & 0 \\ 0 & 0 & 0 & 1 \end{pmatrix} \begin{pmatrix} A^0 \\ A^1 \\ A^2 \\ A^3 \end{pmatrix} = (-A^0, A^1, A^2, A^3) \qquad \cdots\cdots \text{(A.60)}$$

であり，これを用いると4元ベクトルの大きさの2乗は

$$|A|^2 = A_\mu A^\mu \qquad \cdots\cdots \text{(A.61)}$$

と書くことができる．4元ベクトル (A^μ) の成分 A^μ のことを**反変ベクトル**，(A^μ) の双対ベクトル (A_μ) の成分 A_μ のことを**共変ベクトル**と呼ぶことが多い．ローレンツ変換に対する変換性からついた名称であるが，第6章で述べたように A^μ や A_μ はベクトルそのものではなく，ベクトルの成分である．

線素も

$$ds^2 = \eta_{\mu\nu} dx^\mu dx^\nu = dx_\mu dx^\mu \qquad \cdots\cdots \text{(A.62)}$$

と書くことができるが，線素はローレンツ変換の前後で不変であった．つまり

$$ds^2 = dx_\mu dx^\mu = dx'_\mu dx'^\mu = ds'^2 \qquad \cdots\cdots \text{(A.63)}$$

が成り立ち，線素はローレンツスカラーであった．同様に一般の4元ベクトルの大きさの2乗

もまた

$$|A|^2 = A_\mu A^\mu = A'_\mu A'^\mu \qquad \cdots\cdots \text{(A.64)}$$

のように，ローレンツ変換に対して不変に保たれる．すなわち，一般に 4 元ベクトルの大きさの 2 乗 $|A|^2$ はローレンツスカラーである．4 元速度 (u^μ) の場合は，固有時の定義から，その大きさが

$$\begin{aligned}
|u|^2 = u_\mu u^\mu &= -(u^0)^2 + (u^1)^2 + (u^2)^2 + (u^3)^2 \\
&= -\left(\frac{d(ct)}{d\tau}\right)^2 + \left(\frac{dx}{d\tau}\right)^2 + \left(\frac{dy}{d\tau}\right)^2 + \left(\frac{dz}{d\tau}\right)^2 \\
&= \frac{-c^2 dt^2 + dx^2 + dy^2 + dz^2}{d\tau^2} = -c^2 \qquad \cdots\cdots \text{(A.65)}
\end{aligned}$$

となっている．

4 元運動量および質量とエネルギーの等価性

4 元速度を用い，質量 m の物体の **4 元運動量**を，ニュートン力学における 3 次元の運動量 $\boldsymbol{P} = m\boldsymbol{V}$ との類推で

$$\begin{aligned}
(p^\mu) &= (p^0, p^1, p^2, p^3) = (mu^0, mu^1, mu^2, mu^3) \\
&= \left(m\frac{dx^0}{d\tau}, m\frac{dx^1}{d\tau}, m\frac{dx^2}{d\tau}, m\frac{dx^3}{d\tau}\right) \\
&= \left(m\frac{d(ct)}{d\tau}, m\frac{dx}{d\tau}, m\frac{dy}{d\tau}, m\frac{dz}{d\tau}\right) = (m\gamma c, m\gamma\boldsymbol{V}) \qquad \cdots\cdots \text{(A.66)}
\end{aligned}$$

と定義する．4 元運動量の第 0 成分 p^0 は，物理的には運動している物体のエネルギーに対応する．なぜなら，式 (A.53) から

$$p^0 = m\frac{d(ct)}{d\tau} = mc\gamma = \frac{mc}{\sqrt{1-\beta^2}} \qquad \cdots\cdots \text{(A.67)}$$

であるが，物体の速度が十分小さい，すなわち $\beta = V/c \ll 1$ として β^2 の項までテイラー展開すると

$$p^0 \approx mc\left(1 + \frac{1}{2}\beta^2\right) \qquad \cdots\cdots \text{(A.68)}$$

となることから，

$$p^0 c \approx mc^2 + \frac{1}{2}mV^2 \qquad \cdots\cdots \text{(A.69)}$$

となり，上の式の右辺第 2 項は，ニュートン力学において 3 次元速度 $\boldsymbol{V}$ で動く質量 m の物体の運動エネルギーにほかならない．第 1 項の mc^2 は $V=0$ のとき，つまり S' が静止していても存在するエネルギーであり，**静止エネルギー**と呼ばれる．

そこで，物体のエネルギーを $p^0c=E$ と定義すると，運動量の大きさの 2 乗は $p^2=(p^1)^2+(p^2)^2+(p^3)^2$ として

$$|p|^2=p_\mu p^\mu=-(p^0)^2+(p^1)^2+(p^2)^2+(p^3)^2=-\frac{E^2}{c^2}+p^2 \quad \cdots\cdots \text{(A.70)}$$

となるが，4 元速度を用いて

$$|p|^2=p_\mu p^\mu=m^2u_\mu u^\mu=-m^2c^2 \quad \cdots\cdots \text{(A.71)}$$

でもある．よって，

$$-\frac{E^2}{c^2}+p^2=-m^2c^2 \quad \Rightarrow \quad E^2=m^2c^4+p^2c^2 \quad \cdots\cdots \text{(A.72)}$$

を得る．古典的には E は正の値のみをとり *1，

$$E=\sqrt{m^2c^4+p^2c^2} \quad \cdots\cdots \text{(A.73)}$$

が物体のもつエネルギーである．とくに物体が静止している場合は $p=0$ であるから，

$$E=mc^2 \quad \cdots\cdots \text{(A.74)}$$

となる．これが「世界一有名な方程式」とも呼ばれる，質量とエネルギーの等価性を表す式である．

*1 古典的とは量子論を扱わないという意味である．特殊相対論と量子論を融合させた場の量子論では，負のエネルギー解にも物理的意味がある．

付録 **B**

一般相対論に関する補足

一般相対論に関し，本文で詳細な計算を省略した内容についてまとめる．

B.1 テンソルと変換性について

座標変換 $x^\mu \to x'^\mu$ について考える．$\{x'^\mu\}$ は, 変換前の座標 $\{x^\mu\}$ の関数（つまり $x'^\mu = x'^\mu(x^\nu)$）であるから，その無限小変化（全微分）は

$$dx'^\mu = \frac{\partial x'^\mu}{\partial x^\nu} dx^\nu \qquad \cdots\cdots \text{(B.1)}$$

を満たす．$\partial x'^\mu/\partial x^\nu$ は無限小変位 dx^ν を dx'^μ へ座標変換する変換行列だと見ることができる．

無限小変位 dx'^μ と同じように，この座標変換 $x^\mu \to x'^\mu$ において

$$A'^\mu = \frac{\partial x'^\mu}{\partial x^\nu} A^\nu \qquad \cdots\cdots \text{(B.2)}$$

のように変換する A^ν を反変ベクトル（の成分）と呼ぶ．

反変ベクトルの成分に対し，基底ベクトル $\boldsymbol{e}_\mu$ は $\partial x'^\mu/\partial x^\nu$ の逆行列によって

$$\boldsymbol{e}'_\mu = \frac{\partial x^\nu}{\partial x'^\mu} \boldsymbol{e}_\nu \qquad \cdots\cdots \text{(B.3)}$$

と変換する．これは，ベクトル $\boldsymbol{A} = A^\mu \boldsymbol{e}_\mu$ 本体は幾何学的実在であり，座標変換に対して不変であるため，

$$\boldsymbol{A} = A^\mu \boldsymbol{e}_\mu = A'^\mu \boldsymbol{e}'_\mu \qquad \cdots\cdots \text{(B.4)}$$

となるように，変換が決まるからである．

共変ベクトル $\tilde{\boldsymbol{A}} = A_\mu \tilde{d}\boldsymbol{x}^\mu$ は反変ベクトルとは逆に，成分と基底がそれぞれ

$$A'_\mu = \frac{\partial x^\nu}{\partial x'^\mu} A_\nu, \quad \tilde{d}\boldsymbol{x}'^\mu = \frac{\partial x'^\mu}{\partial x^\nu} \tilde{d}\boldsymbol{x}^\nu \qquad \cdots\cdots \text{(B.5)}$$

と変換する．

テンソルについても同様に変換性が定まる．たとえば $\binom{2}{0}$-テンソルは $\boldsymbol{C} = \boldsymbol{A} \otimes \boldsymbol{B} =$

$A^\mu B^\nu \boldsymbol{e}_\mu \otimes \boldsymbol{e}_\nu$ のように，二つの反変ベクトルのテンソル積だと考えられる．そのため，成分は

$$C'^{\mu\nu} = \frac{\partial x'^\mu}{\partial x^\alpha}\frac{\partial x'^\nu}{\partial x^\beta}C^{\alpha\beta} \qquad \cdots\cdots \text{(B.6)}$$

と変換する．一般に $\binom{m}{n}$-テンソルなら，m 個の反変成分，n 個の共変成分の数だけ，それぞれ変換行列を掛ければよい．

B.2 滑らかな空間と局所的に平坦な空間について

滑らかな多様体では，任意の点の近傍において局所的に平坦な空間が実現している．4 次元リーマン多様体であれば，それは局所的に 4 次元ミンコフスキー時空に一致する．それを具体的に示すには，任意の点 P の周りで計量が 4 次元ミンコフスキー時空の計量 $\eta_{\mu\nu}$ に一致するように座標変換することができ，なおかつその周囲で接続がゼロになることを示せばよい．

今，任意の点を P とすると，そこが原点となるような座標系をとっても一般性は失われない．また，点 P において計量

$$g_{\mu\nu}(0) = \eta_{\mu\nu} \qquad \cdots\cdots \text{(B.7)}$$

となるような座標系は，$g_{\mu\nu}$ が対称行列であることから適当な 1 次変換

$$x'^\mu = Q^\mu{}_\nu x^\nu \qquad \cdots\cdots \text{(B.8)}$$

によって実現できる．ここで Q は定数行列である *1．しかし，このことだけでは点 P の周りが局所的に平坦な時空になっているとは言えない．

たとえば，関数 $f(x) = x^2$ と $g(x) = x$ はどちらも $x = 0$ で $f(0) = g(0) = 0$ だが，その傾きは $f'(0) = 0$，$g'(0) = 1$ のように異なる．それと同じように，考えている点での関数の値（ここでは計量の値）がミンコフスキー時空の計量 $\eta_{\mu\nu}$ に一致していたとしても，計量の微分まで一致しているとは限らない．接続 $\Gamma^\mu{}_{\nu\lambda}$ は基底ベクトルの微分（計量の微分と言ってもよい）で書かれ，そこに重力の効果が入っている．そのため，局所的に重力がない平坦な時空であることを示すためには，点 P の周りで接続もゼロにとれることを示す必要がある．

具体的には，以下のような非線形の座標変換

$$x'^\mu = x^\mu + \frac{1}{2}M^\mu{}_{\nu\lambda}x^\nu x^\lambda \qquad \cdots\cdots \text{(B.9)}$$

---

*1 対称行列は直交行列によって対角化可能であり，その対角化された行列は適当な対角行列によって $\eta_{\mu\nu}$ へ変換できる．

を考える．ここで $M^{\mu}{}_{\nu\lambda}$ は ν，λ について対称な定数行列である．この座標変換から

$$\frac{\partial x'^{\mu}}{\partial x^{\nu}} = \delta^{\mu}{}_{\nu} + M^{\mu}{}_{\nu\lambda} x^{\lambda} \qquad \cdots\cdots \text{(B.10)}$$

$$\frac{\partial x^{\mu}}{\partial x'^{\nu}} = \delta^{\mu}{}_{\nu} - M^{\mu}{}_{\nu\lambda} x'^{\lambda} + \mathcal{O}(|x'|^2) \qquad \cdots\cdots \text{(B.11)}$$

が言える．これを使うと，計量の座標変換において

$$\begin{aligned} g'_{\mu\nu}(x') &= \frac{\partial x^{\alpha}}{\partial x'^{\mu}} \frac{\partial x^{\beta}}{\partial x'^{\nu}} g_{\alpha\beta}(x) \\ &= \left(\delta^{\alpha}{}_{\mu} - M^{\alpha}{}_{\mu\lambda} x'^{\lambda}\right)\left(\delta^{\beta}{}_{\nu} - M^{\beta}{}_{\nu\lambda} x'^{\lambda}\right)\left(g_{\alpha\beta}(0) + g_{\alpha\beta,\lambda}(0) x'^{\lambda}\right) \\ &= \eta_{\mu\nu} - \left(M^{\alpha}{}_{\mu\lambda}\eta_{\alpha\nu} + M^{\alpha}{}_{\nu\lambda}\eta_{\alpha\mu} - g_{\alpha\beta,\lambda}(0)\right) x'^{\lambda} + \mathcal{O}(|x'|^2) \qquad \cdots\cdots \text{(B.12)} \end{aligned}$$

となる．ここで先に述べたように，対称行列 $g_{\mu\nu}(0)$ は 1 次変換でミンコフスキー時空の計量 $\eta_{\mu\nu}$ に一致させられることを使い，あらかじめ $\eta_{\mu\nu}$ となる座標系 $\{x^{\mu}\}$ を設定していたと考える．こうして，非線形な座標変換 (B.9) によって式 (B.12) の括弧のなかがゼロになれば，x' の 1 次までで $g'_{\mu\nu}(0)$ が $\eta_{\mu\nu}$ になる．そのためには式 (B.12) の括弧のなかで添え字 μ, ν, λ を循環的に入れ替えた量をつくり，

（μ，ν，λ の式）＋（ν，λ，μ の式）－（λ，μ，ν の式）

を足し引きすると

$$M^{\mu}{}_{\nu\lambda} = \frac{1}{2}\eta^{\mu\rho}\left(g_{\rho\nu,\lambda}(0) + g_{\rho\lambda,\nu}(0) - g_{\nu\lambda,\rho}(0)\right) \qquad \cdots\cdots \text{(B.13)}$$

であればよいことがわかる．よってこの $M^{\mu}{}_{\nu\lambda}$ を用いて座標変換 (B.9) を行うことで，計量の 1 次の微分係数まで含め，点 P の周りでミンコフスキー時空に一致させることができる．このとき，変数変換後の接続がやはり x' の 1 次までで

$$\Gamma'^{\mu}{}_{\nu\lambda}(0) = \frac{1}{2}\left(M^{\mu}{}_{\nu\lambda} - M^{\mu}{}_{\lambda\nu}\right) \qquad \cdots\cdots \text{(B.14)}$$

となり，$M^{\mu}{}_{\nu\lambda}$ が ν，λ について対称であることから $\Gamma'^{\mu}{}_{\nu\lambda}(0) = 0$ であることも言える．

ここで，座標変換による接続の変換は，$x^{\mu} \to x'^{\mu}$ という座標変換のもとで

$$\Gamma'^{\mu}{}_{\nu\lambda}(x') = \frac{\partial^2 x^{\sigma}}{\partial x'^{\nu}\partial x'^{\lambda}} \frac{\partial x'^{\mu}}{\partial x^{\sigma}} + \frac{\partial x'^{\mu}}{\partial x^{\alpha}} \frac{\partial x^{\sigma}}{\partial x'^{\nu}} \frac{\partial x^{\rho}}{\partial x'^{\lambda}} \Gamma^{\alpha}{}_{\sigma\rho}(x) \qquad \cdots\cdots \text{(B.15)}$$

と変換することを使った．この変換則は，ベクトルを座標値が x^{μ} である点から $x^{\mu} + \Delta x^{\mu}$ へ平行移動した際の反変成分 A^{μ} と接続の関係

$$\bar{A}(x \to x + \Delta x) = A^{\mu}(x) - \Gamma^{\mu}{}_{\nu\lambda}(x) A^{\nu}(x) \Delta x^{\lambda} \qquad \cdots\cdots \text{(B.16)}$$

において，x から x' への座標変換を行い，反変ベクトルの成分である $\bar{A}^\mu$，A^μ，Δx^μ の変換性を使うと導くことができる．なお，式 (B.15) の変換性は，接続がテンソルではないことを意味する．

B.3 測地線と測地線方程式

測地線はユークリッド幾何学における直線の概念を一般化したもので，2 点間を結ぶ「最短」距離を与える．2 次元ユークリッド平面や 3 次元ユークリッド空間では最短で 2 点間を結ぶのは直線だが，地球の表面のように曲がっている時空ではそれが曲線へと一般化されることは容易に想像できるだろう．

ユークリッド幾何学における直線は，直線に接する接ベクトルを延長することで描くことができる．これを非ユークリッド幾何学へ応用し，「あるベクトルを，そのベクトルの方向に平行移動させることで描かれる図形」を測地線と呼ぶ．平行移動は，その平行移動させたい方向へ射影された偏微分として表されるので，平坦な時空では測地線に沿う接ベクトル (A^μ) のそのベクトル方向への微分がゼロ，つまり

$$A^\nu A^\mu{}_{,\nu} = 0 \qquad \cdots\cdots \text{(B.17)}$$

が，測地線に沿う接ベクトルの満たす条件である．

これを曲がった時空へ一般化すれば，リーマン多様体では微分が共変微分に置き換わり，

$$A^\nu A^\mu{}_{;\nu} = 0 \qquad \cdots\cdots \text{(B.18)}$$

となる．これを**測地線方程式**と呼ぶ．接続の記号を使って共変微分を書き下すと，

$$A^\nu (A^\mu{}_{,\nu} + \Gamma^\mu{}_{\sigma\nu} A^\sigma) = 0 \qquad \cdots\cdots \text{(B.19)}$$

となる．

さて，物体が重力のみを受けて運動するとき，一般相対論では重力の効果は時空の曲がりとして導入されるので，そうした物体は外力を受けない「自由粒子」としてふるまう．電磁気力のような，重力以外の力を受けないからである．平坦な空間において自由粒子の軌道は直線となり，重力が存在する曲がった時空では，それを一般化した測地線が自由粒子の軌跡を表す．

ここで，時空中を物体が運動するとき，その軌跡は 4 次元の位置ベクトル (x^μ) によって表されるが，これを固有時間 τ で微分したものが 4 元速度 (u^μ) であり，図形的には物体の運動の軌跡に沿う接ベクトルである．このことから，4 元速度ベクトル (u^μ) に基づく測地線方程式

$$u^\nu u^\mu{}_{;\nu} = 0 \qquad \cdots\cdots \text{(B.20)}$$

を解いて得られる測地線が，曲がった時空中を運動する自由粒子の軌跡であるとわかる．

このように，測地線方程式は曲がった時空における粒子の運動を解析するための基本となる．ところで，計量 $g_{\mu\nu}$ が，何らかの座標 x^σ に依存しないとき，すなわち

$$g_{\mu\nu,\sigma} = 0 \qquad \cdots\cdots \text{(B.21)}$$

であるとき，測地線に沿って粒子の運動量の下付き σ 成分 p_σ が保存することが知られている．4 元運動量は 4 元速度と $p^\mu = mu^\mu$ という関係にあるため，測地線方程式 (B.20) から，測地線に沿って

$$p^\nu p^\mu{}_{;\nu} = 0 \qquad \cdots\cdots \text{(B.22)}$$

が成り立つ．$g_{\mu\sigma}$ でもって p^μ の足を下げ，接続を使って共変微分を表すと

$$p^\nu (p_{\sigma,\nu} - \Gamma^\lambda{}_{\nu\sigma} p_\lambda) = 0 \qquad \cdots\cdots \text{(B.23)}$$

であるが，

$$\begin{aligned} p^\nu \Gamma^\lambda{}_{\nu\sigma} p_\lambda &= \frac{1}{2} g^{\lambda\rho}(g_{\rho\nu,\sigma} + g_{\rho\sigma,\nu} - g_{\nu\sigma,\rho}) p^\nu p_\lambda \\ &= \frac{1}{2}(g_{\rho\nu,\sigma} + g_{\rho\sigma,\nu} - g_{\nu\sigma,\rho}) p^\nu p^\rho = \frac{1}{2} g_{\rho\nu,\sigma} p^\nu p^\rho \qquad \cdots\cdots \text{(B.24)} \end{aligned}$$

となる．ここで，最後の式変形の際には $p^\nu p^\rho$ は ν，ρ について対称，$g_{\rho\sigma,\nu} - g_{\nu\sigma,\rho}$ は ν，ρ について反対称であるから，縮約をとると消えることを使った（ρ，ν についてダミーの添え字を入れ替えたと言ってもよい）．これを再び式 (B.23) へ代入し

$$p_{\sigma,\nu} = \frac{1}{2} g_{\rho\nu,\sigma} p^\rho \qquad \cdots\cdots \text{(B.25)}$$

となるから，

$$g_{\rho\nu,\sigma} = 0 \quad \Rightarrow \quad p_{\sigma,\nu} = 0 \quad \therefore \quad p_\sigma = \text{一定} \qquad \cdots\cdots \text{(B.26)}$$

が言える．

B.4 | シュヴァルツシルト解における積分定数の決定

第 8 章で導いた，静的球対称時空の線素 (8.39) における積分定数 C について，考えている系の物理的状況と合うように値を決めていく．本文で考えているシュヴァルツシルト解は，球

対称で静的な物体の周囲の時空を表す．ブラックホールに限らず，球対称・静的な星の外部時空もこの解で記述される．

今，この物体の質量を M とし，この時空において動径方向に 1 次元運動する（つまり星やブラックホールに引かれて落下していく）質量 $m=1$ のテスト粒子（説明のために考える仮想的な粒子）の運動について考える．

まず，ニュートン力学の範囲でこの運動を考えよう．質量 M の星が星の中心から距離 r だけ離れた地点につくる万有引力の位置エネルギーは，無限遠方を基準（つまり $r\to\infty$ で位置エネルギーがゼロだとする）として

$$-\frac{GM}{r}$$

で与えられ，力学的エネルギー保存則

$$\frac{1}{2}v^2-\frac{GM}{r}=\text{一定} \qquad \cdots\cdots \text{(B.27)}$$

が成り立つ．無限遠方でこの粒子の速度がゼロであったとすると，そこでの運動エネルギー $(1/2)v^2$ はゼロであり，無限遠方では万有引力による位置エネルギーもゼロであるため，この一定値はゼロに決まり

$$\frac{1}{2}v^2-\frac{GM}{r}=0 \quad \therefore \quad v^2=\frac{2GM}{r} \qquad \cdots\cdots \text{(B.28)}$$

が言える．

次にこの運動を一般相対論に基づいて考える．テスト粒子の運動は，この時空を背景として測地線方程式を解けば得られるが，テスト粒子の運動量が $p_\mu p^\mu=-c^2$ を満たすことを利用することもできる（テスト粒子なので $m=1$ である）．テスト粒子には重力以外の外力は加わらないため，自由粒子として測地線に沿って時空中を運動する．

この時空は静的で球対称であるため，計量が t，ϕ に依存していない．すると前節の結果から，測地線に沿ってテスト粒子の運動量について p_t と p_ϕ が保存量となる．今は動径方向のみの運動を考えているので $p_\phi=0$ であり，p_t を

$$p_t=-\varepsilon c \qquad \cdots\cdots \text{(B.29)}$$

とおく．すると

$$p_\mu p^\mu=p_tp^t+p_rp^r=-\frac{\varepsilon^2c^2}{f(r)}+\frac{1}{f(r)}\left(\frac{dr}{d\tau}\right)^2=-c^2$$

$$\Rightarrow\left(\frac{dr}{d\tau}\right)^2=c^2(\varepsilon^2-f(r)) \qquad \cdots\cdots \text{(B.30)}$$

となる．ここで，動径方向の運動のみを考えていることから $p^\theta = 0$ とした．

ニュートン力学で考えた設定同様，無限遠方でテスト粒子の速度がゼロとなるためには，$r \to \infty$ で $f(r) \to 1$ および $\tau \to t$ であることを用いて

$$\text{式 (B.30)} \to \left(\frac{dr}{dt}\right)^2 = c^2(\varepsilon^2 - 1) \qquad \cdots\cdots \text{(B.31)}$$

となり，これがゼロになることから $\varepsilon = 1$ とすればよい．すると式 (B.30) は

$$\left(\frac{dr}{dt}\right)^2 = c^2(1 - f(r)) = c^2\frac{C}{r} \qquad \cdots\cdots \text{(B.32)}$$

となるが，これは中心の重力源から十分遠方で，ゆっくり動いているテスト粒子の運動方程式（を積分して得られる力学的エネルギー保存則）に相当する．これがニュートン力学におけるエネルギー保存則 (B.28) に一致するためには，

$$C = \frac{2GM}{c^2} \qquad \cdots\cdots \text{(B.33)}$$

であればよい．こうして式 (8.39) における積分定数 C が求まり，目的のシュヴァルツシルト解 (8.41) が得られた．

B.5 パンルヴェ－グルストランド座標について

第 8 章の式 (8.56) で与えられるパンルヴェ－グルストランド座標が自由落下する観測者に付随する座標系であることを示す．

式 (B.30) より，シュヴァルツシルトブラックホールの中心に向かってまっすぐに自由落下するテスト粒子は

$$\frac{dr}{d\tau} = -c\sqrt{1 - f(r)} \qquad \cdots\cdots \text{(B.34)}$$

を満たす．ここで，粒子は落下することから速度が負になるように選んだ．これより，

$$dr + \sqrt{1 - f(r)}\, c\,d\tau = 0 \qquad \cdots\cdots \text{(B.35)}$$

である．

次に式 (8.56) で角度方向に関する線素 $d\Omega$ をゼロとし，さらに変形すると

$$\begin{aligned} ds^2 &= -f(r)c^2 d\tilde{t}^2 + \left(dr + \sqrt{1 - f(r)}\; c d\tilde{t}\right)^2 - (1 - f(r))\, c^2 d\tilde{t}^2 \\ &= -c^2 d\tilde{t}^2 + \left(dr + \sqrt{1 - f(r)}\; c d\tilde{t}\right)^2 \qquad \cdots\cdots \text{(B.36)} \end{aligned}$$

を得る．ここへ自由落下する粒子について成り立つ $dr + \sqrt{1 - f(r)}\, c d\tau = 0$ を代入して dr を消去し，固有時間の定義である $-c^2 d\tau^2 = ds^2$ を使うと，

$$d\tau = d\tilde{t} \qquad \cdots\cdots \text{(B.37)}$$

を得る．すなわち，パンルヴェ－グルストランド座標の時間座標 $\tilde{t}$ は，自由落下する粒子が観測する時間（固有時間）に一致していることがわかる．

付録 **C**

よく使う微分積分の公式

微分

プライム記号は x での微分 d/dx を表す．

- べき関数：$(x^n) = nx^{n-1}$（n は整数）．
  とくに $n=0$ のとき $x^0 =$ 定数 であり，$(\text{定数})' = 0$.
- 三角関数：$(\sin x)' = \cos x$,　$(\cos x)' = -\sin x$,　$(\tan x)' = \dfrac{1}{\cos^2 x}$
- 指数関数：$(a^x)' = a^x \log a$（a は正の定数），$(e^x)' = e^x$（e は自然対数の底（ネイピア数））．
- 対数関数：$(\log|x|)' = \dfrac{1}{x}$
- 積の微分公式：$(f(x)g(x))' = f'(x)g(x) + f(x)g'(x)$
- 商の微分公式：$\left(\dfrac{f(x)}{g(x)}\right)' = \dfrac{f'(x)g(x) - f(x)g'(x)}{(g(x))^2}$
- テイラー展開（1 変数）：$f(x+\Delta x) = f(x) + f'(x)\Delta x + (2$ 次以上の微小量$)$
- テイラー展開（多変数）：$f(x^i + \Delta x^i) = f(x^i) + \partial_k f(x^i)\Delta x^k + (2$ 次以上の微小量$)$

積分

C は積分定数を表す．

- べき関数（$n \neq -1$ のとき）：$\displaystyle\int x^n dx = \frac{1}{n+1}x^{n+1} + C$
  $n=-1$ のときは $\displaystyle\int \frac{1}{x}dx = \log|x| + C$
- 三角関数：$\displaystyle\int \sin x\, dx = -\cos x + C$,　$\displaystyle\int \cos x\, dx = \sin x + C$,
  $\displaystyle\int \tan x\, dx = -\log(\cos x) + C$
- 指数関数：$\displaystyle\int a^x\, dx = \frac{a^x}{\log a} + C$,　$\displaystyle\int e^x\, dx = e^x + C$
- 対数関数：$\displaystyle\int \log x\, dx = x\log x - x + C$

参考文献

内山龍雄：『相対性理論』，岩波書店，1977 年

風間洋一：『相対性理論入門講義（現代物理学入門講義シリーズ [1]）』，培風館，1997 年

小玉英雄：『相対性理論（物理学基礎シリーズ [6]）』，培風館，1997 年

佐々木節：『一般相対論』，産業図書，1996 年

佐藤勝彦：『相対性理論（岩波基礎物理シリーズ 9）』，岩波書店，1996 年

B. S. シュッツ著，江里口良治・二間瀬敏史訳：『相対論入門（第 2 版）』，丸善，2010 年

須藤靖：『一般相対論入門』，日本評論社，2005 年

須藤靖：『もうひとつの一般相対論入門』，日本評論社，2010 年

早田次郎：『現代物理のための解析力学（SGC ライブラリ 46 臨時別冊・数理科学）』，サイエンス社，2006 年

松浦壮：『宇宙を動かす力は何か―日常から観る物理の話―』，新潮社，2015 年

松浦壮：『時間とはなんだろう―最新物理学で探る「時」の正体―』，講談社，2017 年

嶺重慎：『ブラックホール天文学』，日本評論社，2016 年

レフ・ランダウ，エフゲニー・リフシッツ著，恒藤敏彦・広重徹訳：『理論物理学教程 場の古典論：電気力学，特殊および一般相対性理論』，東京図書，1978 年

Hawking, S. W., and G. F. R. Ellis. *The Large Scale Structure of Spacetime.* Cambridge University Press, 1973.

Misner, Charles W., Kip S. Thorne, and John Archibald Wheeler. *Gravitation.* Princeton University Press, 1973.

Poisson, Eric. *A Relativist's Toolkit: The Mathematics of Black-Hole Mechanics.* Cambridge University Press, 2004.

Townsend, Paul K. "Black holes." *arXiv preprint gr-qc/9707012* (1997).

Wald, Robert M. *General Relativity.* University of Chicago Press, 1984.

索引

ま

や

ら

著 者 紹 介

小林　晋平（こばやし・しんぺい）

1974年長野県生まれ．東京学芸大学教育学部准教授．相対論，宇宙論，量子重力を専門とする理論物理学者．2004年，京都大学大学院人間・環境学研究科博士課程修了．博士（人間・環境学）．東京大学大学院理学系研究科附属ビッグバン宇宙国際研究センター研究員，日本学術会議海外特別研究員（カナダ・ウォータールー大学およびペリメーター理論物理学研究所にて研究），群馬工業高等専門学校准教授を経て，2015年より現職．群馬高専では6年連続して学生からベストティーチャーに選出される．相対論・宇宙論・量子論をわかりやすく解説する一般向け講座を多数開催している．

イラスト　ますとみ けい（アトリエ・サルバドール）
編集担当　丸山隆一（森北出版）
編集責任　藤原祐介・石田昇司（森北出版）
組　　版　プレイン
印　　刷　丸井工文社
製　　本　　同

ブラックホールと時空の方程式
15歳からの一般相対論

2018年12月19日　第1版第1刷発行
2024年11月15日　第1版第7刷発行

著　　者　小林晋平
発 行 者　森北博巳
発 行 所　**森北出版株式会社**

東京都千代田区富士見 1-4-11（〒102-0071）
電話 03-3265-8341／FAX 03-3264-8709
https://www.morikita.co.jp/
日本書籍出版協会·自然科学書協会　会員
JCOPY　<（一社）出版者著作権管理機構 委託出版物>

落丁·乱丁本はお取替えいたします．

Printed in Japan／ISBN 978-4-627-15621-0